放射性污染土壤和农作物监测布点取样与测量技术

主　编　商照荣　顾志杰

副主编　李鹏翔　任晓娜　王瑞俊　胡茂桂

中国原子能出版社

图书在版编目（CIP）数据

放射性污染土壤和农作物监测布点取样与测量技术 / 顾志杰等著. —北京：中国原子能出版社，2019.10

ISBN 978-7-5221-0170-5

Ⅰ. ①放… Ⅱ. ①顾… Ⅲ. ①放射性污染–污染土壤–分布–研究 Ⅳ. ①X53

中国版本图书馆 CIP 数据核字（2019）第 257564 号

放射性污染土壤和农作物监测布点取样与测量技术

出版发行 中国原子能出版社（北京市海淀区阜成路 43 号 100048）
责任编辑 付 凯
装帧设计 崔 彤
责任校对 冯莲凤
责任印制 潘玉玲
印　　刷 北京卓诚恒信彩色印刷有限公司
经　　销 全国新华书店
开　　本 787 mm×1092 mm 1/16
印　　张 13.75
字　　数 349 千字
版　　次 2019 年 10 月第 1 版 2019 年 10 月第 1 次印刷
书　　号 ISBN 978-7-5221-0170-5 **定 价** **70.00** 元

网址：**http://www.aep.com.cn** E-mail：**atomep123@126.com**
发行电话：**010-68452845**

《公益项目系列丛书》编委会

《放射性污染土壤和农作物监测布点取样和测量技术》编写组

主　　编　商照荣　顾志杰

副 主 编　李鹏翔　任晓娜　王瑞俊　胡茂桂

编写组成员（按姓氏笔画排序）

马旭媛　王瑞俊　任晓娜　李　周

李鹏翔　杨宇轩　宋沁楠　张丰松

张　静　胡茂桂　保　莉　顾志杰

商照荣　韩玉虎

序

安全高效开发利用核能与核技术能够对人类社会产生巨大的利益，包括安全、稳定、清洁的能源供应，以及为工业、农业、医疗和科研等活动提供手段，成为人类必不可少的生产力。核能与核技术的利用对我国尤其具有突出的重要意义，为我国改善能源结构，应对气候变化，缓解环境和资源矛盾，提供了有效选择。

正如其他人类活动一样，核能开发和利用活动在为人类带来福祉的同时，也带来了风险。1986 年苏联切尔诺贝利核事故以及 2011 年日本福岛核事故导致了严重的后果，影响深远，其主要表现包括放射性物质释放导致的人身伤害、生态环境受到污染和财产损失。日本福岛核事故致使大量放射性物质通过气态途径进入土壤环境中，特别是 ^{137}Cs，由于其半衰期长达 30 年，进入土壤后将长期对生态环境以及人体健康造成持续危害。大面积受放射性污染的土壤成为日本政府核事故后最为棘手的问题。

核事故后的修复行为是核事故终止后，为消除事故后果、恢复正常生产和生活秩序而采取的各种修复措施。场外修复行动主要任务包括：全面开展环境放射性水平调查和评价，进行综合性修复整治；解除紧急防护行动措施，尽快恢复受影响地区生产生活等社会秩序，进一步做好转移居民的安置工作；对工作人员和公众进行剂量评估，开展科普宣传，提供咨询和心理援助等。

我国早在《国家中长期科学和技术发展规划纲要（2006—2020 年）》的优先主题“综合治污与废弃物循环利用”中明确提出“开发非常规污染物控制技术”。针对我国核与辐射安全领域技术支撑薄弱等问题，《国家环境保护“十二五”科技发展规划》明确指出迫切需要加强核与辐射安全监管、放射性废物处理处置、电磁辐射污染防治等技术研发。

我国在和平利用核能的过程中，同样面临着污染的潜在风险。因此，开展放射性污染土壤和农产品的监测取样和测量方法研究，形成事故情况下土壤和农产品样品的收集程序；在国内外放射性污染土壤修复方法调研基础上，对受放射性污染的土壤开展评价研究，制定受污染土壤修复评价方法和修复后验收准则，为受放射性污染土壤评价和污染治理，提升环境监管水平提供技术支撑，是十分必要和及时的。

本丛书内容正是针对这一系列问题，依托环保公益性行业科研专项课题《受放射性污染土壤的评价与污染治理方法研究》（项目编号：201509074）开展了系统研究。首先，在调研国内外放射性污染土壤修复方法的基础上，借鉴难降解有机物、重金属等非放射性污染土壤修复方法，形成放射性污染土壤的修复方法比较研究报告。然后，对放射性污染土壤和农产品的取样和测量方法进行研究，形成事故情况下土壤和农产品样品的收集程序研究；在此基础上，选择对示范区域受放射性污染的土壤开展耐性植物稳定和固定技术等修复研究，评价修复治理的有效性。最后，对受放射性污染的土壤修复开展评价研究，制定受污染土壤修复评价方法和修复后验收准则，并用构建的程序和方法，开发受放射性污染土壤评价程序，进行示范性研究。在近三年的研究工作中，项目顺利实施，弥补了我国在该方面的空白，为受放射性污染土壤评价和污染治理提供了全面、系统、深入的技术支持。项目的研究成果为受放射性污染土壤的修复提供了较新的理论依据和新的技术途径，为应对国家各种可能的核事故潜在的放射性污染土壤安全问题，提供了系统的受污染土壤处置方法，对促进我国核能事业的健康发展，确保国家安全具有十分重要的意义。

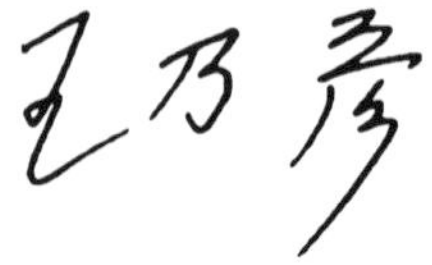

中国科学院院士

二〇一七年十月十日

前　言

我国作为核大国之一，对涉核环境的重视程度越来越高，辐射环境管理和放射性污染防治措施逐渐健全，国民环保意识也在同步增强。核能核技术利用过程中可能产生的放射性污染问题越来越受到各方面的关注。日本福岛核事故之后，放射性物质泄漏导致的污染问题已成为其面临的主要环境问题之一。

2011 年 3 月，受强烈地震和海啸的共同影响，日本福岛第一核电站发生了严重核事故。在事故发生后，大量放射性核素通过气载途径进入到了周围环境的土壤中，特别是 ^{137}Cs 和 ^{90}Sr，由于其半衰期长达 30 年，这些残留在土壤中的放射性核素对生态环境以及人体健康造成潜在的长期危害。大面积受放射性污染土壤的修复治理成为事故后日本政府遇到的最为棘手的问题之一。

土壤修复是一项复杂的工作，取样和测量数据是修复工作的基础，应建立一套完善的程序，用来指导土壤和种植的农作物取样和测量的具体工作。核事故导致的放射性污染区域通常呈现多核素复合污染的特征，且由于大气扩散原因导致放射性核素活度浓度值跨度较大。合理布置调查点位、有效避免交叉污染和保证测量的准确性是重中之重，同时，质量保证要贯穿在样品取样到测量的全过程中。

本书以受放射性污染土壤和农作物作为研究对象，按照环境影响评价和土壤修复的目的和要求，结合实际工作的可行性，对监测布点、取样、筛选排序、前处理和测量方法等多方面进行了阐述，以期为放射性污染土壤评价与治理提供一种可靠的基础数据的获取方法。

本书的编写人员来自中国辐射防护研究院、生态环境部核与辐射安全中心（原环境保护部核与辐射安全中心）、中国环境科学研究院和中国科学研究院地球科学与资源研究所。所有编写人员均多年从事放射性环境监测与评价工作，具备较深的理论基础，对于现场布点、取样、样品包装运输、样品筛选排序、测量等环节具有切身体会，积累了十分宝贵的工作经验。

本书共分为 6 个章节：

第一章为概述。假定在发生类似福岛核事故的情景下，大面积土壤和农作物受到放射性核素 ^{137}Cs、^{90}Sr 污染，在事故中、后期如何开展污染状况调查将是面临的主要问题之一。从满足放射性事故后污染区域内放射性残留状况调查、受污染土壤的评价及污染治理方面需求的角度出发，总结了需要关注的几个关键问题，包括监测布点、不同目的下的取样方法和有效避免样品间交叉污染的筛选程序等。本章节由李鹏翔编写，商照荣和顾志杰研究员审稿。

第二章为放射性污染土壤布点。总结了福岛事故后放射性核素的迁移情况，以及空间统计方法在英国、法国、荷兰、德国等在放射性事故环境监测中的应用案例。运用空间统计布点方法结合福岛事故后数据进行了污染调查布点示范案例的设计。由胡茂桂、张丰松、黄焱威、王佳欣、王韶伟编写，商照荣和顾志杰审稿。

第三章为放射性污染土壤和农作物取样。基于受放射性污染区域呈现多种核素复合污染且核素活度浓度跨度大的特征，为了保证放射性残留状况调查和修复治理的顺利开展，兼顾检测工作的效率和成本，给出了完整的取样程序。由李鹏翔、保莉、马旭媛、杨宇轩编写，顾志杰和商照荣审稿。

第四章为放射性污染土壤和农作物样品前处理与保存。受污染的土壤和农作物可分为已知核素污染与未知核素污染，两者需采用不同的前处理与制样方法，在一定程度上避免或降低了样品间的交叉污染风险，以确保测量结果的准确性。由李鹏翔、宋沁楠编写，任晓娜和韩玉虎研究员审稿。

第五章为放射性污染土壤和农作物样品分析与测量。由中国辐射防护研究院李鹏翔、李周、王瑞俊、张静编写。韩玉虎审稿。

第六章为放射性环境监测质量保证，由中国辐射防护研究院王瑞俊、李鹏翔编写，任晓娜和顾志杰审稿。

本书可供从事核设施退役、环境修复、环境影响评价、放射性环境监测的研究、实施和监管人员参考使用，也可作为大专院校相关专业的参考教材。

由于本书涉及的知识面较广、学科较多，加之编者能力水平时间有限，书中疏漏和不足之处在所难免，敬请广大读者及同行提出宝贵意见。

目　录

第一章

概　述

我国在 20 世纪 50 年代开始进行核能技术的研究与利用，一些核设施为我国的国防安全与核能事业发展发挥了重要作用。随着我国对环境的重视及国民环保意识的逐渐增强，核能利用的过程中放射性污染问题越来越受到关注。尤其是日本福岛核事故之后，潜在的放射性物质泄漏污染问题是核电面临的主要环境问题之一。2011 年 3 月，因受强烈地震和海啸的影响，日本福岛第一核电站发生了严重核事故，造成了周边环境的严重放射性污染，给核能与核技术利用事业笼罩了阴影。日本福岛核事故致使大量放射性物质通过气载途径进入土壤环境中，造成大面积土壤受到放射性污染，特别是 ^{137}Cs 和 ^{90}Sr，其半衰期长达 30 年，进入土壤后将长期对生态环境以及人体健康造成持续危害。大面积放射性污染的土壤治理成为日本政府事故后最为棘手的问题。为满足放射性事故后对污染区域内残留状况调查及受污染土壤的评价与污染治理方面的特殊需求，建立针对放射性污染事故后土壤调查布点取样的测量方法具有非常重要的现实意义。

1.1　环境放射性污染

在未来一段时间内，会陆续出现更多的核设施进入退役阶段，核设施退役是目前很多国家面临的紧迫任务。核设施退役前、中、后各个阶段均需要进行厂址残留放射性物质的监测，判断其是否在规定的限值范围内。其方法需要统一设计，对检测数据进行统计处理，才能表征核设施场址的终态，这是一项复杂艰巨的任务。

环境放射性污染，是指存在于环境中的放射性物质的量超过天然存在的水平，与环境污染有关的人为放射性，是指人为活动以各种方式排放到环境中的放射性。放射性物质一旦释放到环境中，会随着环境介质进行迁移，进而进入生物圈，最终使人类受到辐射照射。造成大面积土壤放射性污染的原因主要是核试验、核电厂事故、大型核设施退役等。

放射性污染的土壤通常呈现出多种核素复合污染状况，且具有浓度域值跨度大的特征，给放射性污染的土壤评价和修复工作带来较大挑战。本书的污染情景是假定在类似福岛核事故情景下，出现大面积土壤受到放射性核素 ^{137}Cs 污染。在对放射性污染的土壤进行评价和修复前后，需要针对土壤和农作物中 ^{137}Cs 核素进行取样和测量。在借鉴现有国标（行标）方法的基础上，调研国外放射性污染土壤的取样和测量方法，兼顾检测工作的效率和成本，开发放射性污染土壤样品的 γ 谱测量技术，建立有效避免样品间出现交叉污染的方法体系。

本书以放射性污染的土壤和农作物作为对象，依据评价和修复的目的和要求，对土壤和农作物的布点取样和测量方法进行阐述，为放射性污染土壤评价与污染治理提供技术支持。

1.2 放射性污染土壤的监测布点

如何对大面积放射性污染的土壤状况开展调查成为放射性事故后面临的重要问题之一。如何满足放射性事故后对污染区域内残留状况调查的特殊需求，建立针对放射性污染事故后土壤调查布点方法具有极强的现实意义。基于经典统计理论的传统抽样调查已经发展成为较成熟的应用理论和方法，包括简单随机抽样、系统抽样和分层抽样等，在国内外抽样调查中仍然占据着重要的地位，然而，经典抽样理论以样本相互独立为前提假设，未考虑调查对象在空间分布上的自相关性，难以保证估值的无偏最优，效率较低。事故情况下，放射性污染物的分布受气象条件、下垫面地形等自然环境的影响，不同位置上的污染物浓度分布并非完全独立，而是存在极大的相关性。当使用经典的抽样方法对其进行调查和统计推断时，其结果与真实情况可能存在较大的偏差。需要综合考虑研究对象的空间相关性和空间异质性等一系列对象属性，在空间抽样理论指导下，更加高效率地完成抽样和统计推断。空间抽样过程考虑了样本位置、事物之间的空间相关性和空间异质性，更符合实际空间污染分布状况，可用更少样本对总体进行估计和统计推断。

调研国内外相关放射性污染土壤相关研究资料及报告，分析放射性污染物在土壤环境中迁移转化规律及主要影响因素，总结相关土壤污染布点技术与方法，分析不同技术的特定及适用范围。放射性污染土壤抽样调查方法分为三大类：第一，基于经典统计抽样理论的等概率抽样方法，包括简单随机抽样方法、等间隔系统抽样方法和分层抽样方法。该类抽样方法的样本量计算理论基础是以污染区平均污染物浓度估计精度高为目标，然后以随机或者等间隔方式布设样本，方法简单、容易实施，但是无法从理论上保证放射性污染物空间分布浓度的预测精度。第二，依赖于专家知识的经验抽样（或目的抽样），以历史记录数据、航空扫描的近地表辐射剂量、地面车载扫描等为基础，结合专家丰富的专业知识，根据辐射水平的高低进行分层等间距等布设样点。该方法充分结合了专家的经验和知识，能保证污染在主要污染地区的浓度分布估计，但对样本间距设定可能不是最优，使得样本数量过多或者在部分区域样本量过少。第三，基于空间地统计学的空间抽样方法。该方法以放射性污染物浓度分布估计精度为工具，从理论上根据样本分布模拟污染物的浓度分布，以各个地方的浓度分布估算精度都较低为目标布设样本点，可以在最大程度上保证用最少的样本量实现最高的放射性污染物分布估计。该方法在法国、丹麦、荷兰、德国等国家的放射性事故监测网、退役场地抽样点布设中得到广泛应用。

借鉴国外应用较为成熟的地统计学克里格空间布点方法进行放射性事故后地表放射性污染调查单元筛选。基本思路是以放射性污染物在地表的模拟分布图（如大气扩散模型模拟、快速检测仪探测、航空遥感快速扫描等）为输入，分析不同布点方式对整个区域插值误差的影响，使用模拟算法找出样本量少、插值精度高的为初步筛查单元方案；当完成初步筛查单元取样并测定污染浓度后，可再次分析其对区域插值的精度，在精度低的地方增加调查单元。在这个布样过程中，也可以结合专家知识增加指定的调查单元。受模拟分布精度影响，当调查单元尺度较大时，可结合传统的布点方法在调查单元内进一步具体布点。基于地统计空间抽样方法针对放射性污染土壤调查研究初步筛查点布点方案，以福岛第一核电站事故为案例进行模拟研究。初步筛查点布设方案分为以下两个主要步骤：① 放射性污染土壤辐射剂量空间结构特征获取。以航空测量、地面测量、模型模拟等手段得到近地表的辐射剂量空间分布数据，将辐射剂量空间分布数据为其代理变量，以此为基础建立辐射剂量空间分布的空间变异结构模型。② 对代理变量进行模拟抽样，调整样本量和样本位置，并计算针对代理变量的插值误差；结合样本量和样本位置优化算法，寻找到使得各点理论插值误差都满足要求的最佳样本量和样本位置，并将此作为初步筛查点。当事故发生时，利用大气扩散模型进行模拟是获取下垫面先验分布的另一种方式，如运用 CALPUFF 模型模拟不同参数情况下的地表浓度分布情况，然后进行布点方案研究。

1.3　放射性污染土壤和农作物的取样

依据放射性污染土壤和农作物评价和修复的目的和要求，分别在修复前、修复过程中、修复后三个阶段进行土壤和农作物的取样和测量方法研究。具体涉及样品采集的布点方案、采样位置、采样量、采样深度、采样频度、采样方式、采样工具、包装运转、样品预处理、测量分析、质量保证、人员防护等多方面研究。

污染场地土壤和农作物样品的采样方法主要包括：利用放射性污染土壤布点技术方法确定采样单元后，针对该采样单元确定具体的采样位置；根据监测目的、分析的核素等确定采样深度；考虑到样品分析方法、探测限和是否留样备用等因素确定采样量等内容。除此之外还应考虑样品的现场处理、包装、运输以及实验室制备等过程，在该过程中应主要考虑样品的标识、防止交叉污染以及规范的记录等。在污染治理措施实施后，再次在原采样点进行土壤的采集与测量，提供治理前后的测量结果，为污染土壤和农作物的评价与修复治理提供技术支持。土壤样品的取样程序见图 1－1。

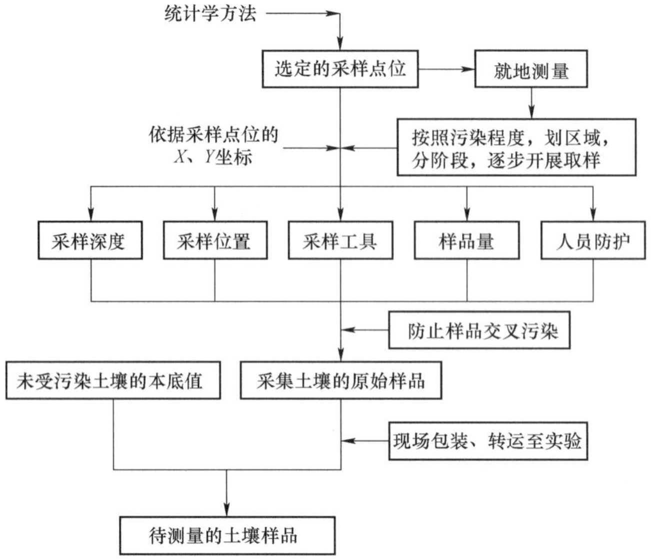

图 1－1　放射性污染土壤的取样程序

1.4　污染土壤和农作物的筛选排序与前处理

对放射性核素活度浓度跨度较大、含量不同的样品进行有效筛选并对其分级分批处理，在土壤样品预处理和分析测量过程中，能够基本按照放射性核素活度浓度由低到高的顺序进行，在一定程度上避免或降低了样品间的交叉污染风险，保证了结果的准确性。

筛选排序主要有两种方式，第一种是依据取样时就地测量的数据进行整理排序，第二种是在现场监测数据不完全的情况下，在实验室对样品进行前处理之前，借助 γ 物理测量的办法进行测量，依据测量结果进行排序。本书主要给出样品进入实验室后的筛选排序方法。

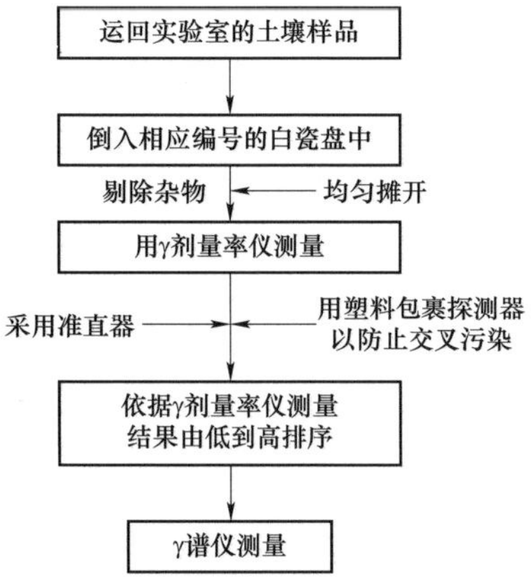

图 1－2　放射性污染土壤的筛选排序方法

（1）污染土壤样品的筛选排序

对于进入实验室的土壤样品，为充分降低交叉污染的风险，在对样品实施处理和分析之前，首先借助一些物理探测手段对样品进行初步筛查，按照其放射性核素活度浓度水平进行排序，并由低到高的顺序依次处理分析，一般按照下述方法进行排序，见图 1－2。

（2）污染农作物样品的筛选排序

污染农作物的筛选基本可以参考土壤的筛选方法，其中粮食、豆类等籽粒状的农作物可以完全按照土壤的办法进行筛选，给出测量结果。其他蔬菜、水果类农作物，在测量过程中不易操作，可以采用 γ 剂量率仪做大概初步筛查测量。

按照筛选排序后的顺序将样品排序，按照由低到高的顺序进行前处理和实验室分析环节。

因放射性污染土壤和农作物的取样与测量不同于常规的环境监测，操作过程有几个关键问题需要考虑：

1）从采样开始直至实验室测量结束的全过程内，如何有效地防止样品间的交叉污染。

2）样品的采集要求应能够充分代表被污染区域现状的样品及适当的样品量，即采集到的样品要具有代表性，且采样量要适当，不能太少，也不能太多，太少可能低于仪器探测限或因制备好的样品活度不够，测量过程误差较大，太多则可能造成大量的放射性污染物质进入实验室不便后期处理。

3）关于农作物的采集需要考虑的因素较多，如果污染区域有农作物生长，则在农田土壤采样时应同时采集生长在同一采样点的农作物作为原始样品，该农作物应将可食部分与剩余部位分别进行分析测量，样品采样时间要定在农作物的成熟期，便于对污染区域内农作物的处置方法给出基础数据。还有一种情况是土壤修复过程中采用了农作物进行生物修复，依据分析结果判断植物对放射性核素的去污效果，因需要考虑不同部位对核素的浓集富集作用，采集后的农作物要分为根、茎、叶、果实等几部分，然后分部位进行分析测量，便于后续放射性废物的处理。通过农作物的取样和测量方法研究，可以为污染土壤修复后的复垦提供技术支持。

第二章

放射性污染土壤监测布点

潜在的放射性物质泄漏污染问题是核电面临的主要环境问题之一。2011 年日本福岛核事故致使大量放射性物质通过气载途径进入土壤环境中，特别是 ^{137}Cs，由于其半衰期长达 30 年，进入土壤后将长期对生态环境以及人体健康造成持续危害。大面积放射性污染的土壤治理成为日本政府事故后最为棘手的问题。为满足放射性事故后对污染区域内残留状况调查需求，建立针对放射性污染事故后土壤调查布点方法具有重要的现实意义。

2.1　布点方法调研

2.1.1　日本福岛核事故后放射性核素的迁移

潜在的放射性物质泄漏污染问题是核电面临的主要环境问题之一。2011 年 3 月 11 日海啸造成东京电力公司的福岛核电厂损坏。大量的放射性核素被释放到大气和太平洋中。大部分放射性核素沉积在流域土壤表面。福岛 Dai－Ichi 核电站事故的早期阶段，调查其周围地区，四个取样地点位于福岛西北。根据土壤数据，估计了剂量率随时间的变化和沉积后 3 个月和 1 年的累积外照射剂量。作为避难场所的四所学校，外部剂量率在 3 个月后沉积的范围从 0.03～3.8 mSv/h。估计的外部剂量率和累积剂量表明，在福岛公园内的累积剂量为四城市中最高的。由于事故，需要认真地研究应对对策和补救措施，而土壤中放射性核素沉积的详细测量将是开展这些活动的重要输入数据。考虑到 ^{137}Cs 半衰期长达 30 年，进入土壤后将长期对生态环境以及人体健康造成持续危害。

针对放射性铯在土壤中的移动性，在福岛事故发生后，采用连续提取法评价了该地区土壤中各组分中 ^{137}Cs 的分布情况。结果表明，放射性铯主要存在于强酸性溶解和提取残渣中，富集在淤泥和粘土颗粒中。X 射线衍射分析表明，云母矿物以及高岭土矿物被强酸处理主要是溶解。^{137}Cs 的含量与土壤矿物中不同粒级云母矿物含量之间的相关性表明，云母矿物对 ^{137}Cs 在土壤中的固定起决定作用。用强酸溶解提取 ^{137}Cs 和 ^{133}Cs 的同位素比值均比水小，表明由于土壤粘土矿物相对缓慢固定，事故发生后 2 天，^{137}Cs 的分布不稳定。

10 个月后，在福岛附近的一个典型针叶林中，收集了森林地面（林下植物、凋落物和发酵层）土壤。结果表明，77%的放射性铯是集中在森林的 10 cm 的有机层中（有机质含量＞10%），其中 52%（6.3 kBq • m^{-2}）来源于福岛，25%（0.7 kBq • m^{-2}）发生在福岛事故前，这使森林的地面成为放射性铯主动交换界面。由于雨水渗透，放射性 ^{137}Cs 的迁移可至土层下 16 cm。1.5 年后，另据对福岛地区森林土壤污染的放射性铯（^{134}Cs 和 ^{137}Cs）的调查，^{134}Cs 和 ^{137}Cs 在大部分（59%～73%）土壤表层（0～5 cm）积累，其中 ^{137}Cs 的比例（或 ^{134}Cs）在有机层最大，粘土矿物中也起着重要的作用，表层土壤中粘土和有机物的吸附能力足以在事故污染初期蓄持 ^{137}Cs。

在福岛市 2 公里×2 公里网格区域内，农田、草原、森林三个不同土地利用类型之间的总 ^{137}Cs 沉积并进入土壤是相似的（58.4±9.6 kBq • m^{-2}）。然而，在非林地的森林和草本植被上的地上枯枝落叶层对 ^{137}Cs 总量的贡献不同。在森林土壤中，枯枝落叶层的总库存量占总库存的 50%～91%。相反，地上植被的贡献较小（＜35%）。另一个显著的差异是在矿质土壤层 ^{137}Cs 的垂直分布；^{137}Cs 渗透在森林土壤剖面比非森林土壤剖面更深。更重要的是，^{137}Cs 的滞留与土壤有机碳含量呈高度负相关，有机质抑制了表层土壤中粘土矿物对 ^{137}Cs 的强烈吸附，从而影响了 ^{137}Cs 在土壤中的垂直分布，从而影响了 ^{137}Cs 在土壤中的迁移，特别是在森林生态系统中。

福岛核电站事故一年后，针对福岛州 99 种一年生或多年生草本植物中放射性铯（^{134}Cs、^{137}Cs）浓度进行了三次（四月、七月和十月）调查。在每个站点（5 cm 深的土壤，土壤的核心）和植物（生根）收集的干重为基础的[Cs]测定，估计每一个物种放射性铯的转移因子（TF）（[Cs]植物/[Cs]土壤）。土壤和植物的铯值变化很大，一些物种具有相对高的 TF 值（超过 0.4）（如 yokoscense，Dryopteris tokyoensis，和 Cyperus brevifolius）。从水稻和旱田两种作物的 11 个品种来看，水稻的 TF 值普遍较高。对蘑菇和树积累 ^{137}Cs 的转移因子进行的评估的结果表明，有些真菌类往往积累更多的 ^{137}Cs。

另一方面，放射性铯通过灌溉水经过河流向下游污染了稻田和湖泊，并最终迁移进入海洋。穿越在福岛州山区的两条小河会员河、崴里奇河分别从流域中输出了 0.5%和 0.3%的放射性铯。

2.1.2 放射性污染调查布点方法

2.1.2.1 空间抽样方法

抽样技术已广泛应用于环境污染、自然资源等科学研究和重大社会活动的调查与分析中。与全覆盖性的普查相比，抽样调查具有特别的优势：① 费用少：只需通过调查有限的样本得到总体估计；② 精度高：对有限的样本进行精心设计，具有足够的精力和经费充分保证每个样本的调查质量，减小不必要的系统误差；③ 时间省：可在较短的时间内完成所有样本的调查；④ 特殊情况下唯一的调查方法：对于一些有破坏性的调查不可能做到普查。样本量、估计精度及调查费用是抽样中受到重点关注的三个要素，三者之间相互影响、相互制约。事故情况下，如何通过最少的样本点得到准确的污染物空间分布，不仅关系到调查时间和测试费用，而且涉及取样人员在污染环境中的暴露程度。

基于经典统计理论的传统抽样调查已经发展成为较成熟的应用理论和方法，包括简单随机抽样、系统抽样和分层抽样等，在国内外抽样调查中仍然占据着重要的地位，广泛应用于国土资源、生态环境、农业作物等调查和研究中。根据样本量与估计精度之间的理论关系，在获得调查对象的离散方差、比率等信息的前提下，计算出期望估计精度下的样本量；然后，以某种随机方式抽样样本，并进行实际调查；最后，通过样本对总体总量或者分布进行估计。然而，经典抽样理论以样本相互独立为前提假设，未考虑调查对象在空间分布上的自相关性（Spatial autocorrelation），难以保证估值的无偏最优，效率较低。

事故情况下，放射性污染物的分布受气象条件、下垫面地形等自然环境的影响，不同位置上的污染物浓度分布并非完全独立，而是存在高度的相关性。当使用经典的抽样方法对其进行调查和统计推断时，其结果与真实情况可能存在较大的偏差。因此，需要综合考虑研究对象的空间相关性和空间异质性等一系列对象属性，以便在经费许可和精度保证的前提下，高效率地完成抽样和统计推断。空间抽样过程考虑了样本位置、事物之间的空间相关性和空间异质性，更贴近调研区域的真实状况，可用更少样本对总体进行准确估计和统计推断。空间抽样方法由经典抽样技术发展而来，贯彻了“任何事物之间都是相互关联的，且距离近的事物比距离远的事物更加相似”的思想，提高了抽样精度和效率。

2.1.2.2 地统计抽样方法在放射性污染中的应用

放射性污染土壤抽样调查方法总结为三大类：第一，基于经典统计抽样理论的等概率抽样方法，包括简单随机抽样方法、等间隔系统抽样方法和分层抽样方法。该类抽样方法的样本量计算理论基础是以污染区平均污染物浓度估计精度高为目标，然后以随机或者等间隔方式布设样本，方法简单、容易实施，但是无法从理论上保证放射性污染物空间分布浓度的预测精度。第二，依赖于专家知识的经验抽样（或目的抽样），以历史记录数据、航空扫描的近地表辐射剂量、地面车载扫描等为基础，结合专家丰富的先验知识，根据辐射水平的高低进行分层等间距等布设样点。该方法充分结合了专家的经验和知识，能保证污染在主要污染地区的浓度分布估计，但对样本间距设定可能不是最优，使得样本数量过多或者在部分区域样本量过少。第三，基于空间地统计学的空间抽样方法。该方法以放射性污染物浓度分布估计精度为工具，从理论上根据样本分布模拟污染物的浓度分布，以各个地方的浓度分布估算精度都较低为目标布设样本点，可以最大程度上保证用最少的样本量实现最高的放射性污染物分布估计。该方法在法国、丹麦、荷兰、德国等国家的放射性事故监测网、退役场地抽样点布设中得到广泛应用。

（1）英国：地表放射性污染物含量空间分布插值

英国国家辐射防护局（National Radiological Protection Board，UK）通过理论研究表明，当意外释放放射性物质进入环境中时，利用地统计学的克里格技术在环境测量中对未抽样的点进行插值具有令人满意的精度，并发现影响克里格方法插值精度的主要因素包括研究样本的数量和样本的空间分布方式（Carter，et al. 1997）。该研究利用高斯大气扩散模型模拟了事故（释放强度 2.7×10^6 Bq ^{137}Cs）发生 3 小时后 40 km×80 km 范围内地表 ^{137}Cs 沉降量。通过选取不同数量（20～80 个）和分布方式的样本，对整个区域内地表的污染物含量进行插值估计。结果发现，使用克里格技术即使样本数目较少的数据集也给出了令人鼓舞的结果。例如，40 个数据点提供的估计值在整个区域的 70%以内，误差小于 50%，而且高污染区域的误差小，边界地区的插值误差较大。研究结果表明，地统计学的克里格法可以为事故后辐射监测数据的评估提供有用的信息。

该实验利用高斯大气扩散模型，以每隔 5 km 的间隔采样方式，获取了 153 个格网样本。在假定干沉降速度为 10^{-3} m/s 以及天气状况为巴斯奎 D 类的情况下，在 3 小时内，模拟释放的 ^{137}Cs 的总量为 2.7×10^6 Bq。以一个 40 km 的格网为单位，在下风向和横风向中，其放射性物质的浓度范围从 10 Bq 到 10^6 Bq 不等。样本数据集如图 2－1 所示。为了避免在计算变异函数的时候产生一系列的问题，样本以及评估的值都被做了预处理：将所有的数值缩小 10^5 倍。而后采用 GSLIB 地理软件库获得了该实验的变异函数和克里金的评估结果，并通过一个在 IRIS 浏览器中开发的合适建模方法，获得交互式变量的模型。

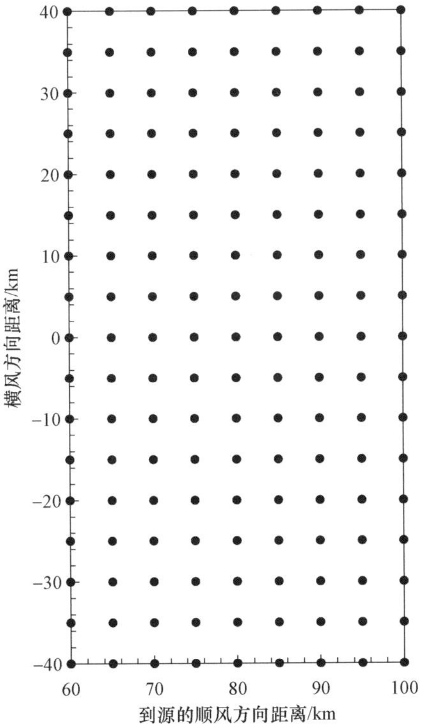

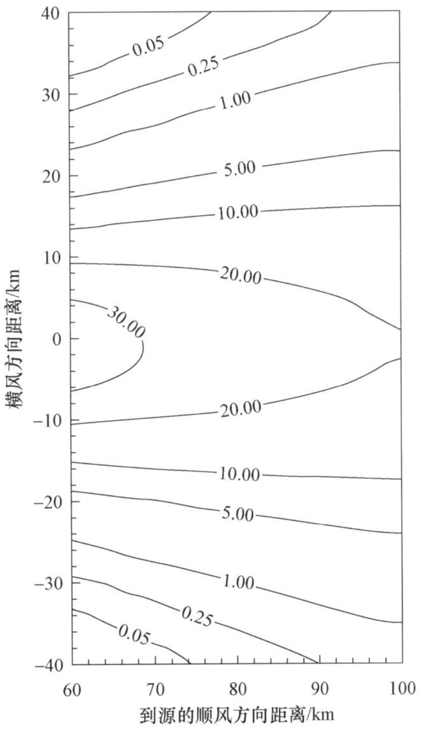

图 2－1　153 个规则格网样点位置及等高线分布图

整个研究过程一共设计了 3 个实验去确定样本大小与样本结构对插值结果的影响。第一个实验采用了 6 个完全随机的数据集，其中 3 个数据集中每个均包含 20 个样本值，剩下的 3 个数据集中每个均包含 40 个样本值。在此过程中考虑的因素有两个：① 是否可以构建一个模型去进行拟合小数据量样本的变异函数；② 在构建变异函数的过程中有多少个样本点参与计算。目前所采用的方法是用目视来进行判断。

第二个实验采用了 18 个数据集，这 18 个数据集按照每个数据集中原始数值的个数（40，60，80）被平均分成 3 类。并且所有的数据集都是由包含了 153 个已知样本的区域中随机抽取的。实验中每个数据集产生的变异函数都通过目视的方法对其进行拟合，由拟合而产生的模型又被重新用于已知点的估计。所以，对于克里金插值的结果，可以通过计算每一个点的绝对误差百分比从而对实验的结果进行分析。通过这种方法就可以判断在理想化的条件下克里金插值结果的可靠性。此外，这使得变异函数中的可变性需要被列入被考虑的范围中。可变性反映在样本容量、数据配置和使用的数据值这三个方面。实验表明在构建变异函数时，改变距离和方向，会对产生的变异函数的形状有着明显的影响。所以为了能在不同的数据集之间比较各自的变异函数，距离和角度就必须保持固定不变。

第三个实验的设计方案中设计了 3 个数据集，其中每个数据集都包含 40 个样本数据值，在这 40 个数据中，有一半的值是从研究区域的中心部分随机抽取的，剩下的 20 个样本则是从整个研究区域中随机抽取的。这个实验的目的是为了确定在小数据集的情况下，将抽样集中在样本高值区域的效果，因此具有更大的放射学意义。这个实验的设计方案中样本的采样位置与实际监测站点的架设位置大致相同。

在整个实验的过程中，为了确定克里金插值的过程中所需要的样本数量，有两个问题需要着重的考虑，第一个问题是为了在构建变异函数的时候获得更加明显的结构特征，需要多少个样本。第二个则属于统计推断问题，即为了给出可靠的估计，在构建变异函数的时候，至少需要 30 个样本点对。这两个因素将决定是否可以将克里金作为一种插值技术以及最终结果的置信区间。

在最后得到的实验结果中，第一个实验结果中如图 2-2 所示。图 2-3 展示了前三个含有 40 个样本点的数据集的实验变差函数结果图。图 2-4 展示了整个数据集的变差函数结果图。表 2-1 和表 2-2 分别展示了对于两种不同的数据集（分别为 20 个样本点和 40 个样本点），在其各自变异函数上的每个点上产生贡献的样本点对数量。）

从图 2-2 中我们可以看出，当只使用 20 个值的时候，没有办法得到含有足够结构特征的实验变差函数去进行有效的建模。也就是说当仅仅使用 20 个有效的样本点去进行实验变差函数的构建时其结果是错误的。选用不同的步长其对于结果的影响也并不明显。表 2-1 则表示了在实验变差图上的每个点中，只有很少的样本点对其产生了贡献，这也进一步证明了每个点提供的信息微乎其微。上述的两个结果都证明了如果仅仅使用 20 个样本点就对研究区域进行克里金插值是不合理的。但是，值得注意的是，当在构建实验变差函数时如果采用含有 40 个样本点的数据集，那么其变差函数的结构就变得非常的清晰可见。图 2-4 显示的抛物线形状是数据呈现出高水平连续性的结果，而基台值的缺少则表明数据集存在着一定的趋势。由这个实验所拟合的高斯模型在图 2-3 的变差函数图中也表现得非常明显，特别是对于较小的步长来说。表 2-2 表示，所选择的步长越小，就有越多的数据点对变差函数的结果产生影响，从而使得评估的结果更加的可信。

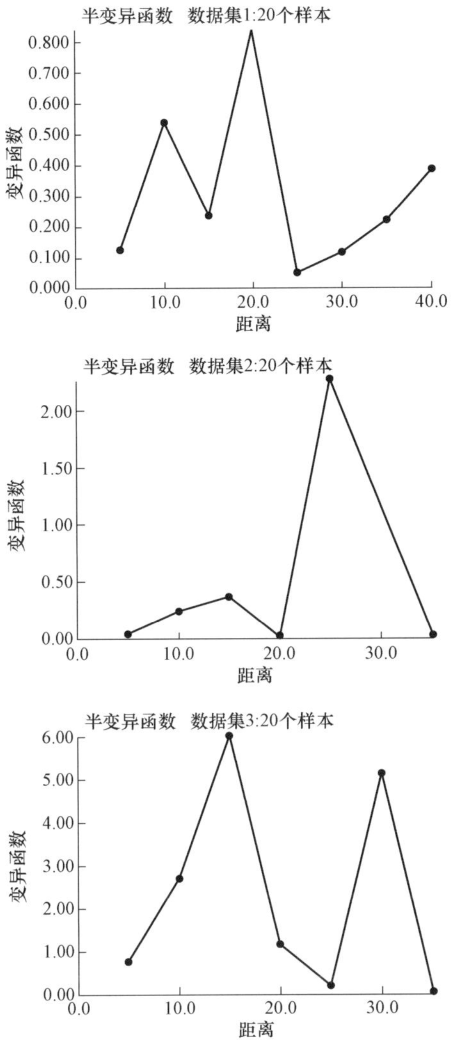

图 2-2 使用 20 个样本数据时的变差函数

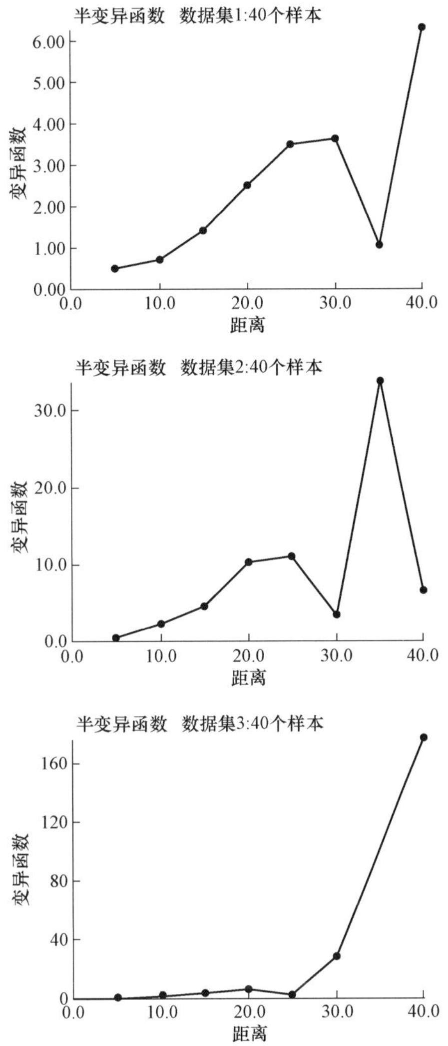

图 2-3 使用 40 个样本数据时的变差函数

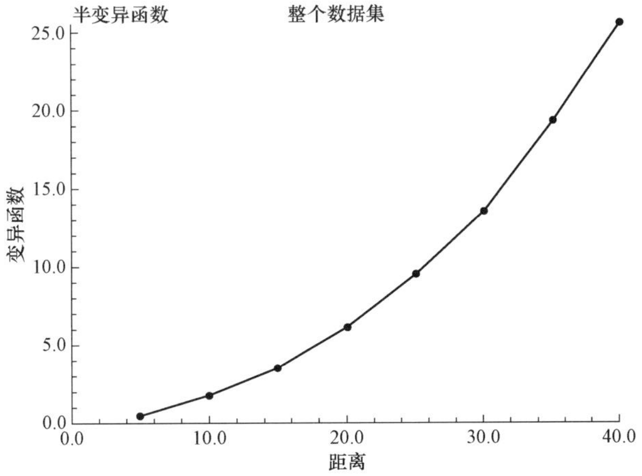

图 2-4 使用所有样本数据时的变差函数

表 2-1　20 个样本时变差函数不同步长样本对数量

步长	样本对数量		
	数据集 1（20）	数据集 2（20）	数据集 3（20）
5	4	2	5
10	2	2	4
15	2	3	2
20	1	1	2
25	1	3	1
30	2	0	1
35	1	1	1
40	1	0	0

表 2-2　40 个样本时变差函数不同步长样本对数量

步长	样本对数量		
	数据集 1（40）	数据集 2（40）	数据集 3（40）
5	11	8	12
10	7	9	6
15	8	11	6
20	5	3	4
25	6	6	3
30	3	2	5
35	3	2	0
40	3	1	1

在分析第二个实验的实验结果之前，需要明确的是，在每种情况下，使用克立格法产生的估计误差是按照前面描述的方式将模型拟合到实验变异函数之后经计算得到的。在本次实验中，所有的数据集都用一个带有块金值的高斯函数模型进行拟合。然而当实验变差图在接近原点时，出现了一个线性的现象，故采用了一个球面和高斯模型的组合方式对其进行拟合。在邻域的样本点中搜索中，所采用的搜索半径被固定在了 20 km，其为变差函数变程的一半。使用小尺度的半径可以有效增大数据集的样本点数。通常情况下，搜索半径不会大于变程的一半。

为了更确切的分析实验的结果，将整个研究区分成了 2 类，一类是中心区域，它包含了 81 个格网点，另一类是周边区域，它包含了剩余的 72 个格网点。表 2-3～表 2-5，分别展示了上述两类区域中，预测误差百分比在 10%以及 50%之内的点数。其中表 2-3 代表的是中心区域，表 2-4 代表的是周边区域，表 2-5 代表的是整个区域。

表 2–3　区域 1 估计误差

限制样本数	区域 1 中样本数	区域 1 估计误差小于 10%的比例		区域 1 估计误差小于 50%的比例	
		只用限制样本	使用所有样本	只用限制样本	使用所有样本
40 最优结果	25	89	93	98	99
40 最差结果	22	78	84	92	94
40 平均结果		82	87	97	98
60 最优结果	34	96	98	100	100
60 最差结果	36	76	86	96	98
60 平均结果		86	91	98	99
80 最优结果	46	97	99	100	100
80 最差结果	42	89	89	94	98
80 平均结果		95	95	99	99.7

表 2–4　区域 2 估计误差

限制样本数	区域 1 中样本数	区域 2 估计误差小于 10%的比例		区域 2 估计误差小于 50%的比例	
		只用限制样本	使用所有样本	只用限制样本	使用所有样本
40 最优结果	23	49	61	87	90
40 最差结果	25	19	36	48	60
40 平均结果		36	51	64	72
60 最优结果	22	74	88	94	97
60 最差结果	33	31	57	62	76
60 平均结果		51	70	84	90
80 最优结果	46	63	81	84	92
80 最差结果	42	35	69	71	86
80 平均结果		50	75	78	89

表 2–5　区域 1 和 2 合并后估计误差

限制样本数	区域 1 中样本数	整个区域估计误差小于 10%的比例		整个区域估计误差小于 50%的比例	
		只用限制样本	使用所有样本	只用限制样本	使用所有样本
40 最优结果	22	66	76	93	95
40 最差结果	23	50	63	73	80
40 平均结果		70	86	91	95
60 最优结果	22	83	90	97	98
60 最差结果	36	57	74	82	89
60 平均结果		69	81	91	95
80 最优结果	46	79	90	92	96
80 最差结果	42	57	80	82	92
80 平均结果		47	86	89	95

在计算估计在给定精度水平内的区域的百分比时，存在如何进行计数的问题。因为克里金保证了在训练数据集中的所有格网点的预测误差为 0，所以对于那些没有参与训练的数据集的格网点，其预测就会产生一定的误差。表 2–3～表 2–5 就表示了 6 个实验的最佳、最差和平均结果。

从表 2–3 中我们可以清楚地看出，对于第一类研究区域来说，原始样本点数如果达到了 60 或 80 个，那么其就能达到在 75%的区域内误差小于 10%，在 100%的区域内误差小于 50%的精度。即使当参与的数据只有 40 个，其建模的精度可以达到比较可观的结果：至少在 92%的区域内误差小于 50%。但是在第二类研究区域，即周边地区的研究区域中，克里金插值的结果就要差于中心区域，考虑到横向风的影响和数据值的不同数量级之前的差异，这个结果也是在意料之中的。虽然如此，当使用的样本点点数达到 60 个时其精度也可以达到在 94%的区域内误差小于 50%的程度。然而要注意的是，克里金会产生负值的估计，当变异函数图在原点附近非常连续的时候就会出现这种效应。这种现象都发生在第二类研究区域的边缘部分，未曾出现在第一类研究区域当中。另一个可能原因是在边界地区附近的样本点数据严重不足。考虑到在整个研究区域中有 73%的地区误差在 50%之内，所以增加样本点的个数可以有效地提升周边区域的精度。

在第三个实验中采用了分层抽样的方式，具体表现为 20 个随机抽于中心区域，20 个抽样于整个区域。结果如表 2–6～表 2–8 所示。

表 2–6　区域 1 估计误差（实验三）

限制样本数	区域 1 中样本数	区域 1 估计误差小于 10%的比例		区域 1 估计误差小于 50%的比例	
		只用限制样本	使用所有样本	只用限制样本	使用所有样本
40	30	76	85	98	99
40	30	96	98	100	100
40	32	84	90	98	99

表 2–7　区域 2 估计误差（实验三）

限制样本数	区域 1 中样本数	区域 2 估计误差小于 10%的比例		区域 2 估计误差小于 50%的比例	
		只用限制样本	使用所有样本	只用限制样本	使用所有样本
40	30	35	44	56	63
40	30	50	57	68	72
40	32	36	43	56	61

表 2–8　区域 1 和 2 合并后估计误差（实验三）

限制样本数	区域 1 中样本数	整个区域估计误差小于 10%的比例		整个区域估计误差小于 50%的比例	
		只用限制样本	使用所有样本	只用限制样本	使用所有样本
40	30	46	66	75	82
40	30	53	78	82	87
40	32	57	68	74	81

从结果中我们不难看出，随着抽样点数的增加，插值结果的精度越来越高，以至于到最后整个区域的预测误差都小于 50%。但这么做的代价是在周围区域的误差反而变高了，超过了 50%。然而对于整个区域来说，依然获得了比较理想的结果，有超过 70%的格网点的误差小于 50%。在此实验方案下，中心区域的插值结果和使用 60 个区域内随机样本点进行插值的结果精度基本一致。未来的实验研究方向可以从样本点的布设，样本点的密度和误差的产生这几个部分去考虑。目前可以确定的是，如果在中心区域内增加样本点的个数，就会在周边区域产生更多的负值。比如在给定搜索半径的情况下，在第一个实验中由 13 个数据点产生了负值，在第二个实验中有 20 个数据点产生了负值，在第三个实验中有 16 个数据点产生了负值，在上述所有的实验中，产生负值的数据点的至少都是横向 25 km 之外。另外，在网格边缘上的四个位置，在给定的搜索范围内没有产生任何估计值。

总的来说，从上述实验结果看，与 20 个样本点相比，含有 40 个样本点的数据集更有可能得到合适的半变异函数图。也就是说只有当参与的样本点个数达到 40 个或者 40 个以上时，克里金插值的方法才适用。然而，即使在仅使用 40 个数据值作为条件数据，且对实验变差图上的点作出贡献的对数少于 30 时，在中心区域、最感兴趣的区域也产生了具有较低估计误差的估计。实验中使用 40 个样本点的数据集的预测精度达到了在 90%的区域内估计误差小于 50%，甚至在最差的地区，也有 70%区域的估计误差小于 50%的程度。即使在估计误差超过 50%的情况下，所产生的估算误差也很低，并且不具有放射学意义。如果可以接受超过 50%的误差，那么即使只有不到 30 个样本点的数据也可以使用克里金。

另外，从这些有限的实验中得出的结论是，如果目标是为了实现整个地区的低估计误差，就需要更多的使用边缘地区的数据值。如果仅仅想要获得某一个区域的高精度估计，那么只要使用更多该地区的样本点就够了，但随之而来的结果就是会降低除该地区以外，其他地区的估计精度。如果整个数据集呈现出一定的趋势性，那么就需要从估计的准确性和趋势建模所设计的计算工作之间进行一定的取舍。然而，实验表明，即使没有移除趋势，克里金这项技术也能很好的处理数据中存在的大量的值。即使实验变差函数中的变量值非常的大，但是最后克里金插值结果的误差确并不大。虽然报告中的实验涉及每个样本相对较少，但结果显示表 2–3 至表 2–5 中所给出的数字代表了从网格上的任何完全随机样本可能获得的数据。所以说，不管选择的样本是什么，都能够得到较好的结果，其评估的精度能够达到一个相当客观的地步。总之，普通克里格，即使是在显示趋势的稀疏数据集上，也是一个非常可靠的方法。

（2）法国：放射性核素分布地面自动监测网络

法国辐射防护与核安全研究所 IRSN 于 2008 年计划建造法国的自动监测核气溶胶网络，每个站都能自动采样空气中的气溶胶这个监测网络将有助于评估发生在法国及相邻国家放射性事故的影响（Abida，et al. 2008）。这个网络需要具有良好的放射性污染物浓度外推和插值能力。研究发现，基于地统计的克里格抽样设计方法能够考虑到浓度分布的连续相关性，并能从理论上保证空间分布图插值结果的线性无偏最优。

整个研究过程分为 4 个部分：① 建立一个数据库，用于储存研究年份每天放射物浓度数据和潜在的放射源。② 选择一种插值技术得到整个研究区域（法国）的放射物浓度场。

③ 定义一个成本耗费函数，它能针对数据库中的每一个事件，定量的计算出由插值得到的浓度场和原本数据库中的浓度场的差异。④ 使用模拟退火算法，优化检测布设方案。

1）数据库的设计

为了尽可能的包含大量气象条件，对于每一个事件的可能来源和事故类型，模拟的事件时间都被设置在了日历年的12:00，且现有的20个核电站（图2–4，表2–9）都已经包含在来源之内。事件的类型分为两类，第一类是核心的熔化事故；第二类是蒸汽发生器的破裂，导致大量的放射性气体被释放到空气当中。在该研究中选择了3个代表性的气体：一个是除了放射性衰变没有任何其他清除方式的纯气态物质 ^{133}Xe，一个是可以通过干沉积和湿清除过程去除，半衰期很长（30 年）的放射性核素 ^{137}Cs，最后一种是可以通过干沉积和湿清除去除，且半衰期较短（8 天）的放射性核素 ^{131}I。如果在上述的条件下，最后生成的模拟事件可达到45 990件。为了减少这数量，最后选择只研究 ^{131}I 这一放射性核素，因为在上述3种核素中，这一核素对环境产生的影响较为严重。由此得到的事件个数被减少到了14 600件。此外，虽然两种事件类型在计算之中都被列入考虑的范围之中，但是大部分的计算都集中在堆芯熔化这一事件类型之下，所以为了进一步优化，只使用了其中一半的数据（7 300件）。模拟中使用的气象数据是来自于2004年欧洲的ECMWF的气象场。其空间分辨率达到了0.36°×0.36°，所包含的区域经度范围为西经15°30′到东经34°53′，纬度为北纬33°33′到北纬71°21′。但是在该研究中区域被缩小到了法国地区（西经10°06′到东经15°05′，北纬38°57′到北纬55°09′）。两个区域如图2–5所示。在所有的模拟过程中使用了11个垂直图层。对于每一类事件，模拟扩散的时间长度被分别定在了10天（堆芯熔化）和7天（蒸汽发生器破裂）。最终通过结合大气化学传输模型，模拟了法国的地表放射性浓度分布状况。

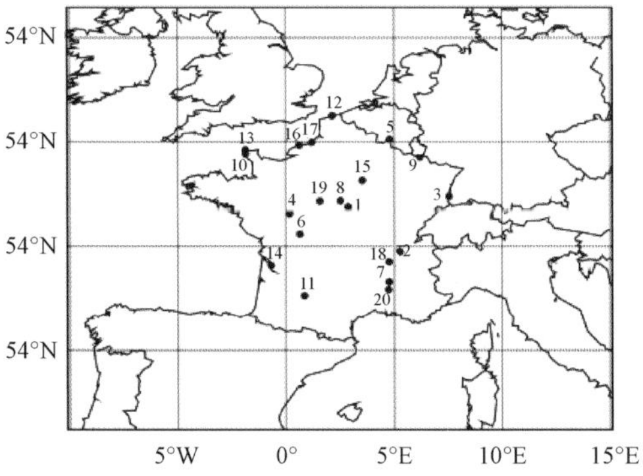

图2–5　选择的法国20个核电站分布

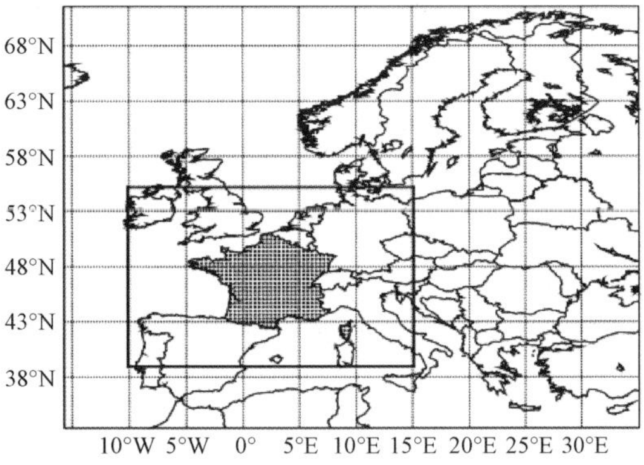

图2–6　模拟区域（0.36°×0.36°的格点为站点候选区）

表2–9　选中的20个核电站列表

	Site	Type
1	Belleville	NPP
2	Bugey	NPP
3	Cattenom	NPP
4	Chinon	NPP

续表

	Site	Type
5	Chooz	NPP
6	Civaux	NPP
7	Cruas	NPP
8	Dampierre	NPP
9	Fessenheim	NPP
10	Flamanville	NPP
11	Golfech	NPP
12	Gravelines	NPP
13	La Hague	FRP
14	Le Blayais	NPP
15	Nogent	NPP
16	Paluel	NPP
17	Penly	NPP
18	Saint Alban	NPP
19	Saint Laurent	NPP
20	Tricastin	NPP

NPP 表示核电站点；FRP 表示燃料回收站

2）插值方法的选择

这项研究的主要目的是建立一个监测网络，并根据从监测站获得的测量数据，建立活度浓度的地图。原则上，能够承载这样一项任务的技术工具只需要具备将测量结果推断出域的其余部分的能力。能完成这项工作的方法多种多样，从基于几何学的简单算法到 CTM 算法应有尽有，在本次研究中采用了两种方法：一是最邻近点插值法，二是简单克里金法。最邻近插值法即在域上的任意点上的值是由最近的监测站监测值给出的，它的实现比较简单。但是，它也能设法捕获这项研究的许多定性特征。由于它的简单性，运算速度也非常的快速（只需要在查找表中进行搜索）。而简单克里金利用了研究区域中任意两点浓度之间的相关性。在我们的例子中，这个统计信息可以很方便地从模拟数据库中获得。为了进行简单克里金插值，我们首先需要进行经验相关图的计算。这种相关性最终可以被研究区域中任意两点之间的距离函数所表示。此外，为了考虑意外扩散事件的非平稳性，我们还需要假设相关系数也依赖于时间。在泄露事件发生后的 t 时，不同的点之间的相关系数是由两点之间的距离决定的，如式（2－1）所示：

$$\hat{\Gamma}([d_k,d_{k+1}])=\frac{1}{N_t([d_k,d_{k+1}])\hat{\sigma}}\sum_{\substack{\text{accidents}\\\text{sources}}}\sum_{\substack{i,j\\d_{i,j}\in[d_k,d_{k+1}]}}c(x_i,t)c(x_j,t) \tag{2-1}$$

其中 $\hat{\sigma}$ 代表的是浓度的平均估计量，$N_t([d_k,d_{k+1}])$ 代表的是点对数，其点对之间的距离长度为位于 $[d_k,d_{k+1}]$ 的两点之间的距离。为了去拟合这个变差函数，选择了一个指数函数模型，该指数函数模型如式（2－2）所示：

$$\Gamma_t(d) = A_t \exp\left(-\frac{d}{L_t}\right) \tag{2-2}$$

其中 d 代表的是任意两点之间的距离，L_t 代表的是相关系数的大小，它衡量的是相关性被抑制的速度。在我们这项研究中，它是有时间决定的，L_t 和 A_t 都具体数值应该都是从经验半变异函数中得出的。

简单克里金方法可以通过不同的点 x_1，x_2，x_3，…，x_n 的浓度最后通过插值得到在 x 点的估计浓度，在每一个时刻中，其插值的方式是线性的，如式（2–3）所示：

$$c(x) = \sum_{i=1}^{n} w_i c(x_i) \tag{2-3}$$

任意两点浓度之间的相关系数矩阵可以通过式（2–4）得到。

$$[K]_{ij} = \Gamma_t(d(x_i, x_j))\ [\gamma]_i = \Gamma_t(d(x, x_i)) \tag{2-4}$$

权重向量 w 则可以在求解线性系统时得到，如式（2–5）所示：

$$Kw = \gamma \tag{2-5}$$

半变异函数和其拟合模型如图 2–6 所示。因为相关图受时间的影响，所以提供一组事件发生时的时间序列信息就非常的重要。在研究中，我们假设一旦放射物浓度第一次超过阈值，其就会被标记为泄露发生的开始时间，这就设置了相关时间表。从图 2–7 我们可以看出，就整体平均而言，在事故发生的短时间内，逐渐减小。

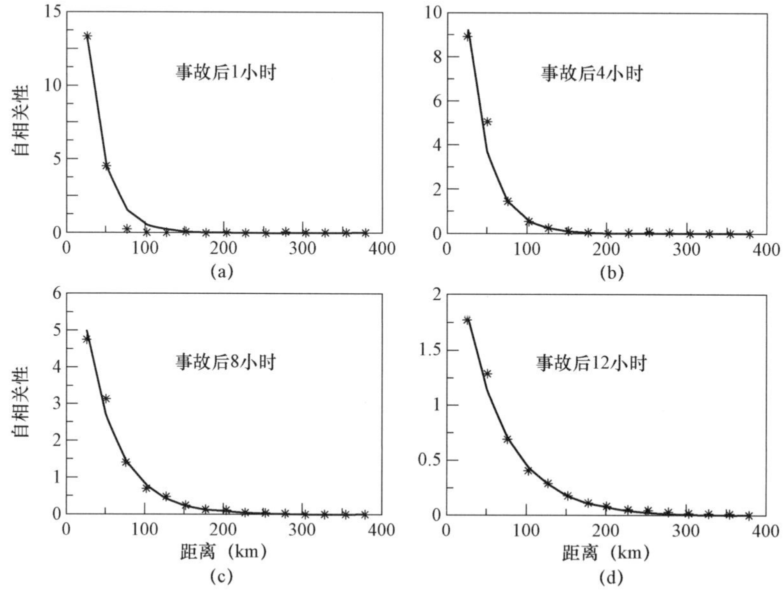

图 2–7　根据模拟事故发生后 1、4、8、12 小时后数据库得到的经验自相关性（*）及根据指数模型拟合的曲线

3）成本函数的定义

成本函数允许通过一个标量对给定的网络性能进行排序。考虑到网络设计的主要目标，该成本函数应该可以测量出插值结果和模拟结果之间的差异，从而为监测网络的选择提

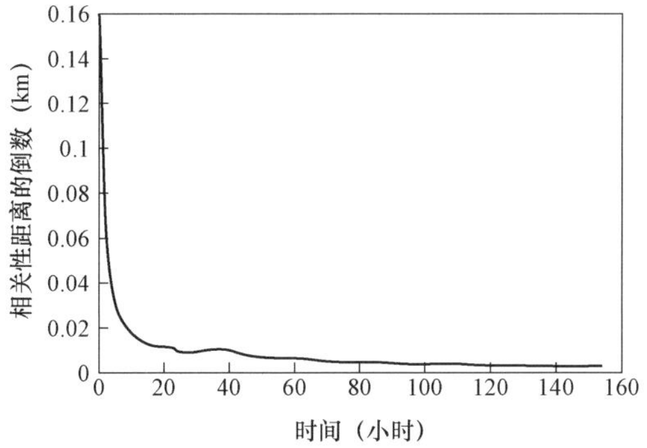

图 2－8　拟合相关性距离（由公式 4 定义）的倒数及其与事故发生后时间的相关性

供参考。考虑到在本项研究中，最终设计的监测网络能够提供在中等尺度下准确的浓度场，所以需要一个全局的目标函数，比如差的平方。显而易见的是，选择一个合适的成本函数对于网络的布设以及优化具有非常重要的作用。在此我们选择如式（2－6）所示的成本函数。

$$J_\alpha=\left(\frac{1}{M}\sum_{k=1}^{M}|\,\overline{c}_{xk}-c_{xk}\,|^{\alpha}\right)^{1/\alpha} \tag{2-6}$$

其中，$\overline{c}_{xk}$ 代表的是在 k 点的插值浓度，c_{xk} 代表的是在 k 点模拟浓度。M 代表的是所有事件中所有点的数量。

一个事件的时间跨度被定义在了 7 天（168 小时），在此时间内 M 的大小达到了 6×10^8，所以为了减少计算量，采用了间隔取点的方式，具体表现为：一年之中，每两天选取一天，在少数情况，每四天选取一天进行计算。

4）使用模拟退火方法优化布设方案

布设方案的优化旨在全部的布设方案中找出成本耗费最少且精度最高的布设方案，因为不同样本点数量的选择和布设位置的组合会产生许多的方案类型，所以就需要一个非常合适的算法对其进行筛选。其中一个算法就是模拟退火算法，模拟退火算法的灵感来自于统计物理学。在本项研究中，布设方案中的每一个点都可以被认为是某一种物理状态，而耗费成本就可以认为是在这个状态下整个系统的内部能量。所以算法中的迭代过程的目的就是使整个系统从任意的初始状态过渡到具有最小能量的状态。在物理统计学中，一个系统在某一温度 T 下，从一个初始状态 s 过渡到另一个候选状态 s' 的可能性可以表示为：

$$P(\delta J)=\min\left(1,\exp\left(-\frac{\delta J}{k_{\mathrm{b}}T}\right)\right) \tag{2-7}$$

其中，k_{b} 是玻尔兹曼常数，在模拟退火算法中没有任何意义。这个公式表明，一个系统不仅仅会移动到能量更少的状态，而且也会移动到能量更高的状态。正是这一个特性的存在，降低了最困在局部最小值中的风险。我们还可以推导出，当温度继续单调地下降时，接受系统的新候选配置的几率会逐渐减小。

在本项研究中将模拟退火算法的初始点设为对监测站点的初始随机配置。如式（2－8）所示：

$$D^{(0)} = \left\{ s_1^{(0)}, s_2^{(0)}, \cdots, s_n^{(0)} \right\} \tag{2-8}$$

其中，n 表示监测方案设计的总类型个数，每一个设计方案对应的监测网络收集的放射性核素数据都将被用来在法国地区进行空间插值，从而构建整个法国地区的放射性粒子浓度分布图。而插值图和模拟图之间的差异则通过成本函数 $J_\alpha(D^{(0)})$ 来计算，$D^{(0)}$ 表示当前的设计方案。接着通过改变原始方案 $D^{(0)}$ 中的某一个站点，将其随机替换为目标区域其他候选的其中一个的到方案 $D^{(1)}$，接着计算其成本函数 $J_\alpha(D^{(1)})$，并将其与先前的成本函数相比较。通常情况下，后续方案是否被接收都存在一定的概率，可以用 Metropolis 准则进行判断，其判断标准如式（2-9）所示：

$$P(D^{(i)} \to D^{(i+1)}) = \begin{cases} 1 & \text{if } J_\alpha(D^{(i+1)} \leqslant J_\alpha(D^{(i)})) \\ \exp\left(\dfrac{J_\alpha(D^{(i)} - J_\alpha(D^{(i+1)})}{T}\right) & \text{otherwise} \end{cases} \tag{2-9}$$

其中，T 为一个虚构的温度参数，它随着 SA 的发展逐渐降低。目前有许多冷却时间表方案用于更新温度参数。最简单和最广泛使用的是指数冷却时间表如式（2-10）所示：

$$T_{i+1} = RT_i \tag{2-10}$$

其中，T_0 表示初始温度，R 表示折扣因子，如果方案 $D^{(i+1)}$ 被接受，就将其作为初始点继续参与迭代。但值得注意的是，由于冷却时间表的存在，接受新方案的机会会越来越低。整个模拟退火算法一直持续到满足停止标准为止。

显而易见，模拟退火算法的结果对于冷却时间表和初始设计的选择非常的敏感。所以冷却时间表的选择就必须非常的谨慎。在本项研究中选择的是初始温度 $T_0=10^{-3}$，折扣指数 $R=0.98$，在如此强烈的冷却速度的影响下，算法的收敛性就没能得到保证，但是还是能接近于最合适的结果。

在上述基础方法的支持下，本次研究还着重对于成本耗费函数构建的重要性，布设点数的选择和表现效果这三个方向进行了相应的研究。

对于成本函数的选择，由于在本项研究中所采用的成本函数为 J_α，所以这一客观的标准显而易见的由参数 α 决定。不同的 α 会产生不同的配置方案，这一特性也可以使我们更能够深入的了解不同的成本函数对监控网络配置的影响。为了探究这一具体影响，在泄漏事故发生时分别选择了 α 为 0.5、1 和 2 时的成本函数。对于实验中插值方法的选择同时使用了克里金插值法和最邻近插值法。如图 2-8 所示，使用上述两种方法在 α 取不同值的时候，插值结果相差无几。这一结果对于该项研究非常重要。由于整个模拟退火算法，需要进行大量的计算，为了减少计算时间，在上述条件，本项研究中最后采用的插值方法为最邻近插值法。图 2-9 表示了在不同的 α 取值的情况下，随着迭代次数的增加而发生的变化。结合图 2-8 的最合适设计检测站数据为 100 的情况下，不难发现当 $\alpha=2$ 的时候，有更多的监测站被设计在了核设施周围，所以插值的结果在整个区域的精度就降低了。但是考虑到在原理放射源的地方并不需要非常高的插值精度，所在如果重点只是放在检测核电站周围的放射性浓度的话，这个 α 的取值也是可以使用的。然而当 α 取 0.5 和 1 的时候其得到的结果与 $\alpha=2$ 的时候有明显的差异。当 $\alpha=1$ 的时候设计的监测站点就开始远离放射 J_α源，当

$\alpha=0.5$ 的时候这一现象变得更加的明显，也就是监测网越来越趋向于覆盖整个研究区域。当然也有一点值得注意，当α的值从 0.5 增加到 2 的过程中，监测点分布在放射源周围的这一趋势并不是逐渐增加的，它以一种不对称的方式反映了气象条件所带来的影响。但当 $\alpha=0.5$ 的时候，在特定的核设施周围，气象的影响并不突出。

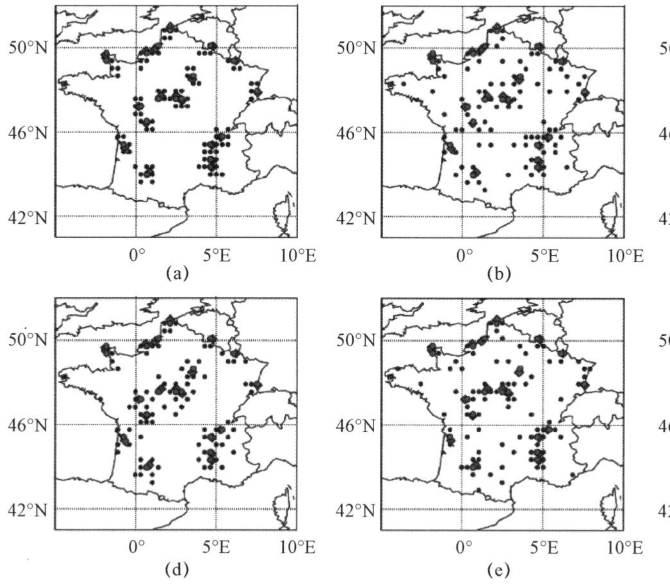

图 2–9　模拟退火算法优化得到的优化方案（n=100），其中，上面一行基于克里格模型，下面一行基于最邻近点准则，(a) α=2；(b) α=1；(c) α=0.5；(d) α=2；(e) α=1；(f) α=0.5。图中点位表示监测站点，圆圈为确定的监测站点，棱形点为核电站位置。

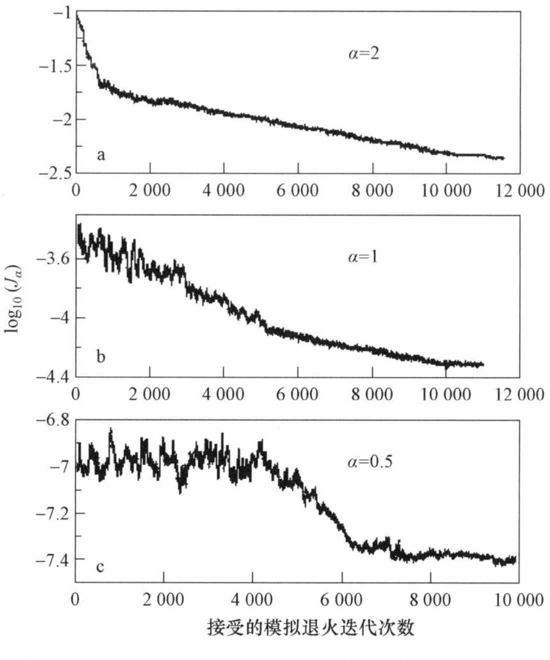

图 2–10　不同α参数下损失函数随模拟次数变化

图 2－10 展示了意外核泄漏的情况，^{131}I 的模拟浓度场和当α =0.5 的时候监测网所得到结果在某种情况下可以认为是一致的。据观察，当法国上空有放射性气流经过时，监测网都能监测到其的浓度。这可以解释为实验中选择的α为 0.5，确保了良好的空间覆盖率。

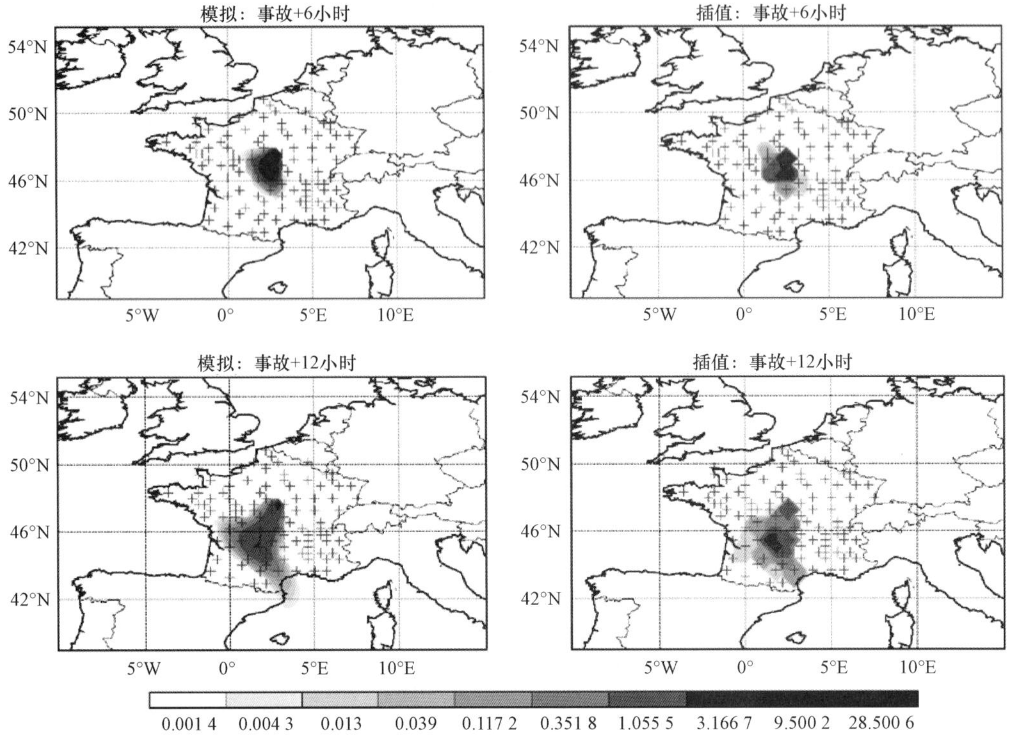

图 2－11　基于模拟退火优化监测站点（n=100，α=0.5，最邻近点准则）的模拟和重建的 ^{131}I 浓度场（单位：Bq • m^{-3}）

对于监测站点数量的选择，这是优化设计中需要面临的一个重大问题，也就是说，除了财政、经济和政治限制之外，网络的所需密度还应根据所需的详细程度和准确性加以考虑。未来 IRSN 监测网络的任务是提供一个适当的工具来检测和跟踪法国领土上任何初始放射性污染的时空演变。众所周知，监测网络的密度越小，放射性核素场的空间代表性就越差。然而在排除掉财务的约束之外，如果设计的监控网络过于密集，那么某些测量的信息就会产生冗余。所以，两者之间的平衡就非常重要。

有一种方法是将不同性质的判断标准都引入到同一个成本函数中，但是这样的话很可能造成结果的混淆。实际上，仅仅由统计方法所确定的标准其最后产生的结果并不明显。这就是为什么我们在这项研究中限制自己使用统计标准，而让 IRSN 根据我们的结果决定投资多少（多少站）。然而，作为一个大致的指导，我们确实使用了 IRSN 的经济约束。具体的来说，设计的监测站点的数量是由一开始的项目预算所决定的，所以将最小和最大的检测网络规模分别设置为 50 和 125。在这一部分的研究中，我们研究设计的质量取决于它们所描述的范围大小。同时，需要时刻牢记的是，所有的数据都是在空间分辨率为 0.36° ×0.36° 下得到的。由于模拟退火算法需要大量的计算，所以针对 3 个α，只分别选用

了 $n=50$，75，125 参与迭代。气象条件为随机取 4 天中的一天。图 2–11 的（a，b，c）展示了当 $n=50$ 时，不同 α 下的情况。值得注意的是，当 $\alpha=2$ 的时候，大部分的监测站点都被设计在了核设施周围。所以说，当选用 $\alpha=2$ 和 $n=50$ 这两个参数的时候，得到的结果存在一定的问题，其存在着离散化效应：即在优化后，布设的监测站点离核设施太近了，所以 50 个站点中没有一个点可以代表远离核设施的地区。图 2–11 的（d，e，f）表示了当 $n=70$ 时，不同 α 下的情况。从中可以看出，跟 $\alpha=0.5$ 相比，其监测站点的空间覆盖率有了明显的提高。实际上，将 α 取为 0.5 的是目前研究领域中比较统一的倾向，但是在本研究中当 $\alpha=1$ 和 $\alpha=2$ 时有更好的相似程度。总的来说，在空间分辨率为 0.36° ×0.36° 的情况下，一个大小为 75 的监测网络是一个比较合理的选择。图 2–11 的（g，h，i）表示了当 $n=125$ 时，不同 α 所对应的情况，其大致的结构与 $n=100$ 时类似。

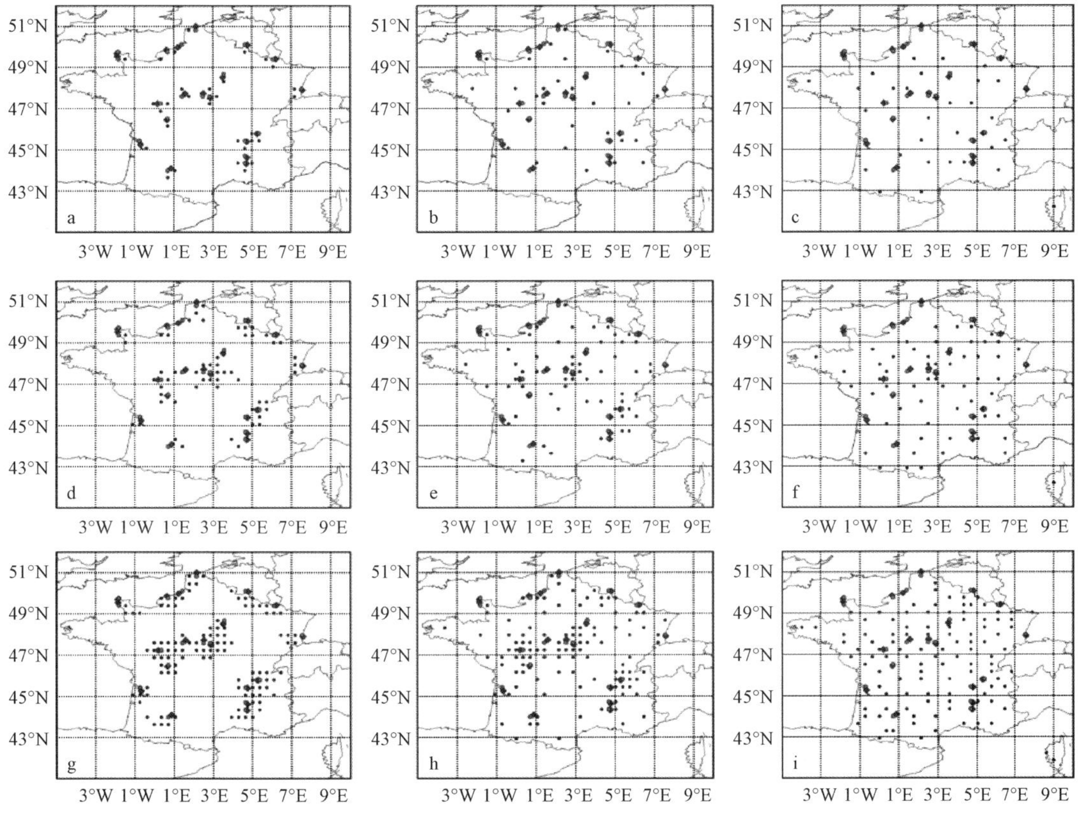

图 2–12　不同参数下的优化方案，（a）n=50，α=2；（b）n=50，α=1；（c）n=50，α=0.5；（d）n=75，α=2；（e）n=75，α=1；（f）n=75，α=0.5；（g）n=125，α=2；（h）n=125，α=1；（i）n=125，α=0.5。图中点位表示监测站点，圆圈为确定的监测站点，棱形点为核电站位置。

为了更加准确的衡量监测网的优劣程度，构建了一个信息获取的量函数如式（2–11）所示。Δn 代表的是监测网络中增加的站点数

$$G(\%)=100\times\left(1-\frac{J_\alpha(n+\Delta n)}{J_\alpha(n)}\right) \tag{2-11}$$

表 2-10 展示了在不同的站点下以及不同的α取值的情况下的 G 值。可以很明显地看到，随着监测网络规模的提升，其对于放射性污染的监测就能更为精确。而且对于 3 个α值来说，随着监测站点的增加，监测网络的精度增加并没有出现明显的饱和情况。将经济条件放在一边，而选择 125 监测站点数的监测网是有问题的。实际上在给定 0.36° ×0.36° 这一分辨率的情况下，任何的选择都是离散化的。也就是说，四个栅格之中就由一个栅格被计算。这会使得设计变得越来越不实用，因为空间插值变得越来越不重要。所以在给一个给定的分辨率的情况下，使用非常密集的监测点反而是不明智的选择。或者说，如果在研究开始时，就已经明确给定的预算充足到可以架设足够的监测站点，那么就需要使用一个更好的解决方案来进行优化研究。在本项研究中含有 75 个监测站点的监测网是最好的选择。但是在此基础上，我们还可以通过获取更详细的气象情况，获取更多的用于交叉验证的数据和补偿低精度站点来进一步优化站点数量。

表 2-10　增加 Δn 个站点到 50 个站点中信息量增益情况

G/%	Δn=25（%）	Δn=50（%）	Δn=75（%）
α=2	42	52	73
α=1	47	54	75
α=0.5	41	49	73

为了对其监测网进行评估，本项研究还设计了另一个单纯从几何学角度出发建立的监测网，并将两者进行比较。由于后者建立的监测网不依赖于要采样的物理过程的协方差函数，所以在优化时其计算速度要远远快于上述监测网的设计。空间填充设计的方案可以在先验知识较少的情况下，提供一个可行性的方案。

通常情况下，该空间填充设计的设计的标准是如何更好地覆盖目标区域。最简单的标准是最大一最小值标准。C 表示候选点。$D=\{s_1, s_2, \cdots, s_n\}$表示设计方案。标准是通过最大化数量决定的，如式（2-12）所示：

$$\min_{\substack{1\leqslant i\leqslant n\\ 1\leqslant j\leqslant n}} (d(s_i,s_j)) \tag{2-12}$$

其中 d 代表的是 D 设计中，两点之间的大圆距离，该标准的优化时通过模拟退火算法实现的，在冷却时间表的选择上采用了 Lundy 冷却表（$T_{i+1}^{-1}=T_i^{-1}+b$）。在实验中分别根据 50，75 和 100 个样本点进行了监测网的构建。由此，我们将通过优化空间填充准则生成的设计称为几何设计，并将通过最小化成本函数计算的另一个称为物理设计。图 2-13 展示了 3 个几何设计的内容。从中可以看出，其空间覆盖率要好于物理设计的空间覆盖率。

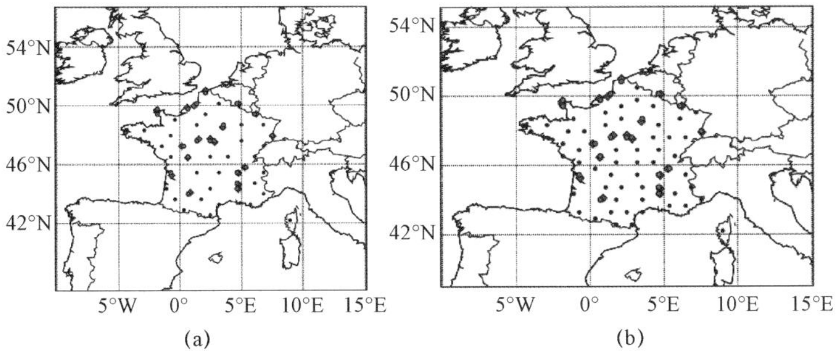

图 2－13　不同样本量下的优化几何设计方案；图中点位表示监测站点，圆圈为确定的监测站点，棱形点为核电站位置。

（a）n=50；（b）n=75；（c）n=100

图 2－14 展示了一次当 ^{131}I 意外泄漏时的情况，从图中可以看出，两种设计方法的最后设计的结果都取得了比较好的一致性。这表示了，在大尺度的情况下，即使使用简单的插值方法也能很好的模拟核泄漏后的浓度场情况。这可以解释为，由空间填充方法产生的设计方案将监测点能够很准确地放在感兴趣的区域，从而提高了插值的质量。为了更好地比较两种设计方案的结果，在研究中分别计算了在$\alpha=0.5$，1，2 的情况的成本函数。表 2－11 表示了，在不同是监测站数量 $n=50$，75，125 的情况下，成本耗费的总和。从表中可以看出，当$\alpha=0.5$ 的时候，两种设计所产生的结果大致相同。但是当$\alpha=1$ 或 2 的时候，两者之间的差异便开始显现出来。其原因是由前文所说的，当$\alpha=1$ 或 2 时，最后的设计方案中

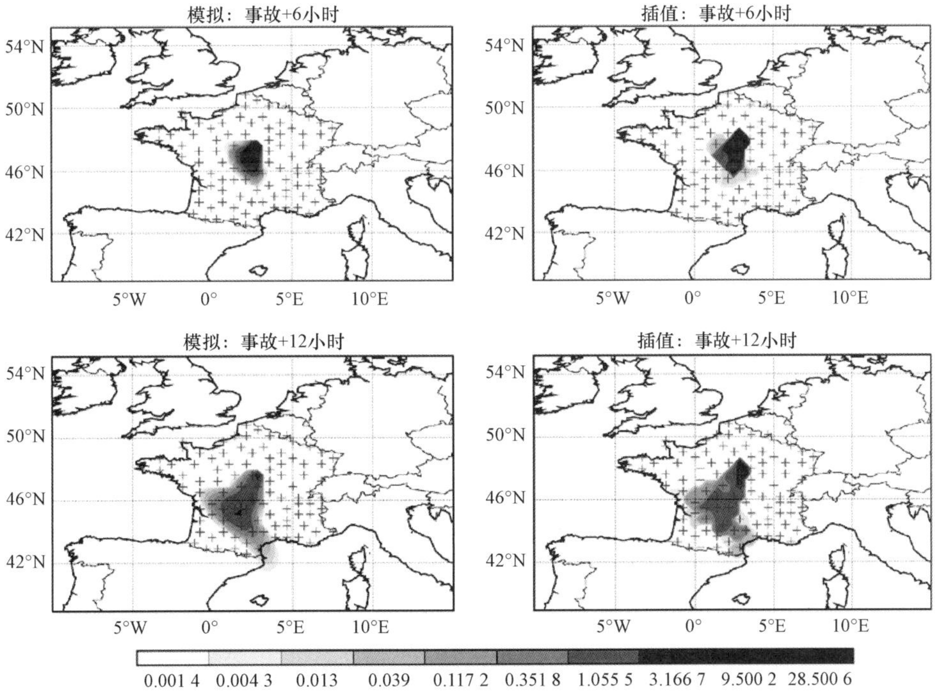

图 2－14　基于模拟退火和几何设计优化监测站点（n=100）的模拟与重建 ^{131}I 浓度场（最近邻插值法，单位：Bq·m^{-3}）

有越来越多的监测站会聚集在核设施周围。所以，在方案的设计中如果成本函数选择了变化比较急剧的函数，那么空间填充方案的最终结果就会存在一定的问题。

表 2-11　几何设计和物理设计比较

J_α size	$\alpha=0.5$			$\alpha=1$			$\alpha=2$		
	50	75	100	50	75	100	50	75	100
$\log_{10}J_\alpha(D_p)$	−7.29	−7.34	−7.40	−3.97	−4.25	−4.31	−2.01	−2.25	−2.33
$\log_{10}J_\alpha(D_g)$	−7.19	−7.22	−7.29	−3.58	−3.84	−3.96	−1.18	−1.55	−1.69
$J_\alpha(D_p)/J_\alpha(D_g)$	0.80	0.75	0.79	0.41	0.39	0.45	0.15	0.20	0.23

总体而言，该研究在法国 20 个核电站的一年多的监测数据和大量气象观测数据基础上，结合大气化学传输模型，模拟了法国的地表放射性浓度分布状况。然后，该研究使用克里格抽样方法，以污染浓度空间分布插值误差最小为目标函数，用模拟退火算法计算了不同样本量要求下的监测网布设方案（50、75、125 个监测点等），为法国放射性核素自动监测提供重要基础。

（3）荷兰：流动放射性监测网络

荷兰 Wageningen University and Research Centre 研究团队在荷兰现有 153 个固定监测站点基础上，为了进一步加强网络监测，设计了事故情形下流动监测网络的优化布设方案（Heuvelink，et al. 2010）。

整个移动监测网络的布设分为 4 个部分：① 模拟放射性物的空间分布情况和相关的不确定性；② 使用移动设备来提升空间浓度的预测精度；③ 定义一个用来评抽样好坏的成本耗费函数；④ 使用空间模拟退火法进行优化。

1）拟事故后放射性的空间分布情况及其不确定度

随着放射性核素分布模型 PUFF 的发展，RIVM 已经对放射性核素的分散进行了数十年的研究。在荷兰皇家气象研究所（KNMI）的合作下，在 PUFF 的基础上加入了气象模型进行耦合，使其得到了进一步的发展。所以 NPK-PUFF 模型可以描述从一个或多个点释放源释放出的放射性核素在大气中的运输情况，并计算放射性物质在受威胁区域的浓度和沉积。该模型的结果是以网格的形式输出的，所以可以用来构建一个剂量评估模型，从而可以计算人类在辐射下的暴露程度。

通过 NPK-PUFF 模型可以很好地从机理上预测空间放射性物质在一定的空间和事件上的放射情况。但是气象条件和其他输入的不确定性同样会对输出的结果造成一定的影响。此外，模型结构中的错误意味着即使模型输入是准确的，模型预测结果仍然与现实不同。所以，为了考虑不确定性的存在，在目标研究时间的目标研究区域中真正的浓度可以被表示为确定性趋势和随机剩余的总和。如式（2-13）所示：

$$Z(x)=Z_{\mathrm{PUFF}}(x)+\varepsilon(x) \tag{2-13}$$

式中 Z 代表的是真实的浓度，Z_{PUFF} 代表的是模型 NPK-PUFF 的输出，ε 代表的是真实值与模型输出的之间的误差。x 代表的是空间坐标系。因为 ε 的值是未知的，所以考虑采用用一个随机函数对其进行模拟，该随机函数的概率分布必须要反映 NPK－PUFF 模型输出的不确定性。为了更好的识别ε的概率分布函数，在地统计中通常默认其符合正态分布，二阶平稳和各向同性，在此处采用同样的做法。平稳和各向同性表示ε在空间的期望和方差都是不变的，$\varepsilon(x)$和$\varepsilon(x+h)$之间的相关系数只取决于两点之间的欧式距离。在本项研究中，因为对 NPK－PUFF 模型进行了校准，使其不会出现整体偏高或整体偏低的系统误差，所以ε的期望被认为是 0。但是ε在空间上存在相关性，例如风速和风向的会影响放射性物质的气流走向，从而造成局部异常，使浓度的估计产生偏差。

ε的空间协方差结构可以用半变异函数来测量。半变异函数的参数包括块金、基台和变程可以由下述的方案获得。首先，在 NPK－PUFF 模型中输入最有可能的气象参数。其次 NPK－PUFF 函数的主要输入是不同的，因为它们的值需要反映出这些输入的不确定性。然后，使用这些输入值多次运行 NPK－PUFF 模型，并输出模型运行的结果。残差的半变异函数的值就会被计算并画在图上。最后可以通过目视或者统计的方法如最小二乘法和最大似然法得到半变异函数的参数。

2）使用移动监测网络提高 NPK－PUFF 的预测精度

在没有其他先验知识的情况下，NPK－PUFF 模型的运行结果会被直接用作放射物浓度的估计。但是在真正的紧急情况下，也会有一定的测量数据，这些测量数据中包含的信息可以以用来改善人们对放射性污染和人口暴露的预测。一个简单的数据同化方法就能将模型预测的结果和观测数据结合起来。比如说，首先，对于每一个有测量数据的点来说，将其测量的值与用模型模拟的值作差。然后将这些差值在范围内使用克里金插值并将其结合到 NPK－BUFF 模型中。最后得到的结果图又重新生成了这些含有观测数据的点的模拟值。同时它还能调整没有测量数据的地区的模拟值。在测量位置附近，当空间相关性较大时，调整的程度更大。由此，最后得到的图就同时包含了测量信息和 NPK－PUFF 模型的模拟的信息，且因为它使用了两个信息源，所以它的结果通常更接近于真实值。

3）选择合适的评估标准

总得来说，这项的主要目的是设计出一个监测方案，使得方案中得到的假阳性和假阴性决策的耗费成本达到最少。假阳性决策指的是模型的误差和不确定性超出了指定的阈值，从而导致不必要的措施，比如说从一个实际安全的区域撤离人员。而假阴性决策刚好与其相反，是不采取措施。所以说，假阴性决策的耗费成本比假阳性的耗费成本要更大，因为其危害了人们的健康和生活。如图 2－15 所示，在本研究中，将研究区域的结果分为四大类：假阳性，假阴性，真阳性，真阴性。而最终的研究目的是尽量减少假阳性和假阴性的加权总和，如式（2－14）所示：

$$C=\alpha \cdot \text{area(false positive)} + (1-\alpha) \cdot \text{area(false negative)} \tag{2-14}$$

式中：C表示的是成本耗费。而耗费比率$\alpha/（1-\alpha）$通常小于 1。

4）空间模拟退火算法

算法的最终目的是使上述式（2－14）中的C达到最小值。模拟退火算法式一种随机搜索的技术，类似于通过退火的物理过程找到最优的方法。而其优化的过程是通过迭代实现

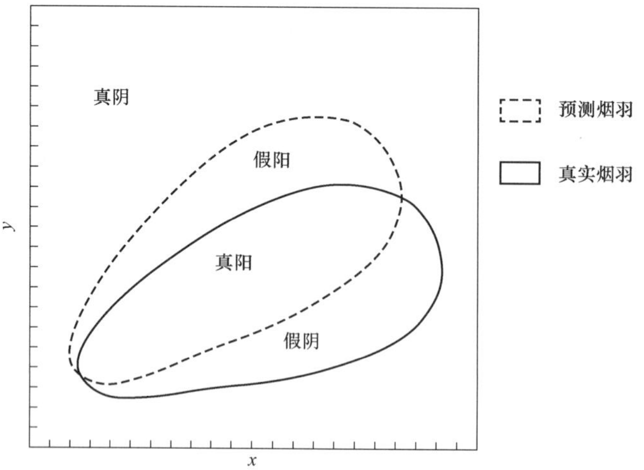

图 2–15　假阳和假阴地理区域示例

的，首先给定一个任意的初始设计，而后不断重复尝试新的设计方案，这些每一个新的设计方案都是对先前一个设计方案的微调整。而只有那些降低了成本耗费的方案才会被接收，这就确保了迭代过程中可以不断降低成本耗费，直至达到最低的成本耗费。

空间模拟退火算法分为五个步骤，具体如下：

① 随机设计一个抽样方案 S_0，而后计算其成本耗费 $C_{(S_0)}$。

② 对于给定的一个设计方案 S_k，在其基础上，将方案中的某一个抽样点随机移动到与其距离为 h 的位置就得到一个新的抽样方案 S_{k+1}，h 的方向是随机选择的，其长度则是 0 到最大距离中的随机一个。而且在整个 SSA 的过程中距离的最大是逐渐减少的。

③ 计算新设计方案的成本耗费 $C(S_{k+1})$。如果 $C(S_{k+1})<C(S_k)$，则接受新的设计方案，否则以一个固定的概率接受新的设计方案。这样可以避免方案局限于局部最小值。如果新的方案被接受了，就使 $k=k+1$。随着 SSA 迭代过程的进行，接受较差设计的概率逐渐地降低。

④ 重复步骤 2，如果新的设计方案 S_{k+1} 被接收了，就将其作为初始设计方案，否则维持不变。

⑤ 当迭代到一定次数，或者精度满足要求的时停止上述过程。输出并储存最低成本耗费和在该耗费下的设计方案。

在上述过程中需要注意的是，候选的抽样点必须位于研究区域内。此外，还可以根据地形附加一些条件，比如，移动放射性测量设备必须位于开放区域内，并在距离公共道路要尽可能的远。

5）抽样设计优化算法

优化抽样设计的算法主要可以分为如下步骤：首先，选择一个基础的设计方案。接着，将通过这个方案得到的观测值结合到 NPK–PUFF 的输出结果中，如上述第二部分所示，并计算结果中的成本耗费值 C（如式（2–14）所示）。最后使用 SSA 算法进行优化得到最佳设计方案。但是这整个过程中存在着一个问题。为了将 NPK–PUFF 的结果和测量地结合起来并计算假阴性决策和假阳性决策的地区，就必须要知道这些区域的真实值。实际上，这是不可能知道的。但是就如第一部分所说的，这个值可以认为由式（2－13）所表示。因此，可以使用蒙特卡罗模拟方法：模拟了许多可能的现实，并对所有可能的实际情况进行了抽样设计的评估，并计算了平均成本。如果模拟现实的数量足够大，那么平均成本将近似于与抽样设计相关的预期成本。将最优设计定义为预期成本最小的设计是比较合适的方法。

总的来说，优化抽样设计可分为如下步骤：

① 计算研究区域的由 NPK－PUFF 模型得到的模拟结果。

② 通过将地形条件应用于研究区域内的所有位置，确定所有候选的采样位置。

③ 计算残差的半变异函数。

④ 使用无条件连续高斯模拟生成一个大量（$N>100$）的残差随机场，并将其加入到 NPK－PUFF 模型中，从而就产生了 N 个可以被认为真值的模拟浓度。

⑤ 从候选的抽样点根据一定的数量条件，随机生成一个初始的抽样方案。

⑥ 通过从模拟的真值中减去 NPK－PUFF 参考值来导出 n 个采样位置处的残差，并使用简单的克立格法插值残差。并将这些残差同 NPK－PUFF 模型的输出结果结合起来，从而得到一个预测浓度图。

⑦ 将预测浓度图与模拟真值图作比较，得出假阳性和假阴性的地区以及式（2－14）中的代价函数。

⑧ 对于所有的可能性，计算这个设计方案的代价函数的平均值。

⑨ 使用 SSA 算法得到新的候选设计方案，并对其重复步骤 6 到 8，并比较两者之间的成本耗费，决定是否需要接受新的设计方案。

⑩ 不断重复第⑨步，直到结果满足要求。

在上述方法的支持下，现在用一个假设的案例来监测上述方案的可行性。假设在时间 $t=0$ 时，在荷兰的博斯勒核电站发生了核泄漏事故。当时的西南风风速为 3.0 m/s，将泄漏的 ^{137}Cs 吹向了东北方。现 RIVM 需要预估 5 个小时后的放射性核素的空间分布情况。图 2－16 代表了仅有 NPK－PUFF 模型模拟的 5 个小时后的放射性物质分布情况。该图还显示了放射性物质的边界，其辐射水平高于（虚拟）干预水平的 1.0×10^5 bq/m^3。但是该模型得到的只能在某一程度上的不确定性预测。所以还在研究区域内另外设计了 25 个移动监测站。携带移动设备的货车正处于待机状态，可以行驶到选定的测量地点，并能在几小时内放置这些设备。所以其在 $t=5$ 时所测得的数据可以用来调整预测的结果，从而制作更精确的地图。而上述 25 个移动监测站点的位置设计则可用 SSA 方法来获得。在所采用的空间分辨率为 100×100 km^2 的情况下，候选的采样位置被限制在一个 1 200 m 的距离上，并且这些采样的位置不能设置在开阔地带，同时也不能设置在道路 300 m 的范围之内。

在整项研究中一共获得了 30 个残差值值，均是从 30 个模拟真值中减去 NPK－PUFF 模型的输出值得到的。这些模型的输入参数中仅仅是一些气象参数如风速，风向，大气边界层和排放输入发生了变化。对输出结果的误差场进行了随机的采样，并将其的半变异函数绘制出来，如图 2－17 所示。从图中，我们可以看出，不同基台值之间的变化是持续的，

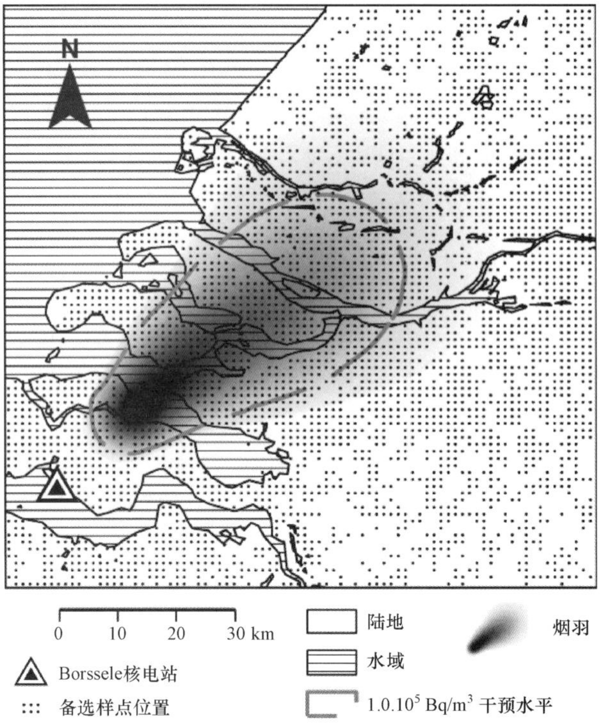

图 2-16　位于荷兰西南部的 100 × 100 km^2 研究区域，Borssele 核电站在西南角上。
图中灰色部分 NPK-PUFF 参考的事故后 5 小时放射性核素浓度烟羽。

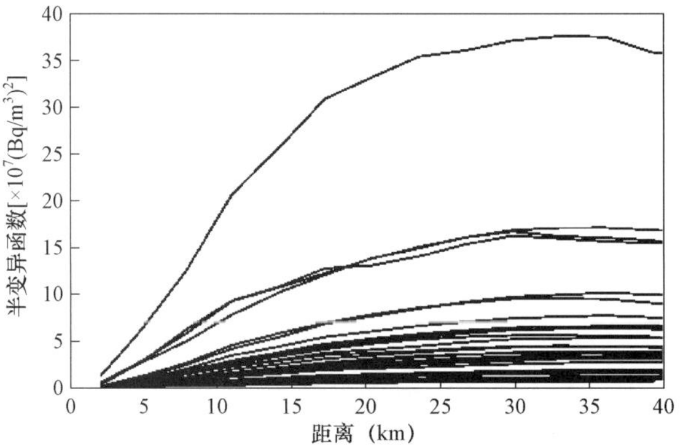

图 2-17　NPK-PUFF 模型误差生成的经验变差函数图

这就表明 NPK-PUFF 模型的输出结果受某些因素的影响更大（风速通常被认为是影响最大的因素）。在低，中，高三类不确定性下，分别用三个值来表示半变异函数的基台值。在所有的半变异函数中，基本都可以用一个块金值为 0 的球形函数表示，其变程大约在 30 km。但是，由于 NPK-PUFF 模型是平流-扩散模型，在短滞后时具有平滑特性，并且不同参数设置的模型之间运行的结果差异，因此球面半方差图的选择可能看起来是不合适的。然而，不可微的变差函数也被用来捕获模型误差，这可能显示出明显的不稳定行为。在计算代价耗费时有两个方案被使用，一个是假阴性和假阳性决策的结果成本耗费相同，另一个是假阴性的结果成本耗费是假阳性结果成本耗费的 5 倍。最终得到的六个场景如表 2－12 所示。

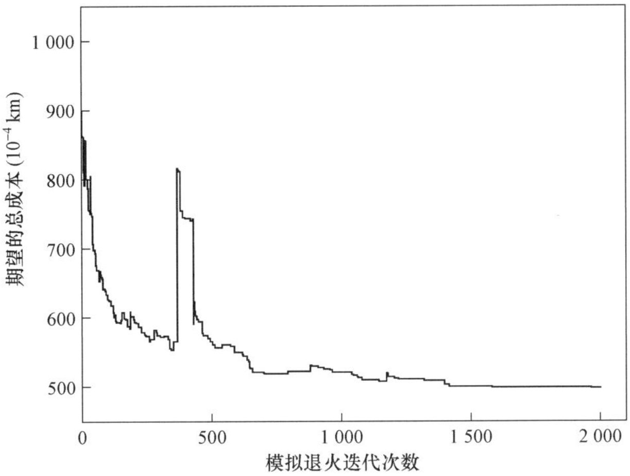

图 2－18　对应于情景 1a 的模拟退火算法迭代次数与期望总成本关系

表 2－12　六种不确定和成本参数设置情景

	低不确定性 sill = $1\times10^7(Bq/m^3)^2$	中不确定性 sill = $5\times10^7(Bq/m^3)^2$	高不确定性 sill = $1\times10^8(Bq/m^3)^2$
成本比 $\alpha/(1-\alpha)=1/1$	情景 1a	情景 2a	情景 3a
成本比 $\alpha/(1-\alpha)=1/5$	情景 1b	情景 2b	情景 3b

SSA 算法由一个已知成本耗费的随机初始方案开始。然后，该算法通过随机移动测量装置（随机距离、随机方向）来随机设计新的方案，并计算新设计的成本，并将其与先前设计的成本进行比较。在这个方法中，距离的选择有一定的标准，从 0～3 km 不等。随着迭代的进行，最大距离呈指数式减小，其中选择的衰减参数使得最大位移距离每 400 次迭代减半。在迭代的过程中总是接受成本耗费降低的设计，对于成本耗费增加的设计，其接受概率最初等于 0.2，但随着迭代次数的增加呈指数下降的趋势，衰减参数每 140 次迭代将接受概率减半。在蒙特卡洛分析中使用的模拟现实的数量被设为 $n=100$。图 2－19 展示了在场景 1a 下，随着的迭代次数的增加，设计成本的变化情况。在该研究中，一共进行了 2 000 次迭代。图形的形状表明了，总体来说，设计成本越来越小，但是同时也表明有一些较差的设计方案会被接受。另外，从图中还能发现当迭代次数达到 400 左右时，其相比于其他迭代次数的情况下，更容易接受较差的设计方案。同时，最后的 600 次迭代对实际上方案的优化并没有实质性的效果。这表明，该算法虽然不能保证达到全局最优，但算法可以收敛到最终的最优设计。图 2－19 的 1a 展示了最开始的设计和最终设计下达到的结果。在最终的设计中，浓度的观测点基本集中在污染气流的边界位置。这是因为在这些地区，更有可能产生错误的估计结果，而通过将移动测量装置置于这些边界区域中，可以最大程度的降低这些概率，从而在最终结果的估计中，可以达到最高的精度。在气流的中心位置或者远离气流的地方，没有建立移动监测站点，因为在这些位置，我们实际已经可以确定这些

地区的浓度是否已经高于或低于阈值。另外我们需要注意的是，虽然这些移动监测站点基本都架设在边界中，但是其边界结果的不确定性还是非常的大。移动监测站点的配置也不是对称的。造成这种情况，可能是因为对于模拟真值的获取只选了 100 个值，或者因为模拟退火没有收敛到全局最有，但是最有可能的原始架设的移动监测站点受地形的影响。

图 2－19 展示了假阴性和假阳性的错误决策，在所有情况下，这些错误决策的概率小于 50%，在优化的情况下远远小于 50%。优化抽样设计后较小的概率证实了图 2－19 的结果。另外，图 2－19 还同时展示了，假阴性决策的发生概率在气流区域内要大于气流区域外，而假阳性刚好与其相反。

图 2－20 显示了针对低、中和高不确定性场景的优化采样设计，其中成本比与上述设计中相同。显而易见的是，当不确定性增加时，对于方案的优化效果越来越明显。这是因为在远离参考气流的较大距离处，放射性污染的情况会日益恶化。在高不确定性情况下，最优设计类似于研究区域内点的均匀分布，但不包括北海和参考气流的中心。但是值得注意的是，在观测点附近做出错误决策的概率较小。

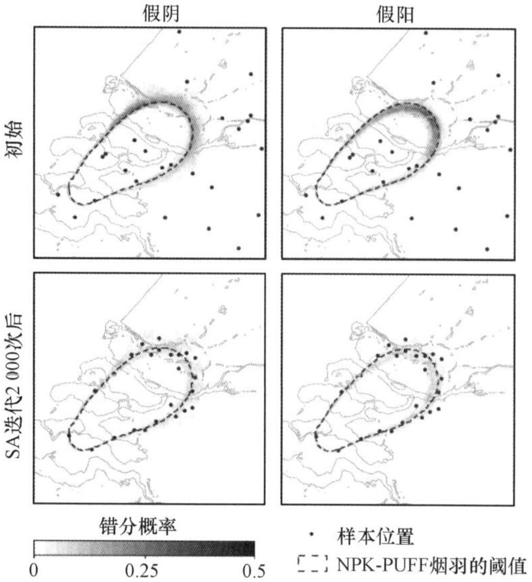

图 2－19 情景 1a 的初始（上）和最终（下）抽样设计方案

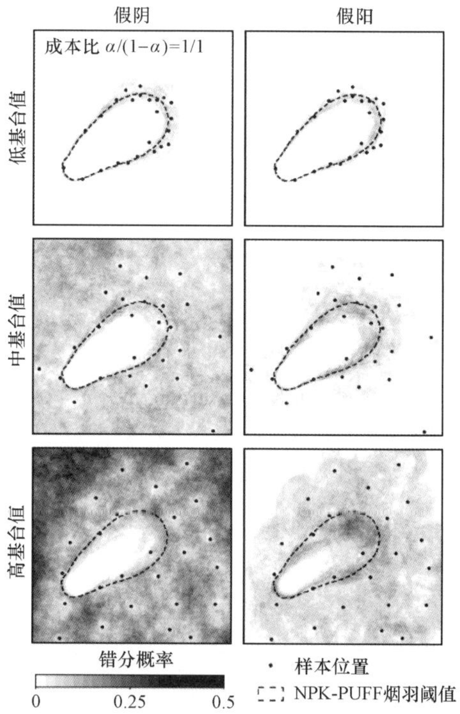

图 2－20 不同不确定性参数下的优化抽样方案（成本比为 1/1）

图 2－21 展示的是两者决策耗费比为 1/5 的情况，但其结果与图 2－21 类似。但是在仔细观察下能发现。随着成本耗费比的不断增加，最终的结果中会有越来越多的监测站点被设计在了参考气团之外的地方。例如在 1a 的情况下，25 个点中有 10 个点在参考气流的区域内，但在 1b 中点的数量变成了 5 个。

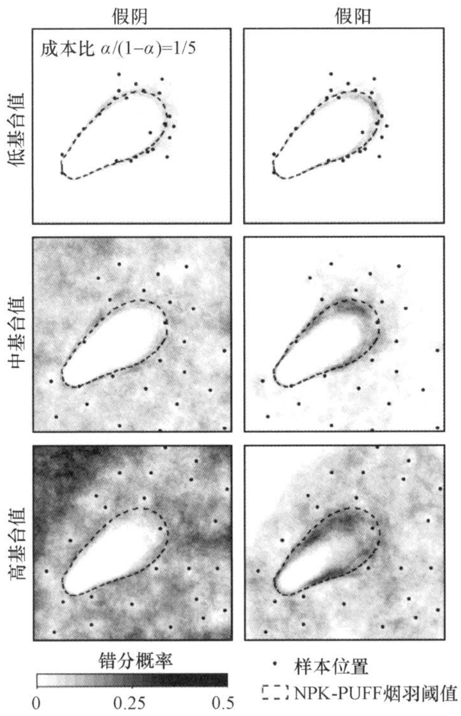

图 2－21　不同不确定性参数下的优化抽样方案（成本比为 1/5）

表 2－13 给出了所有方案的预期成本，包括初始和最终抽样设计。显然，当不确定性增加时，预期成本增加，因为当不确定性很大时，做出错误决策的概率更大。对于低不确定性场景，优化方案对于成本改进很大，而对于中等和高不确定性场景，优化方案对其成本改进不大。还要注意的是，成本比等于 1/5 的情况下的预期成本大于当比率等于 1/1 时的预期成本。这是因为作出假阴性决策的概率通常大于作出假阳性决策的概率。

总之，该研究在法国 20 个核电站的一年多的监测数据和大量气象观测数据基础上，结合大气化学传输模型，模拟了法国的地表放射性浓度分布状况。然后，该研究使用克里格抽样方法，以污染浓度空间分布插值误差最小为目标函数，用模拟退火算法计算了不同样本量要求下的监测网布设方案（50、75、125 个监测点等），为法国放射性核素自动监测提供重要基础。

表 2－13　各情景初始和最终抽样设计的期望成本

情景	初始设计			最终设计			成本改进/%
	假阴成本	假阳成本	期望总成本	假阴成本	假阳成本	期望总成本	
1a	251	205	455	143	106	249	45
1b	418	68	486	223	42	265	45
2a	2 311	518	2 829	2 023	443	2 466	13
2b	3 852	173	4 024	3 148	216	3 365	16
3a	5 251	1 451	6 702	4 172	1 619	5 791	14
3b	8 751	484	9 235	6 448	702	7 150	23

（4）德国：优化已有的辐射监测网络

德国联邦辐射防护局（Federal Office for Radiation Protection，Germany）与荷兰 Wageningen University 研究团队合作，研究了荷兰和德国部分地区的固定辐射监测站网络优化。

1）研究区和辐射监测网的选择

辐射监测网的设计主要是为了测量由自然和人为诱发的放射性核素释放产生的伽马辐射量（GDRs）。荷兰的国家放射性监测网络是由国家公共卫生与环境研究所进行设计的。而在德国这一监测网的设计则是有联邦辐射防护办公室（BFS）负责的。这些监测站点或多或少的分布在两国的周围，且在核电站附近和两国边界处，监测站点的布设密度增加。然而，有必要在这些国家和其他国家之间协调抽样设计，因为放射性核素可以跨越政治边界。

由于宾夕法尼亚州三哩岛（1979 年）和乌克兰切尔诺贝利核电站（1986 年）的事故，加剧了公众对辐射事故风险的担忧。所以，在进行监测网设计时考虑一些风险因素如核电站的位置（图 2–22），用于运输放射性材料的道路网络以及人口密度（图 2–23）就显得非常的重要。在本次研究过程中，我们只考虑辐射传感器的位置，而不考虑传感器的数量。

2）大气扩散模型

NPK–PUFF 模型是一种大气扩散模型，它模拟不同时间间隔的放射源的排放。该模型是 RIVM 所使用的基于 GIS 的决策支持系统的一部分。我们使用 NPK–PUFF（v.4.0.6）模拟了研究区不同精度和不同天气条件下放射性烟羽的释放（图 2–24，表 2–14 所示）。在此过程中模拟了 4 种类型的事故：① 大型的核电站泄露事故。② 小型的核电站泄漏事故。③ 恶意排放。④ 放射性材料运输事故。在此基础上，根据 NPP 位置（图 2–23）、人口密集的城市中心（用于 RED 型事故）或交通网络［用于 SPILL，表 2–15，图 2–23（a）和（c）］来模拟核泄漏事故。

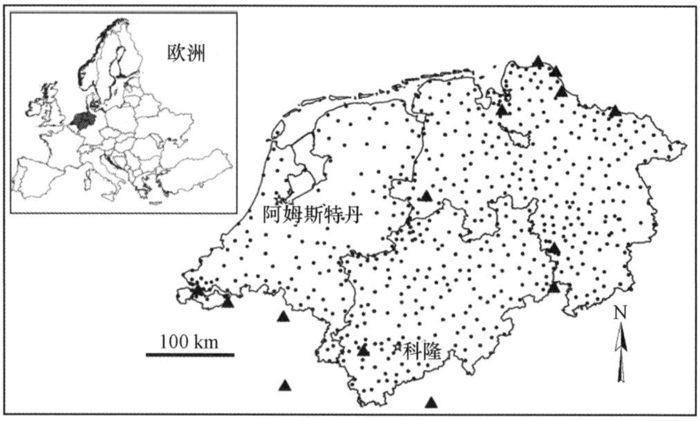

图 2–22　荷兰和德国两个州的伽马剂量率监测站点

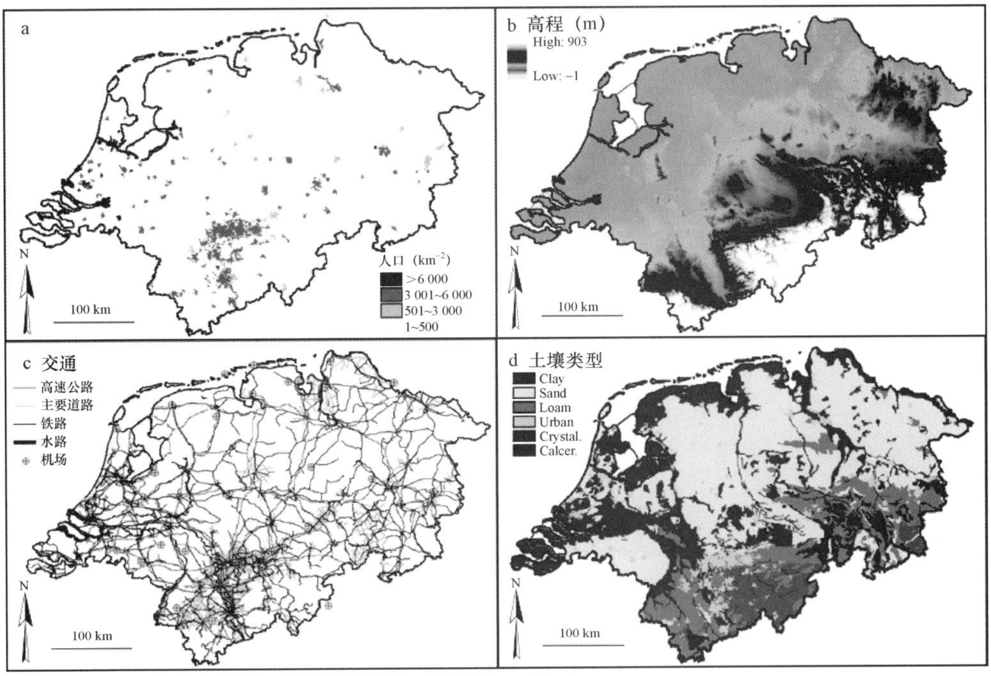

图 2－23 研究区特点和用于回归克里格的环境预测变量

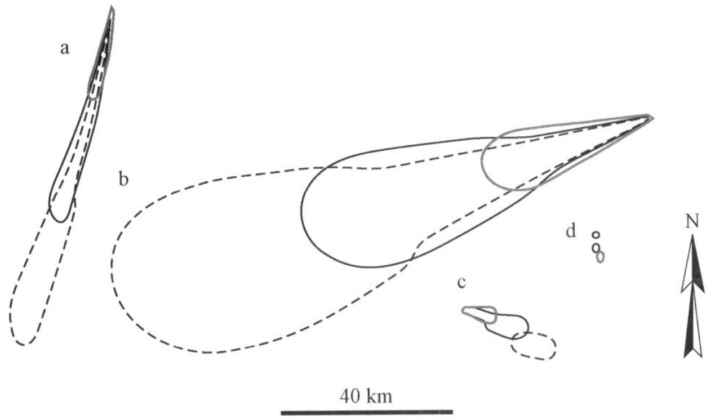

图 2－24 模拟的事故发生 1 小时（粗灰线）、2 小时（实线）、3 小时（点线）后的放射性烟羽分布（>100 nSv/h 伽马辐射量）

（a）小型核电站事故；（b）大型核电站事故；（c）故意辐射排放；（d）放射性材料运输事故

表 2－14 不同模拟事故下的排放特点和随机样本小时气象数据（2005），（a）小型核电站事故；（b）大型核电站事故；（c）故意辐射排放；（d）放射性材料运输事故

释放	小时	10 米高度风向（度）	10 米高度风速（m/s）	300 米高度风向（度）	300 米高度风速（m/s）	500 米高度风向（度）	500 米高度风速（m/s）	降水（mm）	混合层高度（m）	莫宁－奥布霍夫长度（大气稳定度的一种度量，m）
(a)1.36	1	13	4.38	37	11.2	39	12.47	0	991	75.15
E+16 Bq	2	10	4.33	35	10.82	38	12.05	0	1 171	67.8
Kr–88	3	7	4.29	34	10.45	36	11.63	0	1 351	61.28
11–Jul–05	4	0	4.05	32	10.2	35	11.22	0	1 531	154.47

续表

释放	小时	10米高度风向（度）	10米高度风速（m/s）	300米高度风向（度）	300米高度风速（m/s）	500米高度风向（度）	500米高度风速（m/s）	降水（mm）	混合层高度（m）	莫宁－奥布霍夫长度（大气稳定度的一种度量，m）
(b) 6.78	2	66	7.6	74	12.39	77	13.66	0.01	309	323.61
E+17 Bq	3	63	8	72	12.83	74	14.15	0.02	384	365.14
Kr–88	4	61	8.42	69	13.29	71	14.67	0.02	459	410.56
22–Feb–05	5	59	8.85	66	13.78	69	15.27	0.03	534	459.89
(c) 5.00	16	281	1.71	285	2.86	279	3.42	0	250	–20.39
E+13 Bq	17	298	1.68	297	2.96	289	3.49	0	250	–50.2
Cs–137	18	311	2.37	308	3.18	298	3.65	0	250	24.37
29–Aug–05	19	317	2.11	314	2.91	303	3.32	0	250	6.51
(d) 1.00	20	8	2.26	12	2.91	15	3.35	0.01	150	7.09
E+12 Bq	21	1	2.06	9	2.57	13	2.98	0.01	150	5.88
Cs–137	22	353	1.91	6	2.23	11	2.61	0.02	150	4.95
03–Feb–05	23	344	1.79	2	1.91	7	2.24	0.02	150	4.29

NPK－PUFF轨迹可以用气象预报来模拟，例如由高分辨率有限区域模型产生的天气预报。在这项研究中，模拟期间的气象条件被视为随机的，并从2005年在德比勒的气象站收集的地区的代表性小时天气数据中取样（表2－16，图2－25）。从观察到的多变量分布情况下，对天气情况进行采样，自动保持了变量之间的统计相关性（例如：风速/方向）。然而仅使用德比勒的天气条件代表整个研究区域的气象条件是不现实的。但是鉴于数据的可用程度和时间约束上来说，这种简化是必要的。

在整个研究过程中，一直保持对放射性气团的监测，放射性气团就是指伽马剂量高于临界阈值的地区，该临界阈值是由基于地面的空气和沉积辐射的预计量决定的。通常情况下，只有当阈值达到足够高时，才触发紧急响应程序。对于每个类型都设计了5 000个事件进行模拟，并且分别在3个时间步长下，监测了他们的演变。

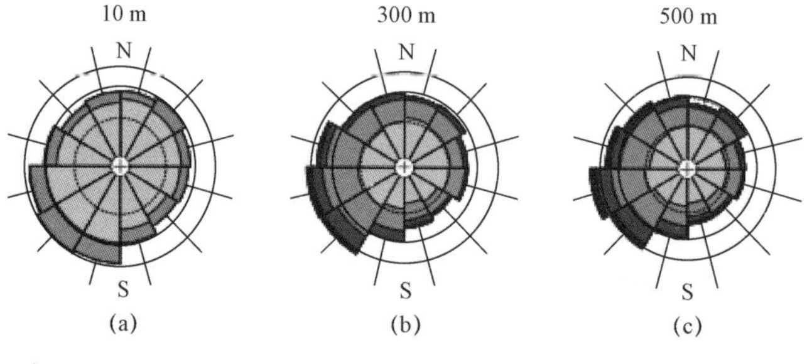

图2－25　2005年De Bilt站点小时气象数据风玫瑰图（灰色条带代表风速增量为5m/s）

表2－15　不同事故类型发生位置的概率

土地利用	概率	事故类型
城市人口高密度区（>6 000人/km²）	0.7	RED
城市人口中密度区（3 001～6 000人/km²）	0.28	RED
城市人口低密度区（501～3 000人/km²）	0.03	RED

续表

土地利用	概率	事故类型
人口稀疏区（1～500 人/km²）	0.000 000 1	RED
高速公路	0.65	SPILL
主要道路	0.15	SPILL
铁路	0.1	SPILL
机场	0.08	SPILL
航运	0.02	SPILL
田地	0.000 01	SPILL

说明：所有核电站都赋了相同的事故概率。

表 2－16　不同气象变量汇总统计

统计量	P	HM	Obukv
最小值	0	150	−9 904.2
最大值	3.2	251	9 951.6
均值	0.1	391.9	33.5
标准差	0.2	383.4	1 107.8

缩写同表 2–14

3）两用优化准则

目标函数中的优化准则包含两个方面：平均克立格预测误差方差和网络监测能力。在本节中，我们将详细介绍如何通过回归克立格进行插值，并描述第一准则的计算。

利用回归克里格法，对具有已知预测变量的（平均）年 GDR 进行空间插值，计算克里格方差。回归克立格是一种混合空间建模技术，它把回归和回归残差的空间插值结合起来。回归克里格比单独使用两种方法有更好的预测效果，并且该模型在数学上等价于具有外部漂移的通用克里格法。

残差中的空间相关性由观测点数据中的残差空间结构推断的自协方差函数或变差函数获得。这种混合模型依赖于对位置的地理统计假设，这意味着空间相关性只取决于点之间的距离而不是它们的实际位置。

在使用回归克里格的过程中，对于空间中未采样位置的误差方差，可由式（2−15）获得：

$$\sigma^2(s_0)=(C_0+C_1)-\boldsymbol{c}_0^{\mathrm{T}}\bullet\boldsymbol{C}^{-1}\bullet\boldsymbol{c}_0+(\boldsymbol{q}_0-\boldsymbol{q}^{\mathrm{T}}\bullet\boldsymbol{C}^{-1}\bullet\boldsymbol{c}_0)^{\mathrm{T}}\bullet(\boldsymbol{q}^{\mathrm{T}}\bullet\boldsymbol{C}^{-1}\bullet\boldsymbol{q})^{-1}\bullet(\boldsymbol{q}_0-\boldsymbol{q}^{\mathrm{T}}\bullet\boldsymbol{C}^{-1}\bullet\boldsymbol{c}_0) \tag{2−15}$$

式中：C_0 和 C_1 代表的是块金和部分基台值，$\boldsymbol{c}_0$ 是观测值和预测值之间的残差协方差向量。T 表示矩阵的转置。$\boldsymbol{C}$ 是 $n\times n$ 维的方差—协方差矩阵。$\boldsymbol{q}_0$ 是 $k+1$ 维的预测值的列向量。$\boldsymbol{q}^{\mathrm{T}}$ 是其转置，代表的是观测点的预测因子，其是一个 $N\times$（$k+1$）维的矩阵。$\boldsymbol{C}$ 和 $\boldsymbol{C}_0$ 是从残差的变差函数从获得的。值得注意的是，在 RK 插值误差方差的计算中不使用数据值本身。正是由于这项特性的存在，使得在收集数据之前可以估计克里金的预测误差的方差，同时也是整个优化过程中重中之重。

由于在某些情况下，环境预测变量与感兴趣的空间变量相关，所以在获得了一定环境预测变量信息的情况下，回归克里格是比较合适的一个方法。目前所知的是，一些非常关键的环境预测因子与自然辐射量之间有着非常明显的关系。自然辐射量由宇宙、空中和地面的辐射组成。来自宇宙射线的辐射量，随着海拔高度的变化而发生变化，其大约占总自然辐射量的 50%。空气中的辐射主要是由自然界产生的氡造成的，氡和它来自于土壤中的短寿命子体主要借助于空气中的气溶胶进行传播，大气成分占年辐射剂量的百分比很小；但在降水事件发生后不久，其剂量可增加至多 100 nSv/h，并且持续几个小时，因为 ^{222}Rn 及其子体被冲出空气并沉积到地面上。考虑到这种辐射增加的短期性质，年平均降水量与年平均 GDR 没有强相关性。地面辐射占年辐射剂量的 50%，由土壤中放射性核素自然衰变链的辐射组成，其辐射情况可根据土壤类型进行模拟。

监测网络位置和 GDR 数据都是从欧洲放射学数据交换平台获得的。海拔和土壤类型这两个环境变量被用于在 RK 中模拟趋势成分。海拔数据是基于美国地质调查局全球 30 ARCSEC 数字高程数据。土壤效应的模拟中则使用了欧洲土壤数据库的 6 个土壤类别作为分类预测因子。模型参数最初由普通最小二乘（OLS）估计，其余各向异性（方向）空间变化用变差函数模型拟合。这些变差函数在各个方向上都具有线性和球形分量，但是球形分量在一个方向上比另一个方向更明显（如图 2－26 所示）。在目标函数中使用预测误差方差的平方根，使得 GDR 预测误差与观测值本身具有相同的单位和幅度。

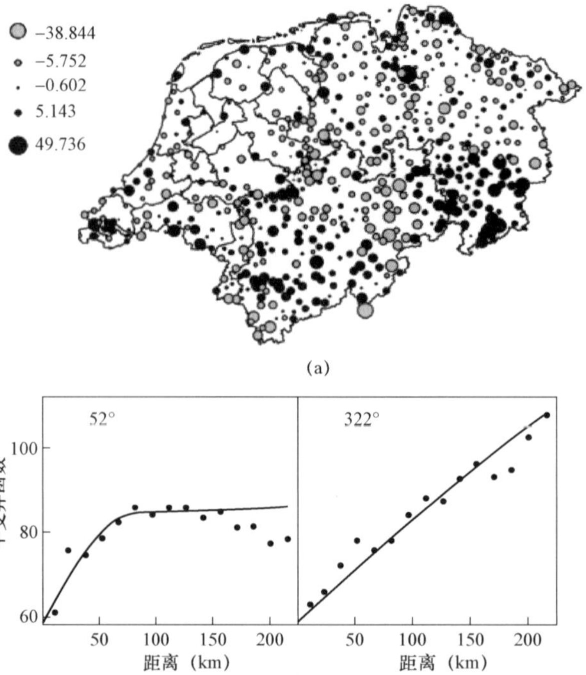

图 2－26　592 个伽马辐射剂量观测点回归残差

（a）残差分布；（b）球状模型拟合的变异函数（偏基台值 24.5 nSv/h，变程 320 km）；（c）线性模型拟合变异函数（偏基台值 59.5 nSv/h，变程 3 000 km）

监测能力被定义为在一个事故放生的 3 h 内，至少有两个检测器能检测出羽流的平均成本。羽流的成本函数是一个关于沉积面积、探测时间以及探测到羽流的传感器数量的函数。成本被人口密度进一步加权计算，因为如果放射性烟羽位于人口稠密的地方，那么能否检测出来就更加关键。为了这个额外的设计约束，如果网络未能检测到泄漏情况，那么人口越密集的区域相应的成本就越高。最后，如果羽流将放射性核素完全带到研究区域之外的轨迹，则检测成本被认为是零。这些权重、概率和时间步长可以容易地变化，并且其具体的数值应该由专家判断来设置。

根据上述定义，成本函数可以表示为式（2－16）：

$$C = \frac{1}{3N}\sum_{i=1}^{N}\sum_{j=1}^{3} W_{\mathrm{LUT}(i,j)} W_{\mathrm{p}(i,j)} A_{i,j}$$

$$\mathrm{LUT} = \begin{array}{lccc} & t1 & t2 & t3 \\ \text{undetected} & 2 & 2 & 2 \\ \text{single} & 1 & 1 & 1 \\ \text{two} & 0 & 0 & 0 \\ \text{multiple} & 0 & 0 & 0 \end{array} \tag{2-16}$$

式中：N 是总的羽流数。$A_{i,j}$ 是在事件发生 t 时间后，沉积区域的羽流 i，$W_{\mathrm{LUT}(i,j)}$ 是用来表示时间 t 时，羽流 i 的状态，可以通过查表获得。$W_{\mathrm{p}(i,j)}$ 是在时间 t 的羽流 I 质心处的人口密度。时间 $t1$，$t2$，$t3$ 分别区 1 小时，2 小时和 3 小时。因此，根据 LUT，如果在 1 小时内未检测到事故，则其成本将是 1 小时内单个传感器检测到的相似事故的两倍。类似地，如果在第一小时未检测到事故，但在第二和第三小时由两个传感器检测到，则该事故对平均成本的贡献将仅取决于第一小时羽流的条件。因为根据 LUT 由两个或更多传感器检测到的羽流被赋予 0 权重。时间和权重可以根据用户的需求而改变。

上述两个标准被下述简单的方式结合起来，如式（2－17）所示：

$$\min[w_1 Cr_1 + w_2 Cr_2] \tag{2-17}$$

式中：Cr_1 表示平均克里金估计误差的方差，Cr_2 表示灾害检测能力，w_1 和 w_2 分别表示两者的权重。权重的分别主要取决于网络设计的最终目标。在本次研究中，两者的权重基本相同。

4）空间模拟退火算法

空间模拟退火是模拟退火的空间对应物，因此该算法使用先前设计的轻微扰动和随机搜索技术来解决空间优化问题。对于本项研究，程序开始于当前的监测网络设计。通过逐个随机移动监测站，计算目标函数，并在一组 SSA 迭代中接受改进的设计，迭代地进行优化。对于 SSA，以降低的概率（通常设置为 pr20%）接受恶化设计，以避免选择局部最小值，并且 SSA 的“冷却计划”指示 p 降低到零的速率。本研究中使用最简单和最常用的冷却时间表，其中 p 被设置为随着迭代次数的指数递减，以确保收敛。

除了冷却计划和初始 P，SSA 中的另一个重要参数是停止准则。在这里，我们选择执行固定的迭代次数，但是当迭代次数不超过标准时，也有可能停止 SSA。或者当 P 下降到由用户设置的最终值时，可以选择停止。SSA 对于不能通过解析或穷举搜索解决的问题很有用，但是该方法本质上是启发式的，因为无法保证最终的样本模式是真正的最优。通过多次重复退火算法并检查我们是否得到类似的解，我们可以更加确信已经获得了接近最优解。我们优化了监控网络，总共进行了 4 000 次迭代，并且我们重复了三次退火算法以确保解是相似的。

5）结果

除了 NPK－PUFF 的参数化之外，每个事故的初始和发展情况都是在每个模拟开始时采样的天气条件的影响下所造成的结果。图 2－27 描绘了发电厂位置、城市中心和交通路线的地图：这些位置中的每一个都具有相关的事故概率。由于该区域人口密度达到了 46 000 每平方公里，NPP 数量有限，城市密集度较高，因此综合事故图（图 2－27a）以源自这些地区并向四面八方发展的放射性释放物为主。荷兰的风通常来自西南方向，它们的幅度随大气高度的增加而增加。在图 2－27 中很难监测到主要风向的羽流的增加情况。但是考虑到天气条件是随机的，来自西南方向的羽流更可能发生。这里的目标是优化全年所有可能条件的固定监视网络，所以我们旨在模拟足够的释放情况来覆盖所有可能的天气条件。

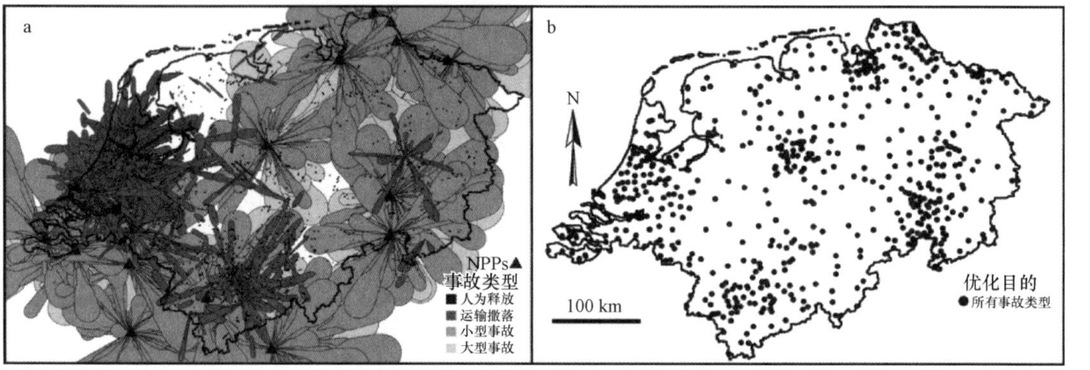

图 2－27　给定模拟事故情景和发生位置情况下的优化抽样

从表 2－14 中的量级来看，核电站发生泄漏时其影响的范围要远大于运输过程中发生的泄漏。在图 2－27a 中，运输过程中的泄漏情况基本为几乎无法识别的一系列小的暗色斑点。事实上，在 NPK－PUFF 模拟的情况下运输型事故在临界阈值以上的羽流大约只有 10%。

图 2－27b 是经过优化之后的监测网络，在优化设计模式中，大多数网络站高度集中在核电站周围和人口密集的城市中心。与目前的监测网络相比，更多的传感器被移动到荷兰；在荷兰和德国之间的边界上集中的站较少；在优化的网络模式中，均匀分散的站较少。

如图 2－28a 所示，优化结果与预期结果一致，虽然当 SSA 在 4 000 次迭代中终止时，目标函数已经开始趋于平稳，但是很明显，要达到最小值还需要更多的迭代次数。所以在上述基础上又进行了 8 000 次迭代。

图 2－28b 表示出随着 SSA 迭代次数的增加，平均预测误差方差和检测能力的变化情况。一般来说，随着检测能力的提高，平均预测误差恶化。这是由于在人口密集地区未能检测到放射性物质释放的成本，所以网络检测成本主导了目标函数的变化，以牺牲平均预测误差为代价。也就是说，随着台站更多地集中在 NPP 和城市地区，绘制年度背景 GDR 水平的预测精度总体上降低。但是精度的减少是非常细微的。

总之，该研究提出了在常规条件下最大限度地减少预测误差和最大限度地提高灾害探测能力的优化方法。为了计算灾害探测能力，采用大气扩散模型模拟潜在有害辐射释放。对于每个候选监测网络，确定是否在一、二和三小时内检测到释放。模拟了四类事故：小

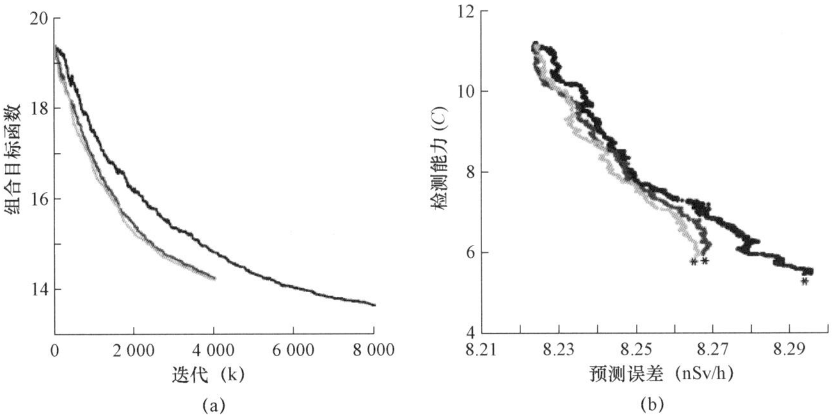

图 2－28　（a）目标函数随迭代次数增加而降低情况（重复三次）；
（b）两种优化准则之间的平衡（*号表示模拟结束时的最佳抽样设计）

型和大型核电站事故、使用爆炸装置的蓄意放射性释放以及涉及放射性材料运输的事故。采用空间模拟退火（SSA）搜索最优监测设计。SSA 是通过迭代移动站并接受所有改进平均空间预测误差和灾难探测能力加权总和的方法来实现的。以一定概率接受的恶化了多目标标准的设计，随着迭代的进行而减少到零。结果是有希望的，该方法应被证明是有用的评估环境监测网络的功效，旨在监测在其他应用程序的例行和紧急情况。

（5）欧盟：放射性监测网络设计

在 2009—2011 年期间，欧盟原子能机构启动了“欧洲核与辐射应急情况下辐射与放射性监测优化系统设计”（Design of optimized systems for monitoring of radiation and radioactivity in case of a nuclear or radiological emergency in Europe，DETECT）项目（Saito，et al. 2015）。该项目的主要目标是开发一套环境辐射监测网络设计工具，为各国家提供服务。该工具对各欧盟国家的研究成果进行了集成，包括前述的英国、荷兰、法国、德国等成果。在该工具中，根据网络监测目标的不同，将优化算法中的损失函数分为烟羽探测、空间分布制图及线性组合综合目标，基于地统计的克里格抽样优化是其中的重要基础方法。

在核泄漏应急情况下，快速提供关于现有或未来辐射状况的综合信息对于在应急情况的早期阶段作出决策至关重要。无论采用何种工具其最终的结果都是一致的，而且它们都可以被判断是否优化了决策方案。监测数据和模型化信息无论是单独使用也好，共同使用也罢，都必须支持决策，允许当局在适当时间采取适当措施。而在规划新的监测网络、系统或策略时，可以应用相同的建模工具来实现优化的结果。该项目收集了规划监测系统（固定或移动）所需的所有相关因素，并开发了一种工具，该工具支持建模，以便为不同监测目的设计进行优化。

决策需要使用监控数据和建模信息，因为它们彼此相辅相成。理想情况下，两种信息都可在一个平台上供决策团队使用。紧急情况可分为几个阶段，有不同的决策需要。在预发布阶段，来自模型的预测信息为决策奠定了基础，而在发布后的后续阶段，监控数据变得越来越重要。模型在这个阶段主要用于污染演化的预测，但不再限定其位置和特征。在发布阶段，建模和监测都很重要，最近的工作已经通过数据同化方法将两种信息结合起来，旨在改进对辐射状况的分析和对建模系统的预测。在这方面，监测和建模信息是结合在一起的，否则就不可能有额外的价值。

切尔诺贝利事故发生后，许多国家建立了不同类型、不同密度、不同目标的监测网络。在德国，环境计量监测网主要目的是用来计算其他国家通过云层这一方法进入其国土的剂量率。而其他的欧洲成员也都按照各自的准则，进行了监测网的设计，导致其在整个欧洲地区，监测站点位置总体呈现斑块状。现在，欧洲国家正在评估当前的监测网络，其目标是根据现有的新的监测技术，制定新的监测网络，但也要考虑到支持决策系统的所需要的高超技术水平和资金。芬兰、法国和德国等国家正在进行监测网络的更新换代。在这方面，还必须考虑维护网络所必需的资源。

在使用的方法和设备安装方面，这些网络的适配是非常有价值的。因此，我们的目标是发展一种方法，允许其在地方、国家或区域各级都可以量化监测系统的利弊。定义监控策略必须将事故的阶段、发布场景和位置以及决策团队的标准考量在内。因为在这一方面来讲，没有任何一个单一的策略或信息可以适用于所有可能的场景。

这是再次强调，我们必须相信监测和建模能力要结合起来，不能独立处理。然而，监测网络的设计和分析情况也一直取决于每个欧洲国家各自的模拟能力。在没有安装决策支持系统（DSS）的情况下，本研究结果仍可用于探索和优化监控策略。而且，优化的结果是预期的组合两者。

该项目的目的是通过开发用于优化欧洲监测系统的方法和规划工具来改进决策。这将通过以下方式实现：

1）在发生应急情况的早期阶段，对决策制定最重要的标准。

2）评估监测网络的现有信息。

3）分析各监测设备的工作情况。

4）在未来的战略中，新的监测设备的开发情况。

5）对发生泄漏情况最严重的场景进行分析，并在当前情况下，建立最为合适的监控策略。

6）根据国家特定需要和需求确定监测网络运行的成功标准。

7）为测试提供模拟的“度量”方法。

8）开发事故情景数据库，用于收集给定事件/情景组合的所有相关信息。

9）开发一个易于使用的工具来定义最佳策略，该最佳策略包括其他因素，如货币、社会和政治约束。

本项目的主要科技成果是规划和优化工具，使最终用户能够根据其具体需要测试和开发环境放射性监测战略。这个软件工具汇编了通过国别情景计算获得的知识，并将其与成员国提供的监测准则相结合。它的表现是作为一个独立的易于使用的基于 Java 的应用程序与图形用户界面。

检测优化工具（DOT）是基于对欧洲 64 个来源的放射性羽流模拟的综合库。这些模拟覆盖了整个欧洲，因此该工具允许对所有欧盟国家进行评估和优化，并对来源周围的传感器进行评估。其开发了 7 个成本函数，以评估给定监测网络的能力（早期）检测放射性羽流，并生成剂量图。该工具运行在服务器上，并且可以通过图形用户界面（GUI）访问。

用户可以运行评估和优化，并显示、存储和下载结果。

DOT 是基于一个扩散模型的羽流模拟综合数据库。源项涵盖了典型的半衰期和沉积特征。并且一整年的天气数据都参与了 64 个释放源的 292 个羽流模拟。在欧洲和区域尺度上的模拟允许估算从核电厂向附近国家的大气释放放射性的潜在影响。

用户可以在 7 个成本函数中进行选择，以评估给定网络的质量。这些标准中有四个用于确定传感器探测羽流的能力，它们可以集中于威胁定居点的羽流或早期探测。两个基于传感器站点的测量来测试插值地图的质量，例如描绘疏散区域。此外，可以使用几何准则来均匀地将传感器分散到整个区域。

该工具不仅可以评估网络，还可以通过贪婪搜索算法来优化网络，贪婪搜索算法可以确定（几乎）传感器的最佳数量和位置，从而达到期望的检测能力，同时考虑已经存在的传感器或在建议的传感器位置中进行选择。

该工具的图形用户界面提供 GIS 功能，将羽流源和传感器的位置以及模拟羽流的一些地图可视化的覆盖在一般地图（开放街道地图）上。这些地图可以放大和缩小。不同的监控网络的成本可以进行比较，并给出优化过程中的成本发展的变化图。该软件还提供了一个可以用于选择应该使用羽流的源，缩放源项，以及上传和改变传感器位置的接口。此外，它提供了对底层计算的控制。可以以方便的格式下载结果，包括主要特征的报告。同时它们也被存储在工具的数据库中以供进一步使用。

该工具的用户界面是基于 Web 的。它使用谷歌 Web 工具包（Java 到 JavaScript 交叉编译器）来实现，从而允许大多数的设备进行在线访问，所需要的仅仅只是一个标准的 Web 浏览器。同时它也可以在本地安装以保密使用。这台虚拟机为终端用户提供了机箱安装和可用性。它包括一个完整的系统，包括后台、前端、Web 服务器、地理信息系统和必要的数据。而基于开源软件 R 的后端可以由想要进一步开发的用户单独运行。

2.1.2.3　地统计抽样方法在环境中的应用

1952 年，南非的矿山工程师克里格（D.G.Krige）发现了地理变量的非随机性，用采样点来估计矿石的储量和品位（Krige，1952）。1963 年，法国数学家和地质学家 Matheron 在 Krige 的实践基础上，提出区域化变量理论，认为区域化变量在空间上的变化是连续的，而变异函数是区域化变量的固有性质，这体现了区域化变量的空间自相关特性。可由此性质来对未知点属性进行预测，从而创造了无偏最优估计的克里格方法（kriging），“地质统计学”由此产生（Matheron，1963）。与此同时，苏联气象学家 L. S. Gandin 也在进行类似的工作，并在大气环流，积雪厚度上有所深入（Gandin，1963）。可以说，是 Matheron 和 Gandin 两者同时独立发展了克里格方法（Cressie，1990）。1971 年，Matheron 出版专著《The Theory of Regionalised Variables and its Applications》，构建了一套完整的克里格技术体系，用于解决不同区域化变量性质下的最佳无偏估计问题：对于空间平稳的区域化变量，当期望值为已知常数时，用简单克里格（simple kriging）方法进行估计；当期望值未知时，用普通克里格（ordinary kriging）方法进行估计。对于空间非平稳的区域化变量，用泛克里格（universal kriging）方法进行估计。对于存在相关变量的区域化变量，用协同克里格（cokriging）方法进行估计（Matheron，1971）。1974—1978 年，法国水文地质学家 JP Delhomme 在研究水科学中提出了将回归分析与克里格方法相结合的思想，形成回归克里格雏形（JP Delhomme，1978）。1978 年，美国斯坦福大学教授 Journel 和 Huijbregts 出版专著《Mining geostatics》来解决实际工作中的问题，并提出非线性克里格（条件模拟，析取克里格等）以便更准确地对局部进行估计（Journel，Huijbregts.197 8）。1983 年，Journel 发展了非参数指示克里格（indicator kriging）来弥补变量需满足正态分布的不足（Journel，1983）。至此，地质统计学理论支撑下的克里格技术体系更加完善，包括了平稳与非平稳，单变量与多变量，线性与非线性，参数与非参数等方面。可针对所研究的区域化变量不同性质，选择不同的克里格方法来提高估计的精度。

传统的克里格技术能够对均质表面产生无偏估计。它的假设条件是区域化变量满足空间平稳性。如果空间非平稳，可以通过技术手段去除非平稳面，得到空间平稳的残差项进行克里格插值。随着地统计学应用领域的不断扩展，很多环境现象存在分层异质性的表面，即不同层之间的协方差存在明显差异，如地表温度、耕地面积、海水锋面等。这样的表面既不满足克里格方法要求的二阶平稳性假设，也不能通过去除空间趋势面来使其达到平稳，这时传统克里格技术可能不再适用（Wang，et al. 2009）。因此，区域化变量的分层异质性问题开始被学者考虑。2008 年，李连发等提出空间异质性表面的识别可以提高估计的精度（Li，et al. 2008）。2009 年，王劲峰等提出的异质表面均值估计方法（MSN），是将克里格的概念扩展到分层非均质的表面，可用于分层异质性区域的空间均值估计（Wang，et al. 2009）。目前 MSN 方法被用于疾病（李日健，等. 2015；赵春香，等. 2017）、站点优化（Hu，et al. 2010；亢健，等. 2014；Gao，et al. 2015；Fan，et al. 2017）、农业土壤污染评估（Xie，et al. 2012）、海水污染评估（Ren，et al. 2016）等研究中。2010 年，王劲峰等提出检测空间分异性的地理探测器方法（Wang，et al. 2010），之后分层的思想在众多领域被应用，包括土地利用、公共健康、区域经济、区域规划、旅游、考古、地质、气象、植物、生态、环境、污染、遥感和计算机网络等（王劲峰，等. 2017）。2014 年，王江浩等将分层的思想与块克里格相结合，提出基于分层的块克里格（StrBK）来对估计地区的总初级生产力的采样点进行优化设计，得到了更高的精度（Wang，et al. 2014）。可见，空间异质性广泛存在于地理现象中，在研究区域化变量时应予以考虑。

地统计插值方法不仅应用在陆地上，而且在海洋等其他领域也得到广泛的应用。区域平均营养污染物浓度是决策者进行海水时空变化分析时最重要的指标，这些浓度估计通常是由典型的插值和统计方法生成的。通常，海水水质数据都是在一定深度的取样测量位置收集的样本数据。因此，平均污染物浓度的估计实际上是一个利用有限或有限的数据集来估计连续区域的过程（Ren，et al. 2016），也就是地统计学中常用的插值方法。1985 年，克里格技术初次应用在海洋生物学中用于评估渔业产量（Conan，1985）。之后，很多学者都运用克里格方法估计水中生物数量及空间分布（Gonzfilez－Gurriarfin，1993. Maravelias，1995. Maynou，1998. Kern and Coyle，2000）。1997 年，地统计方法首次用在一种海洋生物蛋的时空分布中（Petitgas，1997），之后克里格开始应用在海洋区域化变量的时空分布研究中，如 Martin 等运用 Kriging 方法研究了东英吉利海峡的底栖鱼类的时空分布模式（Martin，2010）；Morfin 等运用 Kriging 方法研究了地中海西北部主要开发区的海洋物种的时空格局（Morfin，2012）；Chiao 等运用 Kriging 方法研究了阿根廷海岸生态的时空变化（Chiao，2012）；Sahlin 等运用 Kriging 方法对波弗特海浮游生物环境进行评价（Sahlin，2014）。1998 年，克里格方法用于海水中营养盐的空间扩散和分布特征（Hensen，1998），地统计学方法开始由海洋生态学向其他海洋方向应用，如海洋重金属（Macneill，2006；Zhao，2015）、海洋温度（Park，2010）、海洋沉积物（Heise，2013）、海洋有机物（Wang，2016；Acharya，2016）、海洋营养物质（Acharya，2016）。2012 年，海洋生物的分层异质性被考虑在海洋生物的分布估计中（Bellier，2012），随后，海洋环境监测站位的优化问题也加入了分层异质性的思想，Gao 等考虑了海水中的分层异质性，以海水中的超标营养污染物无机氮和活性磷酸盐的估计精度为核心，用 MSN 方法对上海海洋环境监测站位进行空间优化来减小抽样估计的误差，结果优于不考虑分层异质性的传统克里格方法（Gao，et al. 2015；Fan，et al. 2017）。2013 年以来，由于克里格方法能够给出估计的误差方差，被广泛应用在海洋环境监测站位优化中：Shen 等运用克里格法进行方差分析，优化长江口及附近海域的海洋监测网络，以获得更准确、更丰富的海洋环境信息（Shen，et al. 2013）。

普通克里格在完全自动方式下的空间数据插值中的应用。Kriging 插值参数的重要设置（半方差模型、搜索策略、等）都是基于现有的特点考虑的现象的调整。以不同时段观测资料为基础，对该现象的空间相关性进行分析和建模。此外，预期的信息在相当长的时间范围内是一致的，因此假定在任何一天都能反映污染模式的结构。该方法在常规和紧急数据集上都取得了令人满意的结果。克里格模型的优点和缺点在研究中得到了很好的说明。普通克里格可以被认为是一个真正的候选人在决策支持系统的实施。

2.2 放射性污染事故后地表放射性污染调查单元选择方法

2.2.1 主要原理

借鉴国外应用较为成熟的地统计学克里格空间布点方法进行放射性事故后地表放射性污染调查单元筛选。基本思想是以放射性污染物在地表的模拟分布图（如大气扩散模型模拟、快速检测仪探测、航空遥感快速扫描等）为输入，分析不同布点方式对整个区域插值误差的影响，使用模拟算法找出样本量少、插值精度高的为初步筛查单元方案；当完成初步筛查单元取样并测定污染浓度后，可再次分析其对区域插值的精度，在精度低的地方增加调查单元。在这个布样过程中，也可以结合专家知识增加指定的调查单元。受模拟分布精度影响，当调查单元尺度较大时，可结合传统的布点方法在调查单元内进一步具体布点。

2.2.2 调查单元选择方法

基于地形、气象等环境影响因子的初步筛查分层思路，综合考虑放射性污染空间分布特征，基于分层抽样模型，建立初步筛查单元选择技术。基于蒙特卡洛等方法，开展抽样模型参数敏感性研究，优化完善初步筛查单元选择技术。

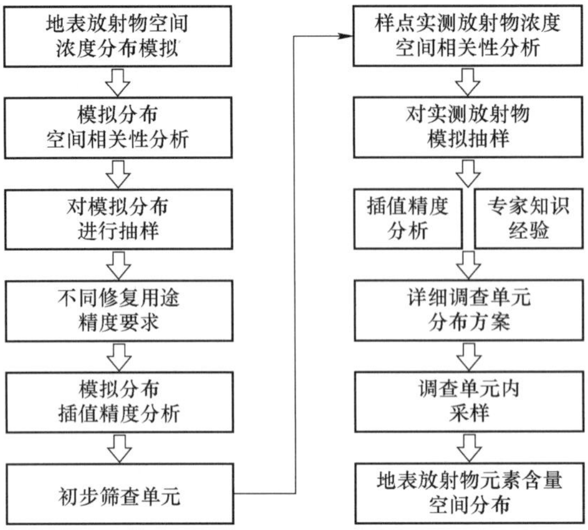

图 2－29　地表放射性污染调查单元选择基本路线

基于初步筛查结果，开展放射性污染物在土壤中的空间变异特征研究，以应急部门提供的污染分布概况结合以及先验调研资料为原始污染分布估计图，导出为空间抽样模型能够识别的栅格数据格式，该栅格数据格式需同时包含空间位置坐标和栅格数值。原始污染分布估计图栅格的空间分辨率能够反映出污染物的主要空间差异。

按照原始污染分布估计图中，污染物浓度由高到低原则将整个污染区与划分为高、中、低三层。

在每个分层中，使用空间趋势面对原始污染分布估计图栅格数据的空间分布趋势进行拟合，将原始污染分布估计图 S 分解为两个部分，即趋势项 T 和残差项 R：

$$S=T+R \tag{2-18}$$

分别以一阶和二阶空间曲面对 S 进行拟合，比较两种不同模型的拟合精度，在相同精度下优先选择低阶的拟合曲面作为趋势面。

$$\text{一阶趋势面：}\quad s=ax+by \tag{2-19}$$

$$\text{二阶趋势面：}\quad s=ax^2+by^2+cxy+ex+fy \tag{2-20}$$

其中，x、y 是空间点的坐标对，s 是空间点（x,y）在初始污染分布估计图中的污染物浓度。

分别在沿着主风向和垂直主风向两个方向上，对残差项 R 建立经验半变异模型，计算公式如下：

$$\gamma(h)=\frac{1}{2N(h)}\sum_{i=1}^{N(h)}(r_z-r_{z+h})^2 \tag{2-21}$$

其中，z、$z+h$ 分别是空间上的两点；r_z 和 r_{z+h} 分别是点 z、$z+h$；$N(h)$ 是距离相隔为矢量 h 的点对数。然后，对该经验半变异模型进行拟合，得到理论半变异模型。理论模型用以下三个参数来描述研究对象的空间分布结构，即块金效应（nugget）、基台值（sill）和变程（range）。块金效用是指 h 的大小为 0 时的变异函数值。理论上，该值应等于 0，但在实际采样中，由于测量误差的存在，以及观测尺度大于空间变异的细微尺度时，该值一般不会为 0。基台值指半变异函数所达到的最大值，即采样点原点的半方差值。变程描述了具备空间关联的范围，超出该范围，则认为不再具有相关关系。使用常见的理论模型（球状模型、高斯模型和指数模型）进行拟合，并取拟合优度最好者作为理论半变异模型。

1）球状模型

$$\gamma(h)=\begin{cases}0 & h=0\\ C_0+C\left(\dfrac{3}{2}\dfrac{h}{a}-\dfrac{1}{2}\dfrac{h^3}{a^3}\right) & 0<h\leqslant a\\ C_0+C & h>a\end{cases}\tag{2-22}$$

2）高斯模型

$$\gamma(h)=\begin{cases}0 & h=0\\ C_0+C\left(1-\mathrm{e}^{-\frac{h^2}{a^2}}\right) & h>0\end{cases}\tag{2-23}$$

3）指数模型

$$\gamma(h)=\begin{cases}0 & h=0\\ C_0+C\left(1-\mathrm{e}^{-\frac{h}{a}}\right) & h>0\end{cases}\tag{2-24}$$

比较主风向和垂直主风向上理论半变异函数是否相同，若相同则残差变化各向同性，否则存在各向异性，以各向异性半变异模型代入后续的计算。

设计第一阶段样本布设方案。① 选择一个很大的样本量，将这些样本量随机地分布在原始污染分布估计图上；② 使用 Kriging 插值方法，用样本点的分解残差对整个区域其他位置的残差进行插值，并比较插值结果与原残差值，计算插值结果的相对误差。通过优化算法（如粒子群优化算法等）不断地调整每个样本点的位置，使得最大相对误差最小化。如果最大相对误差小于指定的精度阈值（如 5%），那么逐步减少样本量，并重新优化样本点的位置，重复该过程直到最大相对误差等于指定的精度阈值。此样本量即为第一阶段样本量，输出样本坐标。

根据第一阶段的样本坐标位置，由相关取样单位到污染场地进行实际取样，并测量得到各样本点的真实污染浓度值。

根据实测样本点的浓度值，更新趋势面方程，将样本点实测值分解为新的趋势项和残差项；重新构建半变异模型。

根据新的半变异模型，使用 Kriging 插值方法对污染区域其他位置残差值进行插值，并计算其估计标准差。与此同时，估算每个插值点处的相对误差限 e_i：

$$e_i=u_{1-\alpha/2}S(\hat{z}_i)/\overline{z}\tag{2-25}$$

其中 $\overline{z}$ 是第一阶段实测样点污染浓度平均值；$S(\hat{z}_i)$ 是 z_i 点估计方差，$u_{1-\alpha/2}$ 是标准正态分布的双侧分位数。统计所有插值点的相对误差限 e_i。

若所有插值点的 e_i 都小于指定的精度阈值（如 5%），那么，结束抽样过程。否则，在误差高的地方增加样本点，并根据估计方差公式计算增加样本点后新的估计方差，同时计

算新的相对误差限 e_i，如果新的相对误差限达到指定的精度，那么停止加点，否则继续增加点直到所有插值点处的相对误差限都满足指定的精度。在增加完点之后，可进一步使用粒子群优化算法调整增加点的位置并尝试逐步减少新增点，直到样本量最小且所有插值点的相对误差限都满足精度。此时的样本量为第二阶段新增样本量，输出新增样本坐标。

将新增样本坐标交于取样单位进行实际取样和测量。将第一阶段和第二阶段的样本合在一起得到最终总的样本，用总的样本对污染区域重新插值，将插值得到的残差项加上趋势项，得到最终的污染分布图。

2.3　大气中污染扩散下垫面沉降模拟

下垫面污染浓度分布趋势可以通过大气扩散模式模拟实现。空气质量扩散模式研究方法基本上是在把握城市下垫面特征和气象特征的基础上，掌握各种类型的污染物排放源资料，进而运用边界层湍流扩散理论及大气化学理论确立污染物迁移、扩散和转化的规律。目前空气质量扩散模式的种类繁多，应用时首先通过对关心的污染源和污染物、模拟的时空范围及分辨率、模拟区域的下垫面特征几个方面选择空气质量扩散模式，如在时空范围方面，对于小尺度的空气质量模拟，一般只需考虑大气的扩散稀释作用，而对于中、大尺度的空气污染，则还需考虑污染物的化学转化和干、湿沉积等其他物理化学过程。

CALPUFF 模型是美国 EPA 推荐的由 Sigma Research Corporation 开发的空气质量扩散模式，也是我国生态环境部颁布的《环境影响评价技术导则－大气导则》（修订版）推荐的模式之一。它由 CALMET 气象模块、CALPUFF 烟团扩散模块和 CALPOST 后处理模块三部分组成。

CALPUFF 是用于非定常、非稳态的气象条件下，模拟污染物扩散、迁移以及转化的多层、多物种的高斯型烟团扩散模式，它模拟的尺度可以从几十米到几百公里，在近距离模式可以处理如建筑物下洗、浮力抬升、动力抬升、部分烟羽穿透和海陆交互影响等过程，在远距离可以处理如干、湿沉降，化学转化，垂直风修剪和水上输送等污染物清除过程。模式可以处理逐时变化的点源、面源、线源、体源等污染源，可选择模拟小时、天、月以及年等多种平均模拟时段，模式内部包含了化学转化、干湿沉降等污染物去除过程，充分考虑下垫面的影响，输出结果主要包括逐时的地面网格和各指定受体点的污染物浓度。

应用 CALPUFF 扩散模式对空气质量进行模拟时，主要是通过：① CALMET 气象模块通过质量守恒连续方程对风场进行诊断，在输入模式所需的常规气象观测资料或大型中尺度气象模式输出场后，自动计算并生成包括逐时的风场、混合层高度、大气稳定度和微气象参数等的三维风场和微气象场资料。② CALPUFF 烟团扩散模块通过对 CALMET 输出的气象场与相关污染源资料的叠加，在考虑到筑物下洗，干、湿沉降，化学转化，垂直风修剪等污染物清除过程情况下，模拟污染物的传播及输送；③ 通过 CALPOST 后处理模块输出所需结果来完成的。其中，CALPUFF 烟团扩散模块是整个 CALPUFF 空气质量扩散模型的核心部分。

2.3.1　风场参数计算方法

CALMET 为 CALPUFF 烟团扩散模型提供必要的三维气象场，包括诊断风场模块和微气象模块。诊断风场模块对初始猜测风场（MM4 或 MM5 网格风场、常规监测的地面与高空气象数据）进行地形动力学、坡面流、地形阻塞效应调整，产生第一步风场，导入观测数据，并通过插值、平滑处理、垂直速度计算、辐散最小化等产生最终风场；微气象模块根据参数化方法，利用地表热通量、边界层高度、摩擦速度、对流速度、莫宁—奥布霍夫长度等参数描述边界层结构。

CALMET 气象模块的网格是一个由 X、Y、Z 方向构成的三维网格系统。在 CALMET 网格系统中，X 轴和 Y 轴代表的方向分别是东—西向和南—北向，这样的定义使坐标轴与风向的方向相一致，常用的坐标系是 UTM 坐标系。如果模拟的范围比较大时，需要输入不同的 LLCONF 变量消除兰伯特坐标系中由于地球本身的曲率造成的影响，CALMET 模型中 Z 轴（随地形变化）坐标的计算公式如下：

$$Z = z - h_t \tag{2-26}$$

式中：Z——随地形变化的坐标（the terrain－following vertical coordinate）；

z——笛卡儿坐标（the Cartesian vertical coordinate）；

h_t——地形海拔高度（the terrain height）。

在随地形变化的坐标系中，风速的垂直速率的计算公式为：

$$W = w - u\frac{\partial h_t}{\partial x} - v\frac{\partial h_t}{\partial y} \tag{2-27}$$

式中：w——笛卡儿坐标系垂直方向的风速；

u、v——水平方向风速。

CALMET 气象模块数可以输入多种数据，常用的输入数据简要概述如下：

（1）地面站气象数据（Surface Meteorological Data）

CALMET 模块要求输入尽量多的气象地面站的每日逐时观测资料，包括风速、风向、气温、云底高度、云量、气压和相对湿度。对于所获得的地面站观测资料，允许温度，云量、气压等数据有缺失时，但应用最近的地面站数据取代那些无效值。

（2）探空气象数据（Upper Air Data）

CALMET 模块要求输入至少 1 个气象探空站的每日探空资料，包括风速、风向、气温、气压和抬升高度的垂直廓线。对于所获得的观测资料，如果风速、风向或温度等有缺失时，探空站中通过内插的方法获得数据取代那些无效值。

（3）海上观测数据（Overwater Observations）

如果所模拟的区域包括水面或受海洋的影响很大时，模型应用软件中还涉及海上气流的传输和扩散，因而 CALMET 边界层模块中还需要观测海面气流中的一些参数，包括：海气温度差、气温、相对湿度、海上混合层高、风速风向等。

（4）地理数据（Geophysical Data）

CALMET 模型还要求需要输入地理数据，包括网格化了的海拔高度和土地利用类型数据。有时也需要输入一些其他网格化了的地理参数，比如：地表粗糙度、反照率、波恩比、土壤热通量常数、人为热通量及植被覆盖率等。

在对以上数据进行预处理时，需要变成 National Climatic Data Center's（NCDC）的格式输入计算机，或者可以以外部文件的形式输入。

2.3.2 CALPUFF 烟团扩散模型

CALPUFF 是一个用来模拟不稳定状态的多层、多物种污染的高斯型烟团扩散模式，它适用于模拟时空都在变化的气象条件下污染物的迁移、转化和清除。考虑了复杂地形的影响，水上传输，海岸的交界影响，建筑物的下沉影响，干湿沉降以及简单的化学转化，以平流扩散的方式模拟从源排放出来的污染物，可以估算的出在预设点的浓度和沉降量。具有以下特点：

（1）可以处理时变的点源、面源污染；

（2）可以模拟几十米到几百公里的区域；

（3）可以预测一小时到一年的污染物浓度；

（4）考虑了污染的线性去除过程和化学转化机制；

（5）适合于粗糙、复杂地形条件下的模拟。

CALPUFF 烟团扩散模型的信息资料包括源、受体和气象文件及在一系列输入文件中的控制参数，模型本身生成一些输出文件。当每个 CALPUFF 的路径和文件在控制文件（CALPUFF.INP）中指定后，CALPUFF 源代码（CALPUFF.EXE）就会从当前的控制文件中读取输入文件并生成输出文件。

2.3.3 CALPOST 后处理

CALPOST 是对 CALPUFF 模块生成的时变数据文件进行处理，输出污染物的浓度及干湿沉降通量的后处理模块。如果在 CALPUFF 模块中提供了关于能见度的浓度值，CALPOST 还可以用于计算消光系数及能见度。

在 CALPOST 模块中用户根据自己的需要可作的输出选择有：

（1）运行周期；

（2）输出浓度时的时间间隔；

（3）输出的污染物类别；

（4）浓度和干湿沉降通量的单位；

（5）网格受体、离散受体及复杂地形受体的选择；

（6）输出污染物的浓度时，网格化的形式和离散受体的形式的选择；

（7）是否输出浓度或干湿沉降的最大的 50 个值；

（8）是否输出各受体上最大的四组浓度或干湿沉降值；

（9）是否输出各受体上浓度或干湿沉降的年平均值；

（10）对输出浓度或干湿沉降值的天数的选择；

（11）是否增加一个关于时变的浓度或干湿沉降通量背景值的外部文件是否输出可见度参数等。

2.4　福岛事故后土壤放射性污染调查布点

基于地统计空间抽样方法针对放射性污染土壤调查研究初步筛查点布点方案，以福岛第一核电站事故为案例进行研究。初步筛查点布设方案分为以下两个主要步骤：

（1）放射性污染土壤辐射剂量空间结构特征获取。以航空测量、地面测量、模型模拟等手段得到近地表的辐射剂量空间分布数据，将辐射剂量空间分布数据为其代理变量，以此为基础建立辐射剂量空间分布的空间变异结构模型；

（2）对代理变量进行模拟抽样，调整样本量和样本位置，并计算针对代理变量的插值误差；结合样本量和样本位置优化算法，寻找到使得各点理论插值误差都满足要求的最佳样本量和样本位置，并将此作为初步筛查点。

目前，已经实现了该算法过程，并结合日本福岛第一核电站事故数据进行模拟计算，主要进展包括：

（1）资历收集：航空测量的辐射剂量数据（图 2－30）；地形、土地覆被、道路、水系等自然和社会经济数据（图 2－31）；日本 156 个气象站点月均数据，包括温度、风速、气压等（图 2－32）。

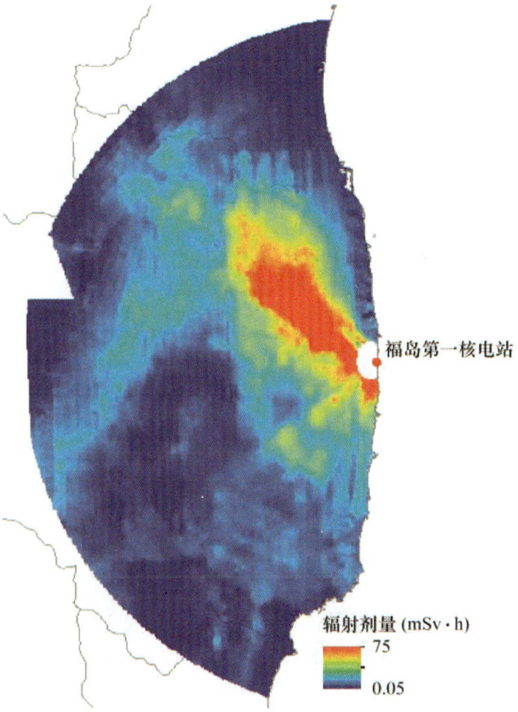

图 2－30　第一次航拍辐射剂量图

（2）数据预处理：将航测数据对齐到 250 m 空间分辨率的规则格网上；部分栅格点辐射剂量率低于检测限 0.1 μSv/h：用 0.05 代替；气象要素空间插值（反距离加权法）；距离变量生成：到事故发生源点、道路、铁路、河流的距离（图 2－33）。

（3）根据土地覆被类型图，提取农田为研究区域（图 2－34a）。

（4）以农田区域第一次航拍辐射剂量数据为代理变量，建立污染物分布空间结构变异模型，如图 2－34b 所示。

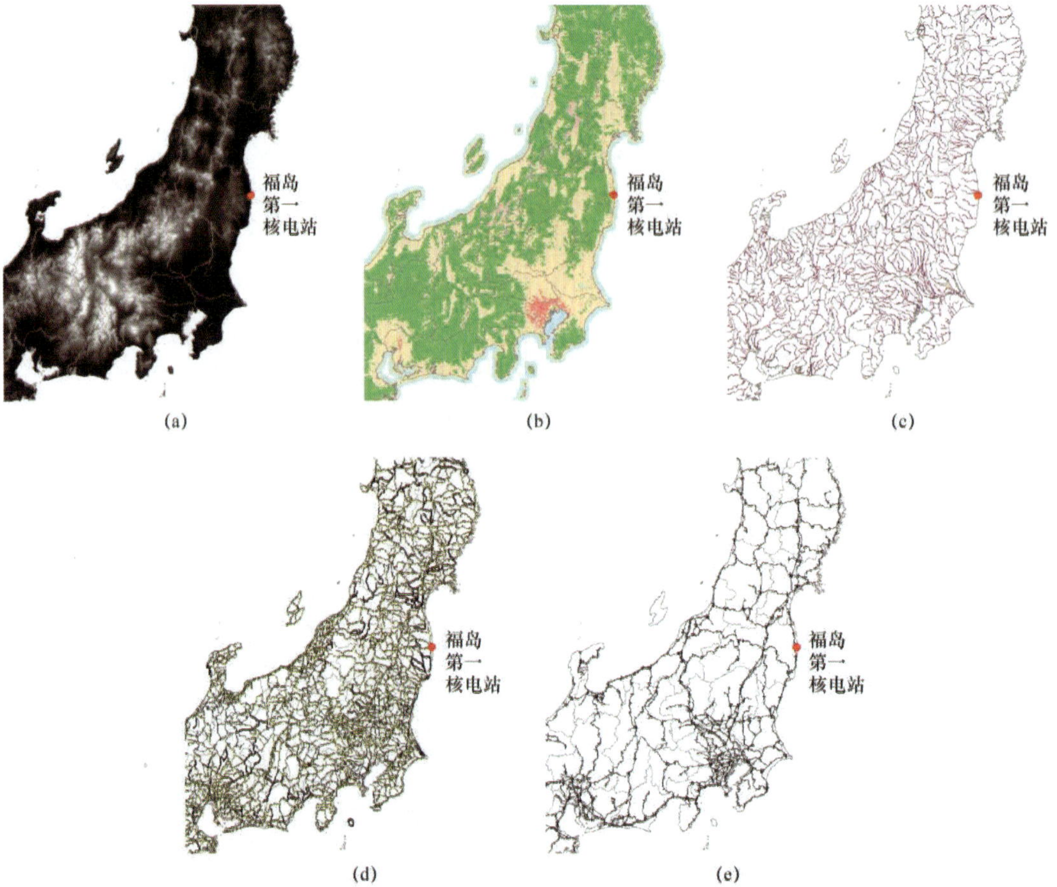

图 2-31　自然和社会经济数据

（a）地形；（b）土地覆被类型；（c）河流水系；（d）道路；（e）铁路

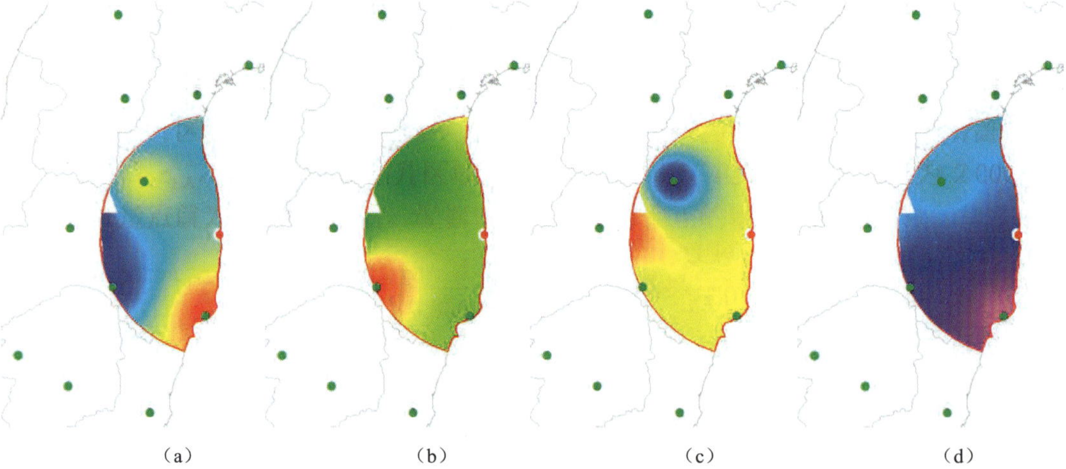

图 2-32　月均气象要素空间插值分布

（a）温度；（b）风速；（c）相对湿度；（d）降水量

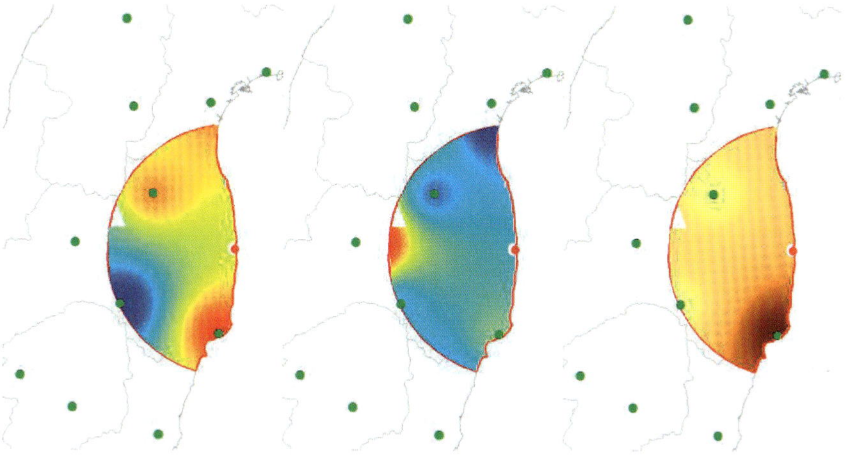

(e)　　(f)　　(g)

图 2-32　月均气象要素空间插值分布（续）

（e）水平气压；（f）海平面气压；（g）水汽压

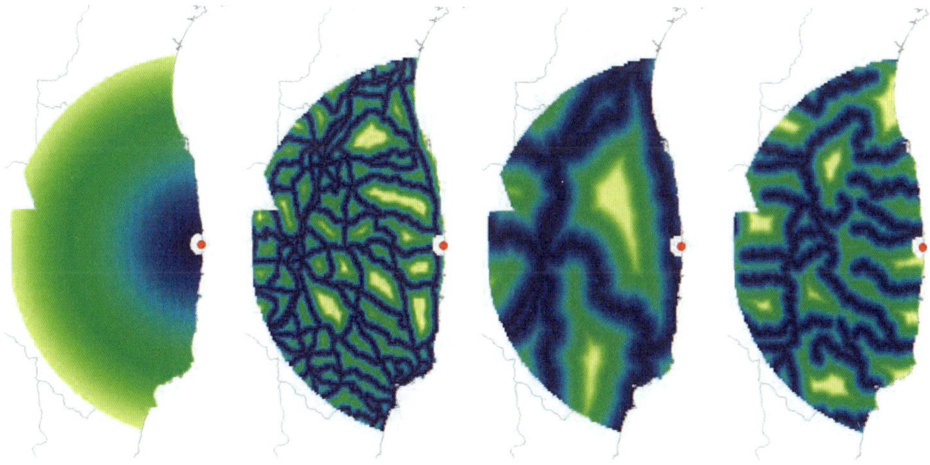

(a)　　(b)　　(c)　　(d)

图 2-33　距离变量

（a）到事故源距离；（b）到公路距离；（c）到铁路距离；（d）到河流距离

（5）初筛点分布模拟。试验中，以辐射剂量插值精度不低于 3.5 μSv（95%置信水平）为例，利用研发的布点优化算法得到至少需要 90 个初查点才能够满足期望的精度要求（如图 2-35 所示）。

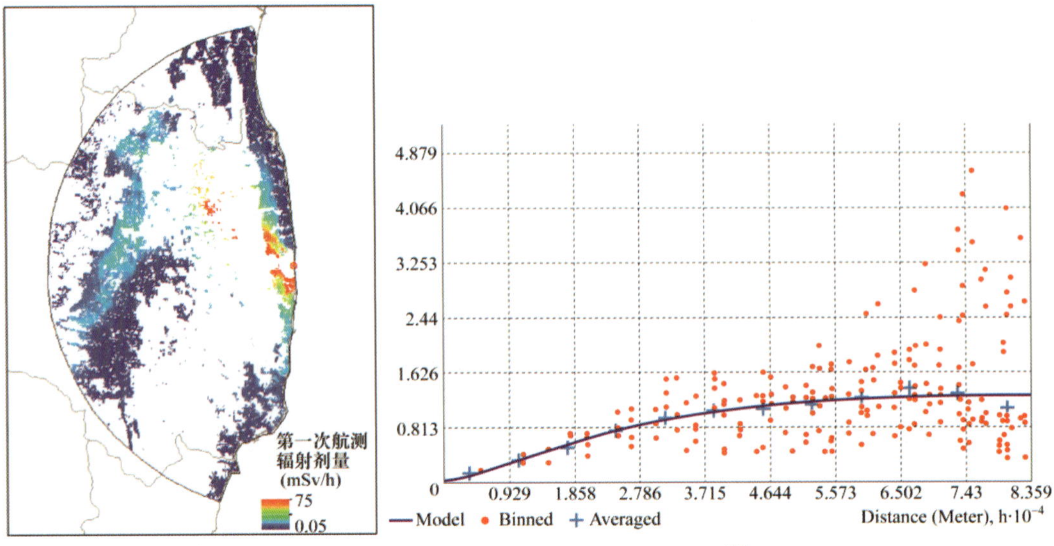

图 2－34　农田研究区及第一次航测辐射剂量空间变异结构

（a）农田；（b）空间变异结构

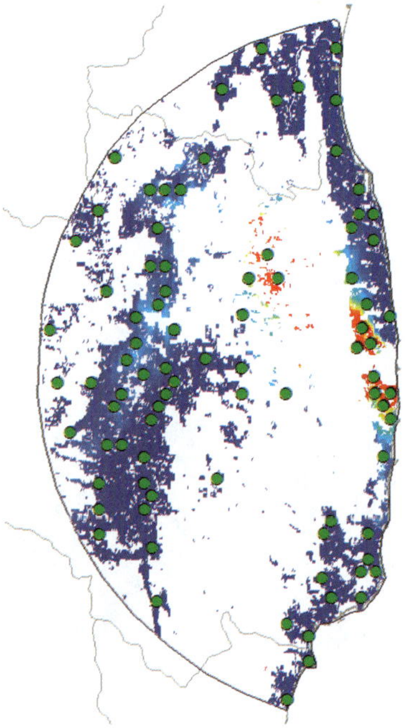

图 2－35　初步筛查点优化分布

2.5　模拟放射性事故情景下的下垫面污染调查布点

当事故发生时，利用大气扩散模型进行模拟是获取下垫面先验分布的另一种方式。运用 CALPUFF 模型模拟了不同参数情况下的地表浓度分布情况，并进行了布点方案研究。具体模拟参数如表 2－17～表 2－18 所示。

表 2－17 放射性事故情景下 CALPUFF 大气扩散模拟参数

模拟分类	参数设置
D－conc	1.气象条件 风向：正北风 风速：6.0 m/s 稳定度：D 类稳定度 环境温度：273 K 混合层高度：800 m 2.网格设置 模拟区域：160 km × 160 km 网格距：1.0 km 网格点：160 × 160 3.释放源参数 释放位置：网格中心（0，0） 烟囱高度：10 m 烟囱直径：1 m 出口速度：1 m 出口温度：274 K 释放速率：1 Bq/s 平坦地形，不考虑地形影响 提供的浓度文件为达到稳态后的浓度场
F－conc	1.气象条件 风向：正北风 风速：1.0 m/s 稳定度：F 类稳定度 环境温度：273 K 混合层高度：400 m 其他条件同 D－conc 提供的浓度文件为达到稳态后的浓度场
复杂地形	1.气象条件 三维时空变化的气象场 2.网格设置 模拟中心经纬度：28.575 07° N，111.966 5° E 模拟范围：160 km × 160 km 网格距：1.0 km 网格点：160 × 160 地形（海拔高度）：原始数据采用了 USGS SRTM3 数据，可在 http：//www.src.com/calpuff/calmetdata/CALMET_Input_Data_Main_Page.html 获取，也可在 USGS 的网站上下载。 土地利用：原始数据采用了 USGS 亚欧大陆 1 km 分辨率的土地利用资料，可在上述网站上下载。 Calpuff 对每种类型的土地利用，给出默认的地标粗糙度、地表反照率、波文比、土壤热通量、人为热通量、叶面积指数参数，每个网格的上述参数均是根据该网格内不同类型土地利用分布进行面积加权求得，反映在 geo160.dat 这个文件中。 3. 释放源参数 释放位置：网格中心（0，0） 烟囱高度：10 m 烟囱直径：1 m 出口速度：1 m 出口温度：环境温度 释放速率：1 Bq/s 考虑地形影响、考虑时空变化的气象场对大气扩散的影响

表 2-18 CALMET 默认土地利用分类及其相应的地理参数（根据 USGS 的土地利用分类）

土地利用类型	描述	地表粗糙度/m	地表反照率	波文比	土壤热通量参数	人为热通量/（W/m^2）	叶面积指数
10	城市、建筑用地	1.0	0.18	1.5	0.25	0.0	0.2
20	农田（未灌溉）	0.25	0.15	1.0	0.15	0.0	3.0
-20	农田（灌溉）	0.25	0.15	0.5	0.15	0.0	3.0
30	牧场	0.05	0.25	1.0	0.15	0.0	0.5
40	森林	1.0	0.10	1.0	0.15	0.0	7.0
51	小水域	0.001	0.10	0.0	1.0	0.0	0.0
54	海湾河口	0.001	0.10	0.0	1.0	0.0	0.0
55	大水域	0.001	0.10	0.0	1.0	0.0	0.0
60	湿地	1.0	0.10	0.5	0.25	0.0	2.0
61	森林湿地	1.0	0.1	0.5	0.25	0.0	2.0
62	非森林湿地	0.2	0.1	0.1	0.25	0.0	1.0
70	荒漠地带	0.05	0.30	1.0	0.15	0.0	0.0
80	冻土地带	0.20	0.30	0.5	0.15	0.0	0.0
90	终年冰雪地带	0.20	0.70	0.5	0.15	0.0	0.0

模拟计算结果为地面浓度场分布，如计算地面沉积量，计算方法为：每个网格浓度 × 沉积速度，对于 ^{131}I，沉积速度可取值 1.5×10^{-3}m/s。

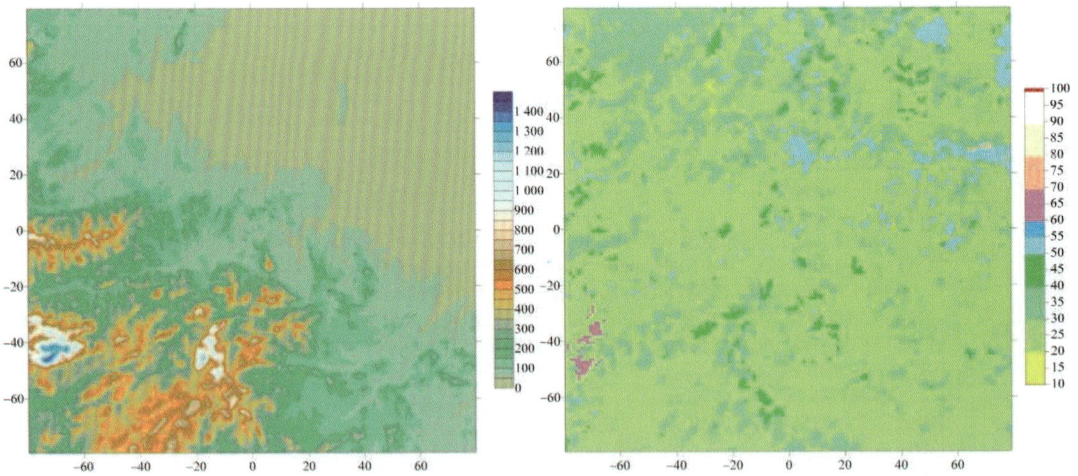

图 2-36 复杂地形模拟情景输入的
地形起伏和土地利用分类数据

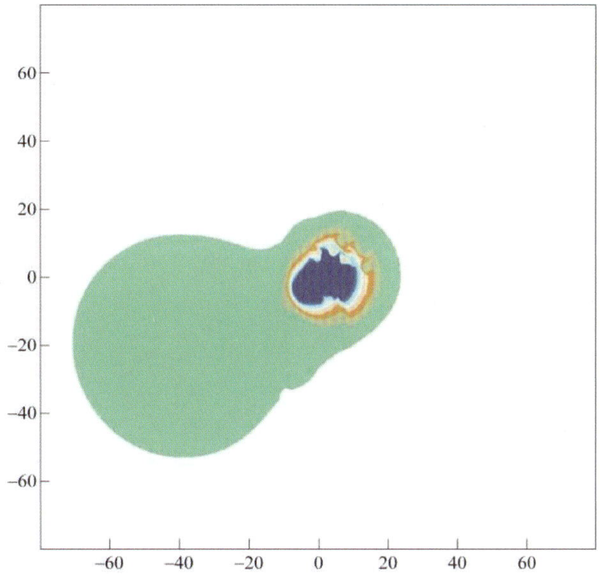

图 2－37　22:00 时地面浓度场分布

在复杂地形地面浓度场模拟情景中，格网大小为 160×160，其中感兴趣区域且有较高浓度污染的区域格网 1 592 个，如图 2－38 所示。

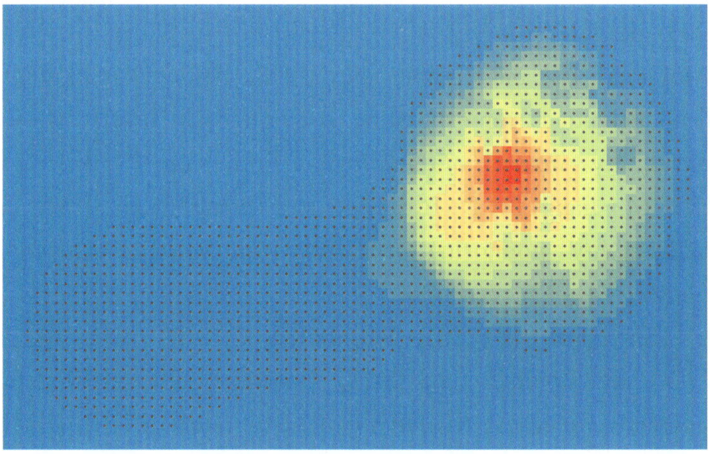

图 2－38　污染区域格网化

先使用设计的基于地统计克里格布点方法选取格网，主要筛选过程如下：

（1）将模拟的稳定浓度场作为近地面污染分布的代理变量；

（2）使用聚类算法对模拟的浓度场按照值高低自动分层；

（3）计算每层内浓度值的空间自相关性；

（4）确定不同用途区域的抽样精度（相对误差）；

（5）根据专家经验确定必需抽样点；

（6）使用空间模拟算法进行模拟抽样；

（7）得到初步筛查点及其空间制图精度。

参数设置下的抽样点分布：① 常规区域相对误差＜15%；② 重点区域相对误差＜5%。经优化后得到总样本数 347 个，其中高浓度区域为根据专家知识设置样本点 19 个（见图 2－39）。

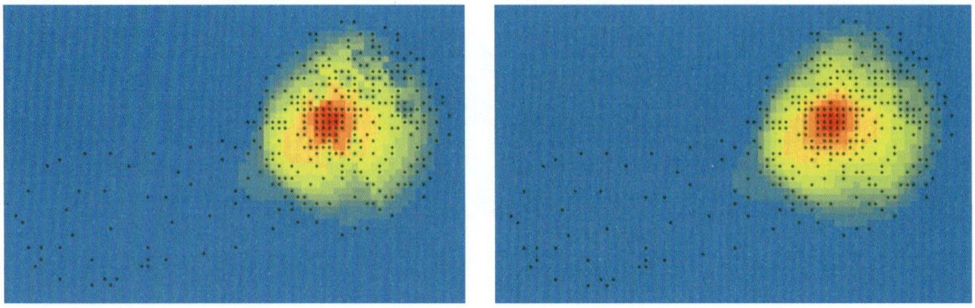

(a) (b)

图 2－39 模拟样本点分布

（a）实验模拟污染分布图；（b）插值后污染分布图

参考文献

［1］Abida，R.，Bocquet，M.，Vercauteren，N.，and Isnard，O.，2008，Design of a monitoring network over France in case of a radiological accidental release，*Atmospheric Environment* 42（21）：5205－5219.

［2］Carter，J.，McLaren，F.，and Higgins，N.，1997，An investigation into the applicability of geostatistical techniques for estimating contamination levels following an accidental release of radioactivity，*Journal of Radiological Protection* 17（2）：73－84.

［3］Heuvelink，G. B. M.，Jiang，Z.，De Bruin，S.，and Twenhöfel，C. J. W.，2010，Optimization of mobile radioactivity monitoring networks，*International Journal of Geographical Information Science* 24（3）：365－382.

［4］Melles，S. J.，Heuvelink，G. B. M.，Twenhöfel，C. J. W.，van Dijk，A.，Hiemstra，P. H.，Baume，O.，and Stöhlker，U.，2011，Optimizing the spatial pattern of networks for monitoring radioactive releases，*Computers & Geosciences* 37（3）：280－288.

［5］Saito，K.，Tanihata，I.，Fujiwara，M.，Saito，T.，Shimoura，S.，Otsuka，T.，Onda，Y.，Hoshi，M.，Ikeuchi，Y.，Takahashi，F.，Kinouchi，N.，Saegusa，J.，Seki，A.，Takemiya，H.，and Shibata，T.，2015，Detailed deposition density maps constructed by large－scale soil sampling for gamma－ray emitting radioactive nuclides from the Fukushima Dai－ichi Nuclear Power Plant accident，*Journal of Environmental Radioactivity* 139：308－319.

［6］Acharya S S，Panigrahi M K. Evaluation of factors controlling the distribution of organic matter and phosphorus in the Eastern Arabian Shelf：A geostatistical reappraisal. Continental Shelf Research，2016，126：79－88.

[7] Bahrami J E，Hosseini S M. Predicting saltwater intrusion into aquifers in vicinity of deserts using spatio－temporal kriging. Environmental Monitoring & Assessment，2017，189（2）：81.

[8] Bellier E，Monestiez P，Certain G，et al. Decomposing the heterogeneity of species distributions into multiple scales：a hierarchical framework for large－scale count surveys. Ecography，2012，35（9）：839－854.

[9] Bilonick R A. The space－time distribution of sulfate deposition in the northeastern United States. Atmospheric Environment，1985，19（11）：1829－1845.

[10] Bilonick R A. Monthly hydrogen ion deposition maps for the northeastern U.S. from July 1982 to September 1984. Atmospheric Environment，1988，22（9）：1909－1924.

[11] Cesare L D，Myers D E，Posa D. Estimating and modeling space-time correlation structures. Statistics & Probability Letters，2001，51（1）：9－14.

[12] Cesare L D，Myers D E，Posa D. FORTRAN programs for space－time modeling[M]. Pergamon Press，Inc. 2002，28（2）：205－212.

[13] Chiao L Y，Hsieh C H，Chiu T S. Exploring spatiotemporal ecological variations by the multiscale interpolation.Ecological Modelling，2012，246（1747）：26－33.

[14] Conan，G. Y. Assessment of shellfish stocks by geostatistical techniques. Int. Counc. Explor.Sea Comm. Meet.（Shellfish Comm.），1985，30：1－24.

[15] Cressie N，Huang H C. Classes of Nonseparable，Spatio－Temporal Stationary Covariance Functions. Publications of the American Statistical Association，1999，94（448）：1330－1339.

[16] Cressie N. The origins of kriging. Mathematical Geology，1990，22：239－252.

[17] Delhomme J P. Kriging in the hydrosciences. Advances in Water Resources，1978，1（5）：251－266.

[18] De Cesare，L，Myers，D E and Posa，D. Spatial-temporal modeling of SO_2 in Milan District. In Geostatistics Wollongong 1996，E.Y. Baafi and N.A. Schofield（Eds.），1997，1031－1042.

[19] De Cesare L，Myers D E，Posa D. Product - sum covariance for space - time modeling：an environmental application. Environmetrics，2015，12（1）：11－23.

[20] Dimitrakopoulos R，Luo X. Spatiotemporal Modelling： Covariances and Ordinary Kriging Systems[M]//Geostatistics for the Next Century. Springer Netherlands，1994：88－93.

[21] Gandin L S. Objective Analysis of Meteorological Fields.Gidromet，1963.

[22] Gao B B，Wang J F，Fan H M，et al. A stratified optimization method for a multivariate marine environmental monitoring network in the Yangtze River estuary and its adjacent sea. International Journal of Geographical Information Science，2015，29（8）：1332－1349.

[23] Gerard B. M. Heuvelink，Daniel A. Griffith. Space-Time Geostatistics for Geography：A

Case Study of Radiation Monitoring Across Parts of Germany. . Geographical Analysis，2010，42（2）：161－179.

［24］Gneiting T. Nonseparable， stationary covariance functions for space-time data. Publications of the American Statistical Association，2002，97（458）：590－600.

［25］González－Gurriarán E， Freire J， Fernández L. Geostatistical analysis of spatial distribution of Liocarcinus depurator，Macropipus tuberculatus，and Polybius henslowii，（Crustacea： Brachyura）over the Galician continental shelf （NW Spain）. Marine Biology，1993，115（3）：453－461.

［26］Heise B，Bobertz B，Tang C，et al. Surface Sediments of the Pearl River Estuary （South China Sea）－Spatial Distribution of Sedimentological/Geochemical Properties and Environmental Interpretation. Journal of Coastal Research，2013，66（66）：34－48.

［27］Haimei，Bingbo，WANG，et al. Optimization of Shanghai marine environment monitoring sites by integrating spatial correlation and stratified heterogeneity.海洋学报（英文版），2017，36（2）：111－121.

［28］Heuvelink G B M，Musters P，Pebesma E J. Spatio－Temporal Kriging of Soil Water Content[C]//Geostatistics Wollongong. 1998：1020－1030.

［29］H.E. Júnez－Ferreira，G. S. Herrera. A geostatistical methodology for the optimal design of space-time hydraulic head monitoring networks and its application to the Valle de Querétaro，aquifer. Environmental Monitoring & Assessment，2013，185（4）：3527－3549.

［30］Hengl T，Heuvelink G B M，Tadic M P，et al. Spatio－temporal prediction of daily temperatures using time－series of MODIS LST images. Theoretical & Applied Climatology，2012，107（1－2）：265－277.

［31］Hensen C，Landenberger H，Zabel M，et al. Quantification of diffusive benthic fluxes of nitrate，phosphate，and silicate in the southern Atlantic Ocean. Global Biogeochemical Cycles，1998，12（1）：193－210.

［32］Hu M G，Wang J F. A spatial sampling optimization package using MSN theory. Environmental Modelling & Software，2011，26（4）：546－548.

［33］Iaco S D，Myers D E，Posa D. Space-time analysis using a general product-sum model. Statistics & Probability Letters，2001，52（1）：21－28.

［34］Iaco S D，Myers D E，Posa D. Space-time variograms and a functional form for total air pollution measurements. Computational Statistics & Data Analysis，2002，41（2）：311－328.

［35］Iaco S D，Palma M，Posa D. Modeling and prediction of multivariate space-time random fields. Computational Statistics & Data Analysis，2005，48（3）：525－547.

［36］Jiao L M，Liu Y L，Zou B. Self－organizing dual clustering considering spatial analysis and hybrid distance measures.中国科学：地球科学，2011，54（8）：1268－1278.

［37］Journel A G，Huijbregts C. Mining geostatistics[M]. Academic Press，1978.

［38］Journel A G. Nonparametric estimation of spatial distributions. Journal of the International Association for Mathematical Geology，1983，15（3）：445－468.

［39］Kern J W，Coyle K O. Global block kriging to estimate biomass from acoustic surveys for zooplankton in the western Aleutian Islands. Canadian Journal of Fisheries & Aquatic Sciences，2000，57（10）：2112－2121.

［40］Kilibarda M，Hengl T，Heuvelink G B M，et al. Spatio - temporal interpolation of daily temperatures for global land areas at 1 km resolution. Journal of Geophysical Research Atmospheres，2014，119（5）：2294－2313.

［41］Kohonen T. The self－organizing map. Proceedings of the IEEE，1990，21（9）：1－6.

［42］Krige D G. A statistical analysis of some of the borehole values in the Orange Free State gold field. Journal of the Chemical and Metallurgical Society of South Africa，1952，53：47－64.

［43］Kyriakidis P C，Journel A G. Geostatistical Space-Time Models：A Review. Mathematical Geology，1999，31（6）：651－684.

［44］Li L，Wang J，Cao Z，et al. An information－fusion method to identify pattern of spatial heterogeneity for improving the accuracy of estimation. Stochastic Environmental Research & Risk Assessment，2008，22（6）：689－704.

［45］Macneill S，Dodds L，Hamilton D C，et al. Heavy metals in top core sediments from the southern Campania shelf （Italy）：Hints to define large－scale geochemical backgrounds. Chemistry & Ecology，2006，22（1）：65－91.

［46］Maravelias C D，Haralabous J. Spatial distribution of herring in the orkney/shetland area（northern north sea）：A geostatistical analysis. Netherlands Journal of Sea Research，1995，34（4）：319－329.

［47］Martin C S，Vaz S，Ellis J R，et al. Spatio－temporal patterns of demersal elasmobranchs in trawl surveys in the eastern English Channel （1988-2008）. Marine Ecology Progress，2010，417（417）：211－228.

［48］Matheron G. Principles of geostatistics. Economic Geology，1963，58（8）：1246－1266.

［49］Matheron G. The theory of regionalized variables and its applications [M].Ecole nationale superieure des Mines de Paris，1971.

［50］Petitgas P. Sole egg distributions in space and time characterised by a geostatistical model and its estimation variance. Ices Journal of Marine Science，1997，54（2）：213－225.

［51］Maynou F X，Sardà F，Conan G Y. Assessment of the spatial structure and biomass evaluation of Nephrops norvegicus （L.）populations in the northwestern Mediterranean by geostatistics. Ices Journal of Marine Science，1998，volume 55（1）：102－120（19）.

［52］Morfin M，Fromentin J M，Jadaud A，et al. Spatio－temporal patterns of key exploited marine species in the Northwestern Mediterranean Sea. Plos One，2012，7（5）：e37907.

［53］Park J H，Na S. SST and SS changes during Saemangeum seawall construction using

Landsat TM and ETM imagery.Proceedings of SPIE – The International Society for Optical Engineering，2010，7831.
［54］Ren J，Gao B B，Fan H M，et al. Assessment of pollutant mean concentrations in the Yangtze estuary based on MSN theory.. Marine Pollution Bulletin，2016，113（1–2）：216.
［55］Rouhani S，Hall T J. Space–Time Kriging of Groundwater Data[M]//Geostatistics. Springer Netherlands，1989：639–650.
［56］Sahlin J，Mostafavi M A，Forest A，et al. Assessment of 3D Spatial Interpolation Methods for Study of the Marine Pelagic Environment. Marine Geodesy，2014，37（2）：238–266.
［57］Shen Y，Wu Y. Optimization of marine environmental monitoring sites in the Yangtze River estuary and its adjacent sea，China. Ocean & Coastal Management，2013，73（73）：92–100.
［58］Snepvangers J J J C，Heuvelink G B M，Huisman J A. Soil water content interpolation using spatio–temporal kriging with external drift. Geoderma，2003，112（3）：253–271.
［59］Wang C，Zou X，Gao J，et al. Pollution status of polycyclic aromatic hydrocarbons in surface sediments from the Yangtze River Estuary and its adjacent coastal zone. Chemosphere，2016，162：80–90.
［60］Wang J F，Christakos G，Hu M G. Modeling Spatial Means of Surfaces With Stratified Nonhomogeneity. IEEE Transactions on Geoscience & Remote Sensing，2009，47（12）：4167–4174.
［61］Wang J，Ge Y，Heuvelink G B M，et al. Spatial Sampling Design for Estimating Regional GPP With Spatial Heterogeneities. IEEE Geoscience & Remote Sensing Letters，2014，11（2）：539–543.
［62］Wang J F，Li X H，Christakos G，et al. Geographical Detectors–Based Health Risk Assessment and its Application in the Neural Tube Defects Study of the Heshun Region，China. International Journal of Geographical Information Science，2010，24（1）：107–127.
［63］Wang J，Guo Y S，Christakos G，et al. Hand，foot and mouth disease：spatiotemporal transmission and climate. International Journal of Health Geographics，2011，10（1）：25.
［64］Xie YF，Li XW，Wang JF，et al. Spatial estimation of antibiotic residues in surface soils in a typical intensive vegetable cultivation area in China. The Science of the total environment，2012，430（430）：126.
［65］Zhao J，Chu F，Jin X，et al. The spatial multiscale variability of heavy metals based on factorial kriging analysis：A case study in the northeastern Beibu Gulf.海洋学报（英文版），2015，34（12）：137–146.
［66］CALPUFF 空气质量模型技术导则. 中国环境科学研究院，2011.
［67］冯士雍，倪加勋，邹国华. 抽样调查理论与方法（第二版）. 中国统计出版社，2012.
［68］王劲峰，姜成晟，李连发，胡茂桂. 空间抽样与统计推断. 科学出版社，2009.

第三章

放射性污染土壤和农作物取样

放射性污染土壤通常呈现多种核素复合污染状况，且具有浓度域值跨度大的特征，给放射性污染土壤评价和修复工作带来较大挑战。当出现大面积土壤受到放射性核素 ^{90}Sr、^{137}Cs 污染的情况下，在土壤评价和修复前后，需要针对土壤和农作物中 ^{90}Sr、^{137}Cs 核素进行取样和测量。在借鉴现有国标（行标）方法的基础上，调研国外放射性污染土壤和农作物的取样和测量方法，兼顾检测工作的效率和成本，开发放射性污染土壤和农作物样品的 γ 谱物理测量和放化分析技术，建立有效避免样品间出现交叉污染的方法体系。

依据放射性污染土壤和农作物评价和修复的目的和要求，分别在修复前、修复过程中、修复后三个阶段进行土壤和农作物的取样和测量方法研究。具体涉及样品采集的采样方案、采样位置、采样量、采样深度、采样频度、采样方式、采样工具、包装运转、样品预处理、测量分析、质量保证、人员防护等多方面研究。

3.1 污染土壤和农作物取样与测量调研

3.1.1 国外情况

在污染状况调查和污染治理各个环节中，点位选取和测量数据均起到了至关重要的作用，通过测量数据可以准确把握污染状态，并能正确评价污染治理的效果。

3.1.1.1 美国

美国环境保护局（U.S. Environmental Protection Agency，EPA）在 2009 年 6 月发布了《国家重大事件的放射性实验室样品筛选与分析指南》[1]（Radiological Laboratory sample Screening Analysis Guide for Incidents of National Significance），该指南对环境放射性释放的响应定义的三个阶段，“早期”（事件发生至约第 4 天），“中间”（约第 4 天至约第 30 天）和“恢复”（超过大约第 30 天）。该指南强调从早期阶段结束后，中间阶段到恢复阶段的样品实验室筛选（但不涉及初始响应者的筛选）。描述了放射性或核事件后，放射性分析实验室用于筛选大量污染样品的方法、如何根据事件中涉及的放射性核素和事件优先级决定样品的处理方法、用于分析处理的单个样品活度浓度的快速评估方法。具体讲述了从仪器校准到数据报告的方法以及解决筛选过程的质量保证计划。

为了了解污染水平有关的信息，需要通过测定样品的总放以确定样品处理的优先次序以及各种介质中放射性核素的定量化，优化用于大样本测量的筛选设备的校准。使用这些技术应该有助于实验室根据事件应急指挥官的要求及时确定样品的优先顺序。

使用调查工具筛选样品的过程可分两个阶段描述。第一阶段处理在打开任何样品之前收到批量样品运输和评估装运和各个样品的辐射剂量率（mrem/h，1 rem = 10^{-2} Sv）或计数（min^{-1}）。此阶段的主要目的是确定样品接收人员和样品分析员的直接放射性危害。该筛选测量通常使用不区分粒子能量或评估样品的总剂量率的仪器进行。例如，像 Geiger-Mueller（GM）探测器这样的仪器对所有γ和β粒子都很敏感，有足够的能量通过容器壁，但不能识别具体粒子或射线，所以不能评估α粒子或低能β粒子污染。每个样品的测量时间不应超过 5～10 s，该测量结果的重要方面是样品可以被适当地屏蔽并标记用于辐射防护和优先级目的，并且样品质量和完整性保持不变（这是非破坏性，非侵入性测试）。第二阶段的筛选更具实质性，因为它检查了样品中所含放射性核素释放的特征性射线的总放射性核素活度。理想情况下，如果样本中包含 ^{90}Sr，^{14}C 和 ^{99}Tc^{m}，则用于筛选的仪器将测量总贡献作为三者的总和，即使它不能单独识别它们。不幸的是，用于筛选的仪器并不理想：探测器响应倾向于与放射性核素发射的辐射的特征能量成比例，并且检测也受到样品自屏蔽的影响。确保筛选试验能够提供对存在的放射性核素总活度的保守估计非常重要，以确保筛选不会低估存在的放射性核素的总量。如果已知放射性核素的特性，则在测量 ^{90}Sr/^{90}Y 的中—高能β时，应采用不同的响应因子，而质量衰减可能很大的样本中应用较低的能量 ^{14}C。使用气体比例计数（GPC）或液体闪烁计数（LSC）来执行筛选过程具有几个重要的地方需要注意。首先，当样品容器本身打开时，存在污染样品和实验室的可能性。其次，可以牺牲一部分样品用于筛选过程，这可能需要明智的二次取样。第三，在实际分析之前，必须为开放样品容器和等分试样建立监管链。这将确保以后关于样品完整性的问题。

美国针对核设施退役的检测和验收，国防部（DOD）、能源部（DOE）、环境保护局（EPA）和核管理委员会（NRC）共同编写了 MARSSIM《核设施退役辐射检测与场址调查手册》[2]，讲述了核设施退役过程中，通过策划、执行、评估和终态检测等手段，使核设施场址的地表土壤和建筑物表面，达到以剂量或风险为基础的法规或标准的要求。包括了退役设施的测量方法、分析技术和统计检验方法等内容，对实际工作具有很高的参考价值。设计终态检测的流程图见图 3-1。

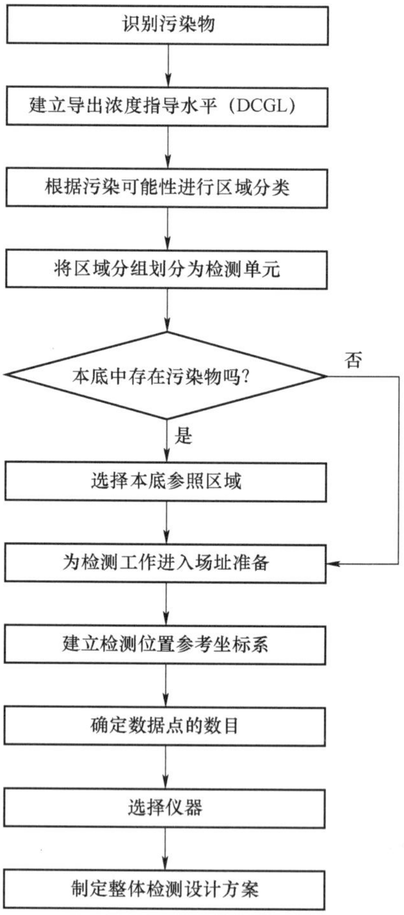

图 3-1　设计终态检测的流程图

（1）识别污染物

通过收集足够的场址历史资料，了解场址原来使用过的放射性核素的形态和含量高低，估算出放射性核素的可能残留量。对于厂址运行期间的事故或事件等信息进行详细了解，例如曾经发生源泄露、工艺管道受到污染、处理过高含量放射性的区域等情况。以及厂址运行时间长短，停产有多长时间，一些短半衰期的核素是否经过衰变后含量有所降低。应将所有潜在的放射性源项进行梳理和记录。

（2）建立导出浓度指导水平（DCGL）

退役过程要保证剩余放射性不会引起个体人员受到的照射超过不可接受的水平。

在过去，污染场地终止使用的开放标准是用总有效剂量（TEDE）来表示的，但该值不能通过直接测量来获得。将照射途径模拟应用于体浓度或表面浓度的估算，使其导致的总有效剂量等于开放标准，这样就可以在检测结果和开放标准之间进行直接比较。该浓度（体浓度或表面浓度）则被称为导出浓度指导水平（the Derived Concentration Guideline Level，DCGL）。DCGL 的单位应同所获得测量数据的单位保持统一（例如，Bq/kg、Bq/m^2，等等）。

当所考虑的核素不止一种时，则就需要采用归一性原则（unity rule）将各核素的 DCGL 归一为一个总 DCGL 值来进行比较。

$$\frac{C_1}{\mathrm{DCGL}_1}+\frac{C_2}{\mathrm{DCGL}_2}+\cdots+\frac{C_n}{\mathrm{DCGL}_n}\leqslant 1 \tag{3-1}$$

其中，C 为活度浓度，DCGL 为每个单一核素的指导水平值（1，2，…，n）。

根据每个单一核素对总活度贡献的相对份额（f）和每一种核素存在的 DCGL 推导出总活度 DCGL，如下：

$$\text{总活度DCGL}=\frac{1}{\left[\frac{f_1}{\mathrm{DCGL}_1}+\frac{f_2}{\mathrm{DCGL}_2}+\cdots+\frac{f_n}{\mathrm{DCGL}_n}\right]} \tag{3-2}$$

（3）根据污染可能性进行区域分类

场址中的残留污染物通常不是均匀分布的，该手册依据污染物含量高低，将区域分为 3 类区。

1 类区，一般为已知的污染区域，例如废物贮存处、曾经发生过泄露处等。

2 类区，可能或已知发生过污染的区域，含量一般不会超过 DCGL 值，例如气载流出物的下风向、操作过低含量放射性的区域等。

3 类区，不希望含量残留污染物，残留污染物含量很低的区域。

（4）将区域分组划分为检测单元

陆地区域的检测单元根据区域分类，照射途径模式假设，场址特定状态，推荐单元的面积大小如表 3－1 所示。

表 3－1 检测单元的推荐面积

分类	推荐面积
1 类	＜2 000 m^2
2 类	2 000～10 000 m^2
3 类	不限制

（5）选择本底参照区域

本底参照区域通常在没有受影响的区域内选择，其应该与检测单元具有类似的物理、化学、地质学、放射学和生物学特征。

（6）为检测工作进入厂址做准备

该部分工作是要确定厂址的边界、评估厂址的物理特性、保持进入检测单元的通道通畅等准备工作。

（7）建立检测位置参考坐标系

为了便于确定取样和测量的具体位置，而建立参考坐标系。通常采用罗盘方向、极坐标系等来进行参考坐标系的确定。在做好参考坐标系后，可以绘制厂址边界和其他厂址特征等等，这便于在测量和取样时适当地避开一些不可达的区域。

（8）确定数据点的数目

1）当污染物在本底中存在时

计算相对漂移值。终态检测中的各类检测单元及对应的参考区域都应该对其相应的δ进行估算。而选择适当的δ对于统计检验非常重要，如果过低的估计了δ，则数据的数量将无法满足统计检验的需要，既而不得不重新设计，重新检测。另一方面，如果过高地估计了δ，则必然需要测量过多的数据，造成资源的浪费。我们还应注意到由于导出浓度指导水平（DCGL）是一定的，为了证明场地满足开放标准则（LBGR）的选择也会对所需要测量数据的数量产生很大的影响。

确定 P_r 的值，查表 3－2。确定决策错误百分数，查表 3－3。

表 3－2 与给定的Δ/δ值对应的 P_r值（当污染物在本底中存在的情况下）

Δ/δ	P_r	Δ/δ	P_r
0.1	0.528 182	1.4	0.838 864
0.2	0.556 223	1.5	0.855 541
0.3	0.583 985	1.6	0.871 014
0.4	0.611 335	1.7	0.885 299
0.5	0.638 143	1.8	0.898 420
0.6	0.664 290	1.9	0.910 413
0.7	0.689 665	2.0	0.921 319
0.8	0.714 167	4.25	0.944 167
0.9	0.737 710	3.5	0.961 428
1.0	0.760 217	2.75	0.974 067
1.1	0.781 627	3.0	0.983 039
1.2	0.801 892	3.5	0.993 329
1.3	0.820 978	4.0	0.997 658

表 3-3 与所选择的α和β对应的百分数

α或β	$Z_{1-\alpha}$或$Z_{1-\beta}$	α或β	$Z_{1-\alpha}$或$Z_{1-\beta}$
0.005	3.576	0.10	1.282
0.01	4.326	0.15	1.036
0.015	4.241	0.20	0.842
0.025	1.960	0.25	0.674
0.05	1.645	0.30	0.524

确定 WRS 检验所需要的数据数目 N，我们通过以下公式计算 N：

$$N=\frac{(Z_{1-\alpha}+Z_{1-\beta})^2}{3(P_r-0.5)^2} \tag{3-3}$$

由于该 N 值是以δ和 P_r 的估计值为依据，通过以上公式计算得到的大致估算值。因而在计算过程中不可避免地存在某些不确定性。另外，任何的检验过程也都会必然出现一些数据遗漏或者产生一些不可用的数据。所以，测量数据的数目应该在以上公式计算得到的 N 值基础上再增加 20%左右，以保证获得足够的数据使统计检验达到预期的效果。此外，增加 20%仅仅是一个比较保守的估计，在实际检验过程中我们应该根据场地的具体情况和经验适当地增加修正因子。如果使用者认为 20%的修正因子太大，则必须应用势力回归曲线来证明该检验设计仍能满足决策的需要。

2）当污染物在本底中不存在时

计算相对漂移。确定 Sign.p 值（查表 3-4）。我们使用 Sign.p 值来计算满足数据质量目标所必须的数据的最小数目。

确定决策错误百分数（表 3-3）。计算 Sign 检验所需要的数据的数目 N。我们通过以下公式来计算：

$$N=\frac{(Z_{1-\alpha}-Z_{1-\beta})^2}{4(\text{Sign}.p-0.5)^2} \tag{3-4}$$

此外，测量数据的数目同样应该在以上公式计算得到的 N 值基础上再增加 20%左右，以保证获得足够的数据使统计检验达到预期的效果。

表 3-4 与给定的Δ/δ值对应的 Sign.p 值（当污染物在本底中不存在的情况下）

Δ/δ	Sign.p	Δ/δ	Sign.p
0.1	0.539 828	1.2	0.884 930
0.2	0.579 260	1.3	0.903 199
0.3	0.617 911	1.4	0.919 243
0.4	0.655 422	1.5	0.933 193
0.5	0.691 462	1.6	0.945 201
0.6	0.725 747	1.7	0.955 435
0.7	0.758 036	1.8	0.964 070
0.8	0.788 145	1.9	0.971 284
0.9	0.815 940	2.0	0.977 250
1.0	0.941 345	3.5	0.993 790
1.1	0.864 334	3.0	0.998 650

3）确定小范围抬升区域需要测量的数据数目

以上所介绍的是在检测单元中污染物分布大致均匀的条件下，评价该单元内剩余放射性是否超过 $DCGL_W$ 时，所采用的统计检验方法。除此以外，我们还应该采取一定的保障措施，确保终态检验过程中单元内的小范围抬升区域（剩余放射性与 $DCGL_{EMC}$ 相当）不会被遗漏。前面所介绍的统计检验方法可能无法探测出小范围抬升区域。所以，应该采取系统测量和取样以及表面扫描等手段来确保小范围抬升区域的剩余放射性满足开放标准或者低于 $DCGL_{EMC}$。不管放射性核素是否存在于本底中，该程序都需要应用于一类检测单元中的所有放射性核素的检测。

当统计检验所需要的数据点通过以上公式计算确定后，接着就应该通过随机选择起始点、建立系统取样模式在检测单元中进行布点。这些系统取样网格可以是正方形的，也可以是三角形的。总的来说，三角取样网格更容易发现小范围抬升区域。利用所计算的得到的检测点的数量 n 来确定取样模式的网格间距 L：

$$A=0.866\times L^2 \quad \text{对于三角网格} \tag{3-5}$$

$$A=L^2 \quad \text{对于正方形网格} \tag{3-6}$$

确定 $DCGL_{EMC}$ 值的一种方法是使用修正因子来反映面积的差异以及剂量和风险的改变，对 $DCGL_W$ 进行修正。修正因子是小范围抬升区域的浓度高于 $DCGL_W$ 的同时整个检验单元满足开放标准的一个量值。它依据专门管理机构的相关指导文件来确定。

扫描程序的最低检测浓度（MDC）依据以下公式计算得到：

$$\text{Scan MDC （必需的）=（}DCGL_W\text{）}\times\text{面积因子} \tag{3-7}$$

而扫描技术的实际 MDC 则可以由所使用的测量仪器来确定。将实际 MDC 与必需的 MDC 相比较。如果实际 MDC 小于必需的 MDC，则不需要为了评价小范围抬升区域的抬升状况而进行额外的采样，即检验过程中所使用的扫描技术有足够的灵敏度来探测小范围抬升区域。此时，面积因子可以通过以下公式计算得到：

$$\text{面积因子 Area Factor=扫描 MDC（实际）/DCGL} \tag{3-8}$$

然后，再依据专门管理机构的相关资料查找与该面积因子相对应的抬升区域的面积大小。再用该抬升区域的面积去除检测单元的面积可以计算得到评价小范围抬升所需要的测量数据的数目 n_{EA}。例如，假如抬升区域的面积为 100 m^2，检测单元的面积为 2 000 m^2，则需要的测量点就为 20 个。最后，根据以下公式计算修正的网格间隔 L：

$$L=\sqrt{\frac{A}{0.866n_{EA}}} \quad \text{对于三角网格} \tag{3-9}$$

$$L=\sqrt{\frac{A}{n_{EA}}} \quad \text{对于正方形网格} \tag{3-10}$$

其中，A 为检测单元的面积。通常需要对计算得到的 L 值进行四舍五入以方便测量。

如果为确定小范围抬升区域所必需的测量点的数目 n_{EA} 根据公式（3－4）计算出的数目 N，则 L 应该依据公式（3－9）和式（3－10）来计算。如果 n_{EA} 小于 $N/2$ 或 N，则 L 应根据以下公式来计算。也就是说，统计检验采用的是其中的大值，测量相对较多的点。

$$L = \sqrt{\frac{A}{0.866n}} \quad \text{对于三角形网格} \tag{3-11}$$

$$L = \sqrt{\frac{A}{n}} \quad \text{对于正方形网格} \tag{3-12}$$

如果在剩余放射性分布相对均匀的检测单元中仅仅存在一个抬升区域，则我们使用归一化原则来确保残余总剂量或风险不超过开放标准；如果存在多个抬升区域，则应采用适宜的辐照途径模拟的方法来计算残余总剂量或风险。由于二类和三类检测单元中不应存在抬升，所以以上考虑基本上仅仅应用于第一类检测单元。

另外，如果扫描技术的检测限远大于 $DCGL_{EMC}$，则统计检验所需要的测量点数量将会非常大。这时，就需要对检测目标和相关的考虑事项进行评价。这些事项包括检测设计及测量方法学、在确定 DCGL 过程中所使用辐照途径模拟模式及参数值、关于源项及放射性分布的场地历史评价的结论、筛选及特征检验的结果等。当然，在绝大多数时候是不会出现这种情况的。

（9）选择仪器

选择最小探测限能够满足厂址测量要求的仪器，在检测设计阶段，仪器的探测限要在 DCGL 的 10%～50%。探测限低的仪器在污染范围确定和特性调查期间，可以识别区域分类，尤其是 3 类区域的识别的确定。总放射性测定仪器适合于测定表面污染，γ 谱仪可以用于甄别核素。测量仪器要进行能量刻度和效率刻度。

（10）制定整体检测设计方案

把所有设计考虑因素都包括进来，将扫描式测量和随机测量结合起来，给出不同分类检测单元监测方案推荐，见表 3－5。

表 3－5　根据检测单元分类进行终态检测方案的推荐

检测单元类别		统计检验	超限测量值比较（EMC）	取样或测量	扫描
受影响	1 类	是	是	系统	100%覆盖
	2 类	是	是	系统	10%～100%覆盖
	3 类	是	是	随机	判断性选择扫描
未受影响		不	不	不	没有

3.1.1.2　日本

2011 年 3 月 11 日，日本受地震和海啸影响，福岛第一核电厂发生了核事故。据日本政府核应急响应指挥部递交的 IAEA 部长级核安全会议《东京电力公司福岛核电厂事故》报告[3]，将福岛第一核电厂方圆 20 km 以内和福岛第二核电厂方圆 10 km 以内确定为疏散区域，福岛第一核电厂的 20～30 km 范围内为掩蔽区。地震引发海啸导致福岛县的 24 个监测点中有 23 个无法正常使用，随后在核电现场开展了空气剂量率的测量。关于土壤放射性分析，在福岛第一核电厂现场土壤放射性进行分析，在 3 月 21 日和 3 月 22 日分别在 5 个地点采集土壤进行钚分析，根据钚同位素比例的监测结果，推定核事故中可能造成钚释放，并将监测结果与 1978—2008 年日本大气层核试验观察到的后果进行了比对，发现 ^{239}Pu 和 ^{240}Pu 的检测浓度在监测值范围内，而 ^{238}Pu 略高于这些值。随后，对钚、γ 核素和锶进行了定期采样和比对分析。东京电力公司在 4 月 29 日对 3 km 近海和岩泽海岸两个地点采集海洋土壤样品，发现海洋土壤中的放射性碘和铯高于平常值。福岛第一核电厂反应堆中 ^{131}I 的总非放射性量约为 1.3×10^{17} Bq，^{137}Cs 为 6.1×10^{15} Bq。流出的受污染水所含的放射性物质总量为 4.7×10^{15} Bq，根据流入竖井中的水估算，流入海洋的受污染水所含的放射性物质总量大概为 2.0×10^{13} Bq。

据 IAEA 编写的《The Fukushima Daiichi Accident》中第五卷—Post-accident Recovery[4]，在福岛核事故后，造成大面积土壤受到放射性污染。2011 年 4—6 月，采集了 6 个县（Miyagi、FuKshima、Ibaraki、Tochigi、Gunma、Chiba）的土壤，主要为深度 15 cm 的表层土壤，对其进行放射性铯分析，结果表明水稻田土壤受污染的面积和程度为 0～5 000 Bq/kg（991 km^2）、5 000～25 000 Bq/kg（45 km^2）、＞25 000 Bq/kg（17 km^2）；其他农业用地的不同污染程度的土地面积分别 367 km^2、15 km^2、6 km^2。并且指出事故后一段时间内，放射性铯主要沉积在土壤表层农作物的根际深度，而且这是一个确定性的特点。依据生长在污染土壤上的大米中放射性铯含量来推断土壤的受污染程度是不推荐的。不同土壤类型中放射性铯含量有很大差别，这可能与不同类型土壤中可交换钾含量有关。

福岛核动力厂事故后，释放的主要核素包括 ^{137}Cs、^{131}I、^{134}Cs、^{136}Cs、$^{129}Te^{m}$ 等核素，其中最主要的核素是 ^{137}Cs。随后，日本出台了去污相关的导则[5]，将辐射剂量超过 0.23 μSv/h 的区域指定为“污染状况重点调查地区”，重点调查地区内事故引发的放射性环境污染状况，将调查结果超过 0.23 μSv/h 的区域设定为去污实施区域，制定去污实施计划。

日本福岛核事故后，日本政府组织相关机构对日本放射性污染土壤进行了整治。先按照污染程度将土壤分成不同状况的污染区，然后按照不同的土地利用类型，将土地分为农田、森林、城市等地区，采样不同的整治措施对污染土壤进行去污。从测定数据来看，放射性核素 ^{137}Cs 主要沉积在 5 cm 以上的表层土壤中。所以去污的主要方法是去除表土和深耕，去除表土的去污效率可以达到 75%～97%。还有一种方法是种植植物进行修复，日本借鉴切尔诺贝利事故后土壤修复方法，种植向日葵来吸收土壤中的铯，最后结果表明只有 0.05%的铯被向日葵所吸收。还有一种方法是在农田土壤中添加钾肥，利用铯与钾具有相近的性质，加大土壤中钾离子的含量，减少植物对放射性铯的吸收富集，从而减少放射性铯进入食物链。

福岛核事故后，为了具体说明去污办法和程序，日本环境省编制了《去污相关导则》[5]，该导则讲述了去污前、中、后不同阶段的环境污染状况调查测量方法，包括测量点的确定和测量方法，测量方法主要是就地测量技术，还给出了测量仪器的种类、使用方法、保养，以及如何避免测量仪器的探头免受污染等测量需要注意的细节事项等。该导则针对土壤的去污措施为表土切削去除、表土覆盖（含表土和表土下层的土壤置换），深耕等，草木的去污措施为割草、杂草（落叶、树枝）的去除、树木剪枝或者砍伐等。

土壤的测量是从准备工作、事前测量、去污过程的测量、事后测量等几个方面分别进行了讲述。① 准备工作是在去污工作开展之前，需要准备的去污操作设备，为了防止去污过程中产生的粉尘、并确保去污工作人员和公众的安全防护。事前测量是为了测量出土壤在去污前的放射性水平，同时也为去污效果的判断提供数据。农田和牧草种植的土壤测量是采用网格布设的方法，网格间隔在 10～30 m，在每个网格中央布设一个测量点，如测量面积比较大的情况下，可根据实际情况设定网格大小。然后依据测量结果的大小，确定去污实施行动的必要性。测量的对象为 γ 空气吸收剂量率和 β 射线，γ 空气吸收剂量率的测量仪器为 γ 闪烁测量仪等仪器，β 射线的测量推荐使用盖革—弥勒计数管型测量仪（GM 测量仪）等。还给出了一些细节性的提示。例如，为了确认去污对象的污染严重程度，使用准直仪从外部测量被遮蔽的 γ 射线的强度。除此之外，如距离测量点表面、50 cm、1 m 高度位置进行 γ 空气吸收剂量率的测量，可确定去污对象的污染程度，去污工作完成后，在相同的位置进行类似测量，可将前后测量结果进行比较分析，从而可以判断去污的效果。去污前后在同一地点进行测量，根本的一点是要确保所使用的测量仪器必须相同。当进行农田土壤中放射性铯含量的测量时，要考虑本底 γ 射线的影响，可以在测量仪器放在屏蔽设施内进行测量。依据 γ 空气吸收剂量率和放射性核素铯的浓度相互关系，然后在现场进行容易测量的 γ 空气吸收剂量率值的测量值，推算出放射性核素铯的浓度大小。所推算的土壤中放射性核素铯的浓度为土地表面下 15 cm 处的浓度。② 去污过程中的测量，福岛事故后对于土壤的去污方法主要有上下土置换、表土覆盖（客土覆盖）、表土切削法。其中表土切削过程中，为了避免产生过多的含有放射性的废土，需要把握切削土壤层的厚度，采用仪器进行土壤测量是非常必要的，首先选定一块小面积的土地，对其表土进行 γ 空气吸收剂量率测量，然后采用机械或人工的方法将其表土 1～2 cm 进行切削，然后切削后的表层土壤再次测量，依据 γ 空气吸收剂量率的变化来推荐表层土的切削厚度，依据小块土壤的试验结果，再实施大面积土壤的去污。③ 事后测量，为了判断去污效果，在实施去污后的土壤表层，选取去污前的同一测量地点，采用相同的测量仪器进行 γ 空气剂量率的测定。

3.1.1.3　苏联

发生在 1986 年 4 月 26 日的切尔诺贝利事故，是人类核工业历史上最为严重的核事故。事故引起的蒸汽和一氧化碳混合气体爆炸，发生爆炸后石墨猛烈燃烧达 10 天之久，反应堆内大量放射性物质释放到环境中，造成乌克兰、白俄罗斯、俄罗斯联邦地区的广泛放射性污染[6–7]。

释放到环境的核素包括 ^{85}Kr、^{133}Xe、^{131}I、^{90}Sr、^{89}Sr、^{132}Te、^{99}Mo、^{134}Cs、^{137}Cs、^{103}Ru、^{106}Ru、^{140}Ba、^{95}Zr、^{141}Ce、^{144}Ce、^{239}Np、^{238}Pu、^{239}Pu、^{240}Pu、^{241}Pu、^{242}Cm。在核电厂周围 30 km 的限制区域内，土壤中的放射性主要包括 ^{137}Cs、^{90}Sr、^{144}Ce、^{134}Cs、^{241}Am、^{125}Sb、^{154}Eu、^{155}Eu 等。30 km 外土壤中主要的污染核素为 ^{137}Cs、^{90}Sr、^{134}Cs、^{125}Sb，其中半衰期较长的核素为 ^{137}Cs（30 a）、^{90}Sr（29.1 a）。

切尔诺贝利核电站（ChNPP）事故发生后第 5 天完成了近区暴露剂量率的第一幅完整地图（距离 ChNPP 最多 100 km）。1987 年由苏联的国家水文气象委员会（Goscomgidromet）和苏联国防部建立了径向网格观测点，组织对 60 km 区域污染的长期监测，每年在每个点使用环形取样器（ϕ13～15 cm×H 5 cm）进行土壤取样，以测定陆地污染程度。

在 1992—1994 年对该地区进行大规模航空伽马测量，获得了近区 ^{137}Cs 污染的详细地图。通过该地图整合获得的 ^{137}Cs 清单与上述估计完全一致。

由于燃料颗粒的溶解和 ^{90}Sr 的迁移，现在，近区植被中 ^{90}Sr 的活度浓度比 ^{137}Cs 的活度浓度高一个数量级。由于地下水的流入，30 km 区域与地表水的扩散主要由 ^{90}Sr 引起，因为它具有较高的流动性。然而，直到 1997 年，没有关于禁区 ^{90}Sr 污染的详细地图。根据禁区管理的命令，在 1997 年安排修复措施时，开展了一项关于 ^{90}Sr 污染的精确研究计划。

这次测量，在 ChNPP 近半径区域（半径 36 km）的规则网格上进行了广泛且具有代表性的土壤采样（约 1 300 个采样点），间隔约 1 km。考虑了监测样品的代表性问题，指出在初始放射性沉降物中存在燃料颗粒的情况下，即使在小的取样点内，土壤污染也可能非常不均匀。它是由沉降物的特性（例如样品中单一燃料颗粒的高活性）和表面和植被的不均匀性对放射性核素的沉积和再分布的影响引起的。此外，人类和野生动物对土壤顶层的影响对放射性核素的重新分配作出了重大贡献。因此，在同一地点（1 m^2 面积内）收集的单个土壤样本的测量结果之间的差异可能高达 10 倍。因此，需要优化采样和测量程序。

所有部位的污染密度在 0.5～500 MBq/m^2 范围内变化。场地面积为 10 m×10 m。在每个位置收集 25 个土壤样品（在规则网格上，使用特殊设计的 37 mm 直径的圆柱形取样器，间隔为 2 m，深度为 30 cm）。在相应的样品制备后，测量每个样品中 ^{137}Cs 和 ^{90}Sr 的活度。在切尔诺贝利放射性沉降物的燃料成分的实际测量条件下，将样品分成四个子样本就足以检测出多达 10 个燃料热粒子的存在，概率为 0.9 且 ^{90}Sr 放射化学测量的相对不确定性为约为 20%（^{137}Cs 的不确定性通常要低得多）（Bunzl，1997）。因此，将样品分成四个子样品，可以在给定的测量不确定度水平下对样品均匀性（以及因此测量的代表性）进行可靠的评估。

土壤的采集是在 ChNPP 周围 36 km 半径范围内进行（仅在乌克兰领土）以便在 30 km 区域的边界提供更好的插值。通常，采样点之间的距离约为 1.2 km。在放射性沉降物的狭窄西部痕迹处距离较低（100～500 m），其特征在于非常高的污染梯度。在每个采样点，也测量暴露剂量率。考虑到取样区域相当大（约 2 000 km^2），而且有些地点现在几乎无法到达，采样是使用直升机和汽车完成的。

每个土壤样品由 5 个直径为 37 mm 的岩心子样品组成，取 2～5 m^2 范围内的中心和四角，取样深度为 30 cm。因此，每个样品的总质量约为 3 kg。

关于污染区域内土壤中 ^{90}Sr 迁移能力的数据分析表明，即使在事故发生 10 年后，对于大多数土壤，^{90}Sr 的活度中约有 95%集中在表层 10～20 cm 范围。仅在低腐殖质砂岩中观察到 ^{90}Sr 的高迁移能力（Kashparov，1998），其中上部 30 cm 层中的 ^{90}Sr 含量约是总沉积的 30%～50%。这就是为什么采样深度在所有地点都是 30 cm 的原因。在实验室采用放射化学测量法，确定 ^{90}Sr 垂直分布。

根据在大多数采样点获得的结果，^{90}Sr 的主要含量（超过 95%的活度）位于上部 30 cm 层中。仅在少数几个站点（不到所有站点的 0.1%）中，^{90}Sr（超过 20%）的很大一部分已经迁移到深度超过 30 cm。

采样点的坐标通过 GPS 接收器（ScoutMaster）确定。为了估计坐标的准确性及其与地形基础的对应关系，在具有已知坐标的几个点处进行 GPS 测量。结果表明，GPS 接收机的精度约为 100 m，系统偏差约为 300 m，这在地图的创建中也考虑到了这些。图 3－2～图 3－4 是切尔诺贝利近区土壤采样点的地图和使用 UIAR 采样数据创建的切尔诺贝利近区 1997 年 ^{137}Cs、^{90}Sr 的陆地污染图。

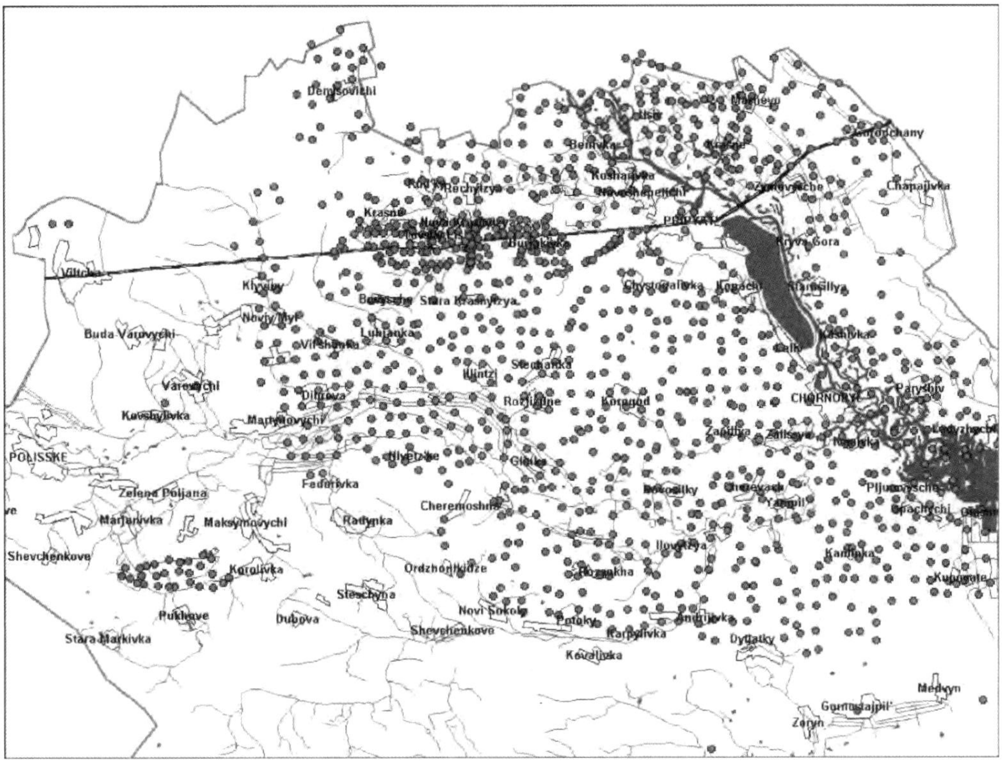

图 3－2　切尔诺贝利近区土壤采样点的地图

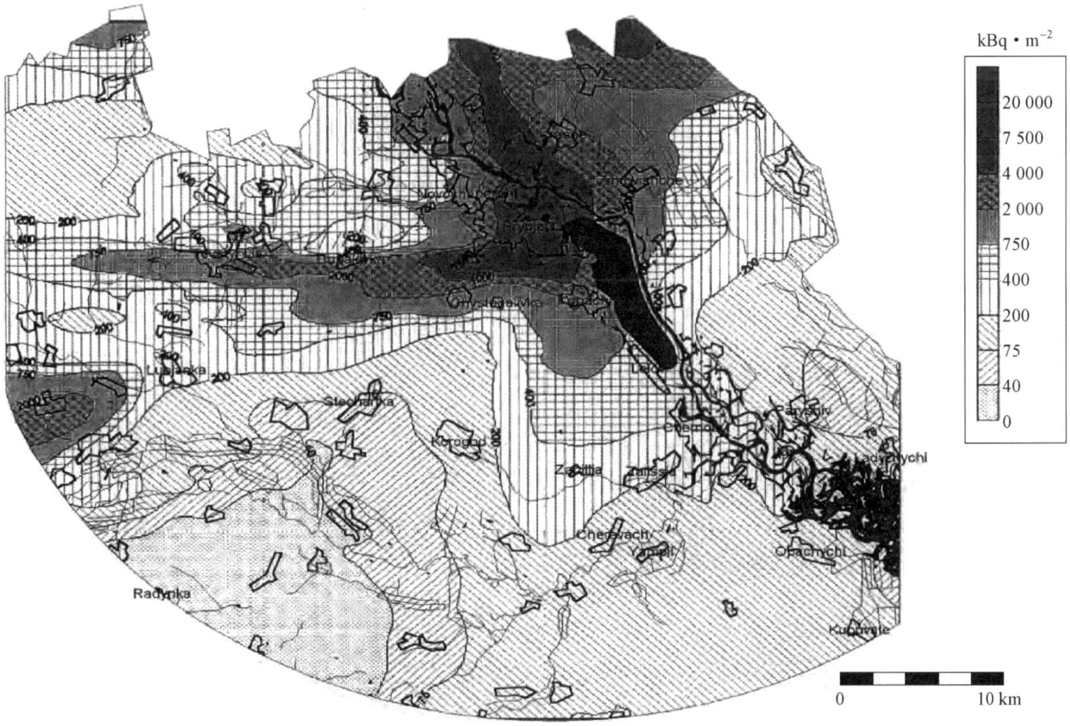

图 3－3　使用 UIAR 采样数据创建的切尔诺贝利近区 1997 年 ^{137}Cs（kBq/m^2）的陆地污染

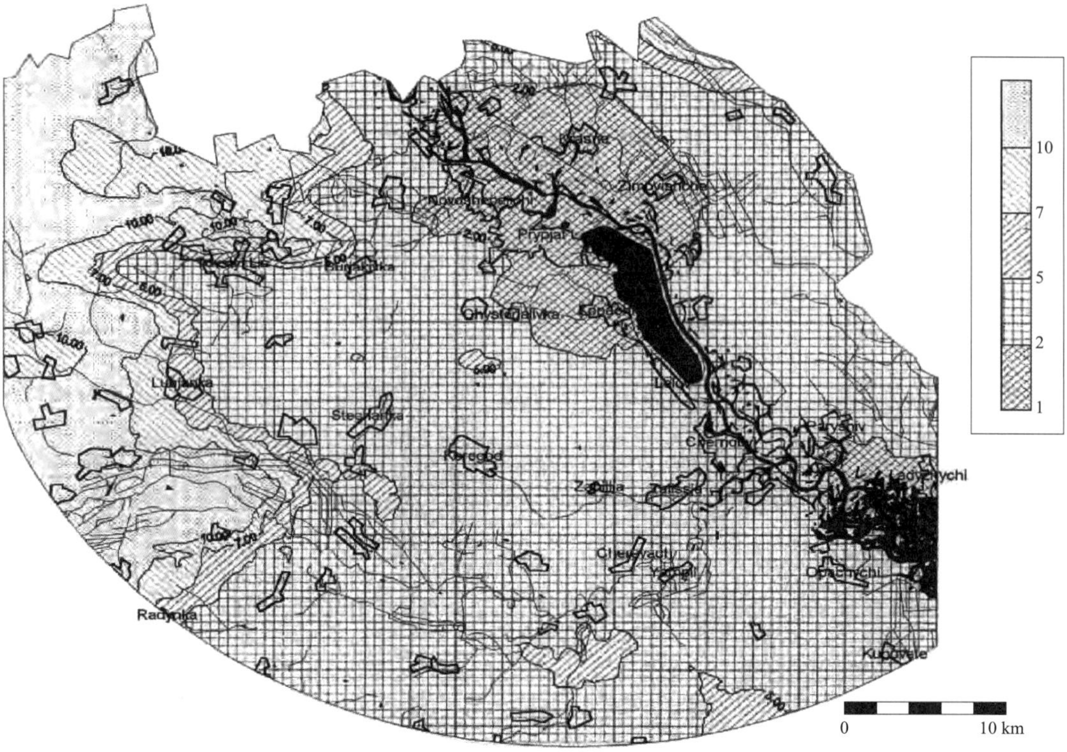

图 3－4　使用 UIAR 采样数据创建的切尔诺贝利近区 1997 年 ^{90}Sr（kBq/m^2）的陆地污染密度图

研究表明，在 30 公里区域内，$^{137}Cs/^{90}Sr$ 的比例大多在 1～10 范围内变化，在每个采样点，$^{137}Cs/^{90}Sr$ 的比率比 ^{90}Sr 的活动更稳定。使用这个比率可以应用 ^{137}Cs 的大量数据了解有关污染的信息。之前对近区 ^{90}Sr 库存的评估是通过间接方法计算的，并且基于 ^{90}Sr 的有限实验数据集。目前的评估是通过直接测量 30 km 区域内规则网格上 1 300 个站点采集的土壤样品中的 ^{90}Sr 含量和 $^{137}Cs/^{90}Sr$ 比率来实现的。

3.1.1.4　国际原子能机构

国际原子能机构（IAEA）在 2004 年编写的《Soil sampling for environmental contaminants》（IAEA－TECDOC－1415）[8]中，强调应仔细记录对结果有重要影响的土壤取样和样品制备，以便在对其结果的可靠性产生怀疑时重新评估结果。详细讲述了土壤、土壤质量、土壤污染的定义。“土壤”一词具有多种不同的含义，取决于它与社会的相关性。根据美国土壤科学学会（SSSA）的说法，土壤是一种生命系统，代表着对地球上生命至关重要的有限资源。它形成了地球表面上未固结的矿物质和有机物质的薄皮。它从各种母体材料中缓慢发展，并受时间、气候、宏观和微生物、植被和地形的影响。美国土壤科学学会（SSSA）将土壤质量定义为：特定种类土壤在自然或管理生态系统边界内发挥作用的能力，以维持植物和动物的生产力，维持或提高水和空气质量，并支持人类健康和居住。通过国际/国际立法针对各种土壤污染物确定的标准或阈值提供了土壤污染的具体定义，因为此处的污染是指超过此类立法中规定的阈值/限制值。

美国环保署还开发了（美国环保局，1986，1987a，1987b）使用数据质量目标（DQO）

作为所有环境取样的指导政策。除了识别数据特征外，DQO 流程旨在为决策者提供满足预定精度，准确度，代表性，完整性和可比性的数据。DQO 策略还支持所需检测级别的规范，可接受的假阳性和假阴性错误的概率，以及数据集之间的最小可检测的相对差异。

污染物通常不会在被调查的场地内均匀分布。污染物的不均匀分布（不均匀性）通常是分析数据变异性的最大因素。此外，污染物在所有类型的土壤中迁移（通常是缓慢的），通常是雨水会增加不均匀性。在一米之内收集的两个土壤样品在目标分析物的浓度上具有 50%～100%的差异并不罕见。同时，污染物浓度总体数据的质量还包括样品运输，保存，处理（在实验室中）和分析，代表性抽样涵盖了现场引入的变量。这些变量与现场条件，采样设计，方法以及现场采集和制备样品的技术有关。影响样品代表的现场变量是地质变异性和现场污染物浓度的变化，以及样品采集准备和运输过程中引入的变化。该报告中详细地讲述了土壤采样的基本原理，综合考虑污染的原因、导致土壤污染事故的冲击负荷、污染物在一段时间内逐渐沉积到土壤的过程等等因素。土壤采样的步骤归纳如下。

监测前的步骤：① 选址；② 抽样小组的选择；③ 制定调查计划；④ 收集背景资料；⑤ 审查背景资料；⑥ 取样面积和参数的选择；⑦ 抽样方法的选择；⑧ 抽样点的选择；⑨ 监测设备的选择；⑩ 分析取样设备；⑪ GPS 设备；⑫ 土壤取样设备；⑬ 取样设备的选择；⑭ 完成调查计划。

在实地/监测期间采取的步骤：① 物理特性和气候条件；② 样品采集；③ 样品编号；④ 样本量；⑤ 去除外来物质；⑥ 样品筛分；⑦ 样品均质化；⑧ 样品分裂；⑨ 样品成分；⑩ 样品制备。

（1）监测前的步骤

1）选址

在大多数情况下，不需要确定或选择土壤取样地点，因为在事故、化学品溢漏等问题中，需要对环境污染物的特定地点进行调查，爆炸等或特定地点的住房、公园等预定用途。但是，可以根据不同地区的人为活动和其他活动来确定调查和开发关于土壤质量或其他一般用途的区域/国家信息库的地点，这些活动预计会造成某种或其他类型的土壤污染。

2）调查小组的甄选

参与该调查小组的人员数量和类型将取决于相关问题的要求，（例如，涉及爆炸物的事故，在团队中需要与该问题领域的法医专家）。无论与采样点相关的问题类型是哪一种，该团队中需要有一名经验丰富的土壤化学家参与，除此之外，也要有熟悉场地附近活动的科学/技术人员。

因此，建议通过从相关问题涉及领域中选择专家来形成调查小组。与环境污染物土壤取样相关的区域可归纳如下：① 环境科学/工程；② 地质化学；③ 土壤化学；④ 土木工程；⑤ 与站点问题相关的特定字段。

3）制订调查计划

① 收集背景资料

与取样地点直接或间接有关的所有可能信息以及取样中要测量的参数，都应通过通信/或对该地区进行勘察来收集。一般所需的背景资料包括：

（a）场址历史：位置、土壤类型、附近气候等；

（b）土地用途：现时及过去的土地用途及使用模式、工业活动所制造的产品及原材料的详细资料，以及该地区现有农业活动所使用的肥料、杀虫剂等的详细资料；

（c）场地污染：详细说明各种活动产生的废水的质量和数量及其处置做法，该地区产生的非放射性，产生的固体/或危险废物及其处置做法；

（d）过去的研究：过去为监测环境污染物或相关用途而进行的任何研究的详细情况，包括研究中所涵盖的地图和取样点；

（e）场地环境管理责任：与场地环境管理有关的地方/区域/国家监测/管理机构，以及就土壤样本中要分析的参数确定标准；

（f）工地文件：覆盖工地的区域位置图，以及其他可用的相关文件。

② 审查背景资料

调查小组会分析所收集的背景资料，以了解现址的现时状况，以了解有关土壤取样计划的具体目的。

状态应提供以下信息：

（a）确切的位置和最简单的网站方法；

（b）气候，活动和其他因素，这些因素会影响要监测的环境污染物的浓度；

（c）可能对人类健康和环境构成威胁的污染源；

（d）环境污染物的现有数据（如果有）；

（e）任何其他有助于制定适当抽样计划的细节。

③ 选择面积和采样参数

采样区域的选择是指场地内的广阔区域，采样范围内应包括采样区域。这是在分析和GPS筛选技术的帮助下完成，例如光电离检测器（PID），便携式X射线荧光（XRF）和危险分类试剂盒。

地球物理技术可用来帮助寻找任何潜在的埋井桶或罐、埋井废物和扰动区的位置。地球物理技术包括地面穿透雷达（gpr）、磁测、电磁导电性（em）和电阻率测量。

样品中要分析的参数通常与问题本身（如化学品泄漏或爆炸）相对应。在其他一般情况下，参数的确定是根据对环境污染物日前和未来可能释放的背景资料的审查，以及这些污染物在监测今后使用场地方面的优先需要。

4）抽样方法的选择

有代表性土壤样本的采集方法包括判断、随机、分层随机、系统网格、系统随机、搜索和横断面取样。下文各段对这些问题作了简要说明。

根据历史信息，目视检查以及抽样团队的最佳专业判断，判断抽样是对场地抽样位置的主观选择。判断取样用于识别存在于具有最高浓度（即最坏情况）区域的污染物。这种方法通常没有与采样策略相关联，排除了对采样结果的任何统计解释，但这可以包括在内。

随机抽样是在所关注区域的限定边界内的任意样本集合。使用随机选择过程（例如，使用随机数表）来选择样本位置。采样点的任意选择需要独立于所有其他点的位置来选择每个采样点，并且导致所关注区域内的所有位置具有被选择的相等机会。抽样必须是随机化的，这样便于陈述采样结果的概率或置信度。随机采样方法适用于采样场址相对于要监视的参数是均匀的区域。图 3－5（a）说明了随机抽样方法。

分层随机抽样包括将采样区域划分为称为地层的较小区域。这是根据历史信息和先前的分析结果或筛选数据完成的，每个层比整个场址更均匀。可以基于各种因素来定义分层，包括采样深度，污染物浓度水平和污染源区域。使用随机选择程序将样本位置固定在每个层中。

分层随机抽样赋予采样方案一些控制权，但仍允许在每个层内进行随机抽样。还可以选择不同的采样方法来解决现场的不同地层。分层随机抽样是一种有用且灵活的设计，用于估算每个深度区间或关注区域内的污染物浓度。图 3－5（b）说明了一种分层随机抽样方法，其中根据深度定义了分层。在该示例中，土壤沉降装置用于从地层内随机选择的位置处的给定深度收集样本。

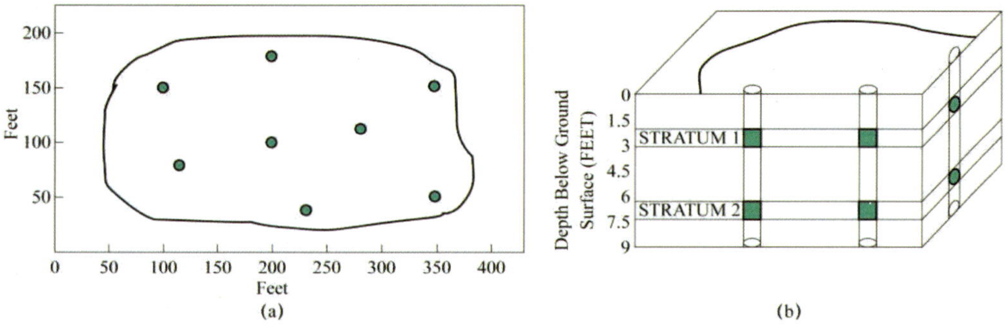

图 3－5　随机和分层随机采样

（a）随机采样；（b）分层随机采样

系统网格采样涉及通过使用正方形，三角形或人字形网格细分关注区域并从节点（网格线的交叉点）收集样本。使用初始随机点完成网格放置的原点和方向。从那时起，在整个站点上构建坐标轴和网格。系统网格中采样位置之间的距离由要采样区域的大小和要采集的采样数确定。系统网格采样通常用于描绘污染程度并定义污染物浓度梯度。图 3－6（a）说明了系统的网格采样方法。

系统随机抽样是估算网格单元内平均污染物浓度的实用且灵活的设计，有时也称为分层随机抽样。使用正方形或三角形网格（如系统网格抽样中所述）细分关注区域。使用随机选择程序从每个细胞内收集样品。系统随机采样允许隔离可能需要额外采样和分析的单元。图 3－6（b）说明了一种系统的随机抽样方法。

搜索取样采用系统的网格或系统的随机取样方法，以搜索污染物超过适用清理标准的区域（热点）。样本数量和网格间距是根据可接受的误差水平（即错过热点的机会）确定的。搜索取样要求假设热点的大小、形状和深度。

如图 3－7（a）所示，热点越小或越窄，为了定位它们，网格间距必须越小。同时，缺失热点的可接受误差越小，网格间距必须越小。实际上，这意味着要收集更多的样本。简单的方程式已经被描述来计算到达已知大小和尺寸的热点所需要的样本数量。

横断面采样涉及在场地表面建立一条或多条横断面线。沿着表面上的横切线或在一个或多个给定深度处以规则间隔收集样品。横断面线的长度和要采集的样本数决定了沿横断面的采样点之间的间距。多个横切线可以彼此平行或不平行。如果线是平行的，则采样目标类似于系统网格采样。横断面采样相对于系统网格采样的主要好处是易于建立和重新定位单个横断面线与整个网格。横断面采样通常用于描绘污染程度并定义污染物浓度梯度。它也在较小程度上用于堆肥取样方案。例如，横断面采样方法可用于表征线性特征，例如排水沟。横断面线沿着沟渠的中心向下延伸。沿着横切线以规则的间隔收集样品等分试样，然后合并。图 3－7（b）说明了断面采样。

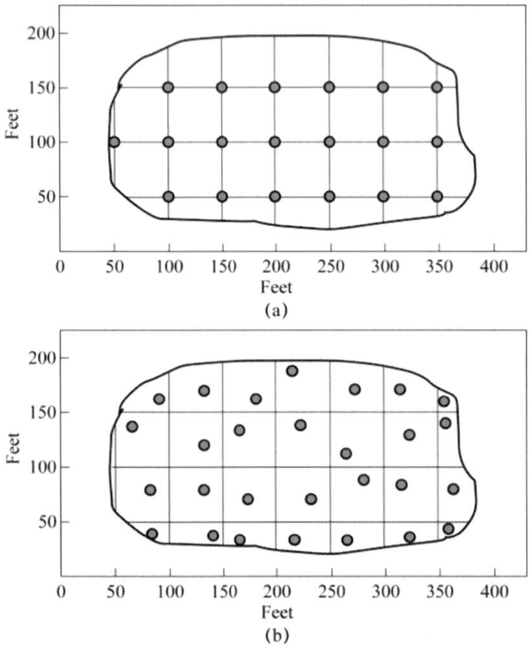

图 3－6　系统格栅和系统随机采样

（a）系统栅格采样；（b）系统随机采样

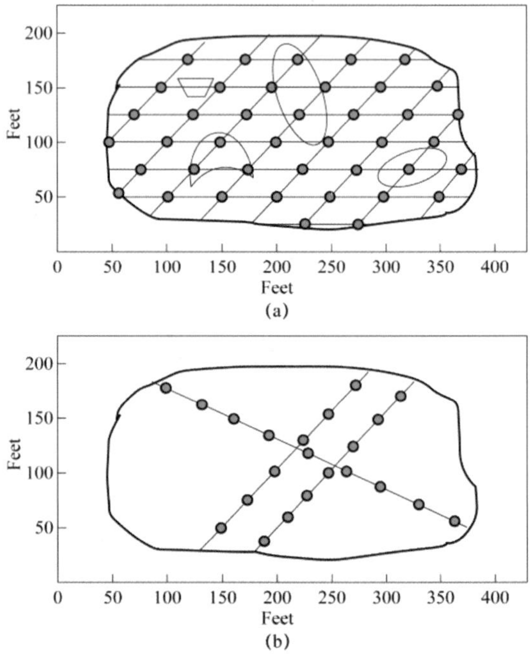

图 3－7　搜索和断面采样

（a）搜索采样；（b）断面采样

抽样方法的选择

代表性的采样计划可以根据污染物的类型和分布组合两种或更多种上述采样方法。各种代表性的抽样方法总结在表 3－6 中。

表 3－6　代表性抽样方法比较

抽样目的	抽样方法						
	评判	随机	分层随机	系统栅格	系统随机	搜索	断面
建立威胁	1	4	3	2	3	3	2
识别源项	1	4	2	2	3	2	3
划定污染范围	4	3	3	1	1	1	1
评估处理和处置方案	3	3	1	2	2	4	2
确认清洁	4	1	3	1	1	1	1

其中：

（1）首选方法。

（2）可接受的方法。

（3）中等可接受的方法。

（4）最不可接受的方法。

（5）应与野外分析筛选一起使用。

（6）仅在存在已知趋势的情况下优选。

（7）如果在整个场地进行采样，则允许对清理验证提供统计支持。

（8）如果站点被认为是干净的，可能对堆肥技术有效。

选择采样位置

可以使用各种方法定位采样点。用于定位随机点的相对简单的方法包括使用罗盘和卷尺或起搏来定位相对于永久地标（例如勘测标记）的采样点。然后在地图上绘制采样坐标并标记实际采样点以供将来参考。如果采样设计需要更高的精度，请通过调查确定每个采样点。样品采集后，使用永久性桩号标记每个样品点，以便调查团队可以识别所有位置。

监测设备的选择

1）分析筛选设备

分析筛选方法提供对所关注污染物的现场测量，限制样品的数量，这些样品需要被送到场外实验室进行耗时且通常昂贵的分析。筛选技术还可以评估土壤样品，以指示目标金属存在土壤污染或土壤气体调查，以识别埋藏的废物或其他地下污染。表 3－7 总结了常用的筛选设备及其优缺点。

表 3－7 便携式就地分析筛选设备

设备	应用于抽样设计	优缺点
X 射线荧光（便携式）	探测土壤中的重金属	快速样品分析；可以就地使用；需要操作培训；潜在的基质干扰；可以与通用或站点特定的校准模型一起使用；检测限可能超过行动水平；可探测到 10^{-6} 水平；检测限应根据具体地点计算
火焰离子化检测器（FID）	半定量检测土壤中的 VOCs	快速出结果；可用于 GC 模式下识别特殊有机组分；只检测 VOCs；可探测到 10^{-6} 水平
光电离检测器（PID）	检测 VOC 和一些非挥发性有机物和无机物的总浓度	快速出结果；易于使用；非混合特性；结果容易受到高环境湿度和电气来源的影响，如无线电；在土壤中对甲烷无响应；可探测到 10^{-6} 水平
现场测试套件	监测土壤中的特定元素、化合物或化合物类别	快速出结果；易于使用；成本低；可提供的套件类型有限；可根据用户要求提供套件；半定量；其他分析物的干扰是常见的；需要比色解释；检测水平取决于使用的试剂盒的类型；容易出错
辐射探测器	土壤或其他废物中辐射的选定形式	易于使用；低成本；探测一种或多种形式的辐射，α、β 或 γ；单元和检测限变化较大；详细的现场调查是时间密集的，需要有经验的人员来解释结果

注：来源于 U.S.EPA，1988 年 9 月；U.S.EPA，1987 年 10 月；U.S.EPA 1987.

2）地球物理设备

地球物理技术可与分析筛选结合使用，以帮助描绘地下污染区域，包括埋藏的鼓和坦克。地球物理数据可以相对快速地获得，通常不会干扰场地。适用于紧急或移除活动的地球物理技术包括：探地雷达（GPR），磁力测定，电磁导率（EM）和电阻率。表 3－8 总结了与地球物理设备相关的具体优点和缺点。

表 3－8　地球物理设备

设备	采样设计的应用	优缺点
探地雷达（GPR）	探测有岩性变化引起的反射异常以探测深 15～30 ft（1 ft＝0.304 8 m）的地下物体	具有高分辨率；gencrates 连续测量剖面；能快速大面积测量；位置具体；最好的结果是在干燥的砂质土壤；富含黏土和饱和水的土壤反射差，渗透深度受限；资料解释需要训练有素的地球物理学家
强磁计	检测存在和区域范围内地下土壤中的铁磁材料，包括埋在地下的金属容器。单个 55 加仑（1 加仑＝4.546 1 L）的桶可以在水下 10 ft 处识别，而大量的桶可以在水下 30 ft 或以上识别	操作方便快捷；良好的初始测量仪器；读数经常受到附近人造钢结构（包括地上栅栏、建筑物和车辆）的影响；数据解释可能需要地球物理学家
电磁电导率计（EM）	探测地下地质岩性、空隙流体和埋藏物体的导电性变化。深度调查从 9～180 ft，取决于使用的仪器，线圈间距，线圈配置	快速数据收集；可圈地下流体中的无机和大规模有机氮污染。对人工结构（包括埋地电缆、各种地上钢结构和电线）敏感；可能需要地球物理学家利用现有资料测量规划和数据解释
Wadi	利用现有甚低频（VLF）无线电波探测表面和地下材料的电导率变化	远距离通信 VLF 无线电波（10～30 kHz 范围）；无需诱导电场；使用便携式发射机可以克服方向性问题（检测横向和纵向变化）
电阻率计	测定地下材料（如岩石）的电阻率变化，空隙，埋地管道和桶。垂直分辨率可达 100 ft	仪器需要直接与地面接触，这使得它相对劳动密集型；对外界干扰敏感，数据解释需要训练有素的地球物理学家

3）土壤采样设备

表 3－9 总结了常用的土壤采样设备及其优缺点。

表 3－9　土壤采样设备

设备	适用性	优缺点
特里尔（Trier）	柔软的表层土	价格便宜；易于使用和去污；干燥或沙质土壤中使用
铲或泥刀	柔软的表层土	价格低廉；使用方便；易去污；应避免使用表面有油漆的抹刀
郁金香球根播种机	软土，0～6 in（1 in＝2.54 cm）	易于使用和消毒；均匀直径和试样体积；保存土芯（适合 VOA 及原状取样）；深度能力有限；对坚硬的土壤无效
土壤取芯设备	软土，0～24 in	使用相对简单；保存土芯（适合 VOA 及原状取样）；有限深度；难去污；使用方便；保存土芯（适用于 VOA 和未扰动样品采集）；可与桶性旋转钻配合使用；可采用醋酸酯套管帮助保持 VOA 样品的完整性，易于去污
薄套管软土	0～10 ft 取样器	从取样器中提取岩心可能比较困难
分裂勺子取样器	土壤，0 in，基石	良好的深度范围；保存土芯（适合 VOA 及原状取样）；醋酸酯管套可用于保持样品的完整性；适用于坚硬的土壤；常与钻机联合使用以获取深芯
谢尔比管式取样器	柔软的土壤，基石	良好的深度范围；保存土芯（适合 VOA 及原状取样）；试管可用于不受干扰地将样品运往实验室；可与钻机联合使用，用于获取深层岩心和渗透性测试；在岩石土壤中不耐用
桶钻	软土，3～10 ft	使用方便；深度范围号；均匀直径和试样体积；醋酸盐套管可用于保持 VOA 样品的完整性，可破坏和混合厚度大于 6 in 的土层
手动能力钻	土壤，6～15 ft	深度范围号，一般与筒形旋转钻配合使用采集样品；破坏不适合 VOA 和原状采样的土芯；要求 2 名及以上设备操作人员；可能难以去污；需要汽油发动机（潜在的腐蚀污染）

注：来源为 NJDEP，1988；U.S.EPA，1991 年 1 月。

采样工具收集样本的机械方法可能会影响代表性。例如，如果采样目标是确定每个土壤水平界面处污染物的浓度，则使用手动螺旋钻是不合适的：螺旋钻技术会破坏和混合土壤层，使得精确的水平界面难以确定。采样深度是正确选择采样设备时要考虑的另一个因素。例如，镘适用于松散的表面土壤，但由于土壤与深度的一致性变化，在 12 英寸处取样则可能是不好的选择。

所有取样装置应具有足够的质量，以免对样品造成污染（例如涂漆表面可能会切入样品中）。此外，取样设备应易于净化，或者如果被认为是消耗性的，则应具有成本效益。选择采样设备时要考虑易用性。

完成调查计划

在选择区域、抽样地点、参数、抽样方法等之后，最终确定调查计划只是最终确定访问时间表和任务分配的手段。然而，这需要团队考虑以下重要方面：

——有待作出的决定或有待回答的问题；

——为何需要环境数据以及如何利用这些结果；

——数据收集的时间和资源限制；

——对所收集的环境数据的说明；

——用于得出结论的适用模型或数据解释方法；

——有关分析的检出限；

——抽样和分析误差。

这些方面是必要的，以定义的质量的数据作出最终决定的点位，通常被称为数据质量目标（dqo）。换言之，数据质量指标的建立是要说明数据收集活动和相应制定的最终计划所能接受的不确定性水平。

在实地/访问期间采取的步骤

① 物理特征和气候条件

② 土壤颜色

③ 晶粒大小

④ 压实—渗透测试

⑤ 排序

⑥ 样品采集

如何收集样本会影响其代表性。从站点收集的样本数量越多，每个样本的体积越大，分析结果的代表性就越高。但是，抽样活动往往受到抽样预算和项目进度表的限制。因此，以下部分提供了有关适当样品编号和体积的指南。

4）样本数量

所需的样本数量根据使用的特定采样方法而有所不同。例如，在网格采样中，通常在每个网格节点处收集一个样本，而不管网格大小如何，并且一旦定位了污染的网格节点样本，就可以更彻底地对相邻的网格单元进行采样以定义污染区域。每个网格单元的四个等分（或增量），与每个单元的侧面等距，建议用于测量高达 100 ft × 100 ft 的网格单元。可以从每个细胞的中心收集一个额外的等分试样，每个细胞总共制备五个等分试样。对于大于 100 ft×100 ft 的网格尺寸，建议使用 9 个等分试样，每个等分试样与每个单元的侧面等距离。根据预算和其他考虑因素，网格单元等分试样可以作为单独的样品进行分析，或者每个细胞合并一个或多个样品。

5）样本体积

样品深度和面积都是确定适当样品体积的考虑因素。根据所研究的分析物，在表面（0～3 in），延伸表面（0～6 in×15～15 cm）和/或以 1 ft 深度间隔收集样品。在水的前 6 in 内经常遇到非水溶性污染物，如二恶英和多氯联苯。除粘土外，大多数土壤中的深层都会遇到水溶性污染物，如金属，酸，酮和醇。溶液中的污染物，例如柴油燃料中的 PCP 和溶剂中的农药，可以根据土壤类型渗透到很深的深度（例如，下到基岩）。

对于表面样品，在每个样品一平方英尺的表面积上收集土壤。可以使用尺寸为 12 in×12 in 的方形纸板模板或直径为 12 英寸的圆形模板来标记采样区域。

6）去除外来物质

样品中的材料与表征样品或场地不相关或不重要，因为它们的存在可能会在取样或分析程序中引入错误，首先要确定并丢弃。土壤样品中的外来物质的实例包括玻璃碎片，树枝或树叶。然而，并非所有非土壤材料都是外来的。例如，在垃圾场取样时，如果外壳占样品成分的 10%以上，则不应从样品中除去铅污染的电池外壳碎片。对于具有代表性的样品，它还必须包含来自套管的铅。收集被认为是实验室提取程序的潜在污染源的任何材料的样品。

7）样品过筛

筛分是使用预定尺寸的筛网对物品进行物理分选以获得均匀粒径的过程。例如，采样器可能希望筛选一定数量的样品以确定颗粒尺寸是否与污染物分布有关。筛分通常通常在制备用于 XRF 筛选的土壤样品时进行，但也可在研磨和溶解之前用于溶液技术如 AAS 和 ICP。为此，通常建议使用 20 目的目数尺寸。

在决定是否在分析前筛选样品时，应牢记取样程序的目的。在筛分之前，样品可能需要烘箱干燥。丢弃非土壤或非筛分材料以及筛分过程本身会导致物理和化学损失。如果需要关注挥发性化合物，建议不要进行筛分。分析废弃的材料或其一部分，以确定它们对被研究部位污染的贡献。

8）样品均质化

均质化是土壤样品的混合，以试图提供均匀的污染物分布（不要对样品进行均质化以进行挥发性化合物分析）。理想情况下，适当的均质化确保瓶装样品的部分在组成上相同或相同，并且代表所收集的总土壤样品。不完全均质化会增加采样误差。在所有等分试样合并后，所有待合并或分开的样品应均质化。使用不锈钢勺子或勺子和不锈钢桶手动均化样品，或使用一次性勺子和锅。每隔四分之一并将样品分开，每个步骤重复最少 5 次，直到样品在视觉上均匀化。如 ASTM 标准 D422－63 所述，还可以使用机械操作的搅拌装置将样品均化。

9）样品分离

当需要分别分析相同样品的两个或更多个部分时，在收集和现场制备之后将样品分裂成两个或更多个等效部分。分割样本还提供样本变异性的度量，以及分析和提取误差的度量。在分离之前，遵循上面概述的均质化技术。用交替的勺子（或勺子）均质样品同时填充两个样品收集罐。为了同时均化和分离样品，使用浅滩样品分离器对样品进行四分之一或机械分离。后两种技术在 ASTM 标准 C702－87 中有详细描述。

10）样品合并

合并是将几个单独的土壤等分试样物理结合和均质化的过程。合并样品在一定数量的采样点上提供平均污染物浓度，这减少了实验室分析数量和样品可变性。合并可能是一种有用的技术，但必须始终谨慎实施。不建议在挥发性化合物受到关注的情况下进行合并。

指定选择合成的等分试样的方法和采样计划中的合成因子。合成因子是要合成到一个样本中的等分试样（或增量）的数量（例如 3:1；10:1）。某些监管机构不允许这样做。通过评估感兴趣的参数所需的检测限或不确定性并将其与该参数的所选操作级别进行比较来确定该因子。合成还要求每个不连续的等分试样在体积或重量方面是相同的，并且等分试样被彻底均化。由于合成稀释高浓度等分试样，因此应适当降低适用的检测限。如果要将复合值与选定的操作级别进行比较，则操作级别必须（在某些监管机构中）除以组成复合材料的等分试样的数量，以确定适当的检测限（例如，如果操作特定物质的含量为 50×10^{-9}，分析 5 份等分试样时应使用 10×10^{-9} 的分析水平。如果假设复合区域的浓度均匀（例如，在一个区域内的颗粒污染物的堆叠非放射性羽流沉积物，或路边喷射废油），则不需要降低检测水平。

11）样品制备

根据与被采样材料的兼容性，抗破损性和体积选择样品容器。对于土壤取样，请使用带有 Teflonlined 盖子的宽口玻璃容器。适当的样品体积和容器将根据所分析的参数而变化。保持中低浓度土壤样品在 4 ℃下分析有机成分。按照国家或国际航空运输协会的相关要求包装所有样品。

12）误差来源

误差来源

识别和量化采样和实验室分析中的错误或变异可能很困难。但是，限制它们对数据的影响很重要。四个潜在的错误来源是：

——采样设计；

——抽样方法；

——样本异质性；

——分析程序。

采样和分析程序中的这些误差会导致需要量化的测量结果存在不确定性，从而可以对现场进行可靠的解释。

1）采样设计

场地变化包括整个场地污染物的类型和浓度水平的变化。代表性抽样应准确识别和定义这种变化。但是，可以通过选择采样设计来引入错误，该设计“错过”采样点变化。例如，采样点之间具有相对大的距离的采样网格或偏置的采样方法（即，判断采样）可以允许显著的污染物趋势未被识别。

2）抽样方法

采样方法和样品处理程序可能会引起错误，例如不当使用样品采集设备，不洁样品容器，不正确的采样设备去污和运输程序以及其他因素造成的交叉污染。收集，处理和运输样品的标准化程序可以更容易地识别错误来源，并可以限制与采样方法相关的错误。标准操作程序的使用旨在确保给定基质和分析物的所有采样任务将以相同方式执行，而不管采样活动的个体采样团队，日期或位置如何。由于采样方法和样品处理程序，使用行程空白，场空白，重复样品和冲洗空白来识别错误。

3）样本异质性

样本异质性是潜在的错误来源。与水不同，土壤很少是均匀的介质，它具有横向距离和深度的可变特性。除非样品在田间或实验室中均质化，否则这种异质性也可存在于样品容器中。实验室仅使用一小部分样品进行分析；如果样品没有适当均质化，分析可能无法真正代表样品和相应的部位。因此，彻底均化样品可以限制与样品异质性相关的误差。

4）分析程序

可能源于分析程序的错误包括交叉污染，低效提取和不适当的方法。基质加标样品，重复样品，性能评估样品以及相关的回收率，精密度和偏差的质量保证评估，可用于区分分析误差与采样活动期间引入的误差。

质量保证/质量控制样本（QA/QC samples）

本节简要介绍了在现场收集及预处理准备或由实验室准备的质量保证和质量控制（QA/QC）样品的类型和用途。除现场样本外，还分析 QA/QC 样本，并提供有关环境样本结果的可变性和可用性的信息。它们有助于确定分析差异的来源，以帮助确定如何使用分析结果。它们主要用于验证分析结果。现场复制，并置，背景和冲洗空白样品是最常收集的现场 QA/QC 样品。性能评估，基质加标和基质加标重复样品，为实验室准备或由实验室准备，为生成的数据提供额外的控制措施。质量保证/质量控制结果可能表明，如果结果数据不符合特定地点的质量保证目标，则需要修改样品采集，准备，处理或分析程序。以下段落简要描述了每种类型的 QA/QC 样本。

1）现场重复

田间重复是从一个位置获得的田间样品，均质化，分成单独的容器，并在整个剩余的样品处理和分析过程中作为单独的样品处理。这些样品用于评估与样品异质性，样品方法和分析程序相关的误差。在确定污染浓度接近作用水平的关键样品的总误差时，使用现场重复。为了使统计分析在这种情况下有效，至少需要 8 个重复样本。

2）组合样本

在常规现场样品附近收集并置的样品，以确定土壤的局部可变性和现场的污染。通常，从所选样本位置大约半英尺到三英尺处收集并置的样本。来自并置样本的分析结果可用于评估站点变化，但仅限于即时采样区域。由于场地土壤的非均匀性，不应使用并置的样本来评估整个场地的变异性，因此不建议用于评估误差。确定并置样本在逐个站点的适用性。收集许多样本（超过 50 个样本/英亩）足以证明站点变化。

3）漂洗空白

漂洗空白是通过在去污染的取样设备上运行无分析物水以测试残留污染而获得的样品。将空白放入样品容器中进行处理，运输和分析，与当天收集的样品相同。冲洗坯料用于评估由一些不适当的净化程序带来的交叉污染。如果没有使用专用的取样设备，每天每种取样装置收集一个冲洗空白。

4）能力验证样品

性能验证（PE）样品评估分析实验室的总偏差并检测所用分析方法中的任何误差。这些样品通常由第三方制备，使用一定量的分析物，这些分析物是制备者已知但实验室不知道的，并且总是进行认证分析。用于制备 PE 样品的分析物与所关注的分析物相同。通过 PE 样品中鉴定的分析物的百分比（回收百分比）评估实验室程序误差。即使它们不适用于每种分析物，也需要对 PE 样品进行分析以获得更明确的数据。

5）基质加标样品

基质加标和基质加标重复样品（MS/MSD）是在实验室中加入已知浓度的目标分析物的环境样品，以验证回收百分比。MS/MSD 主要用于检查样品基质干扰。它们还可用于监测实验室性能。然而，需要至少三个或更多结果的数据集来区分实验室性能和基质干扰。

MS/MSD 还可以监控方法的性能。同样，数据集有助于评估方法是否正常运行。通常，干扰和差的方法性能结合在一起。

MS/MSD 还可以评估由于实验室偏差（在非 ISO 可追踪的意义上）和精确度（当分析四对或更多对时）引起的误差。分析一个 MS/MSD 对以评估每 20 个土壤样本的偏差。使用该对的平均恢复百分比。为了评估恢复的精确度，分析来自相同样品的至少八个基质加标重复，确定标准偏差和变异系数。当目标是获得筛选数据并且需要获得确定数据作为确定分析误差的几种方法之一时，MS/MSD 是可选的。

6）野外空白

田间空白是使用经过认证的清洁沙子或土壤在田间准备的样品，然后提交给实验室进行分析。田间空白用于评估与某些采样方法和实验室程序相关的污染错误。如果可用，请以每天一个的频次提交田间空白。

7）行程空白

行程空白是在进入田地之前准备的样品。行程空白由认证的清洁沙子或土壤组成，并以与当天获得的其他挥发性有机样品相同的方式进行处理，运输和分析。通过确定在采样，样品处理和运输过程中和/或在实验室处理和分析期间是否将任何污染物引入样品，使用行程空白来评估与采样方法和分析程序相关的一些误差。如果可用，使用行程空白进行挥发性有机分析。

8）背景样本

收集背景样品的污染区域（在场内或场外）的梯度，其中很少或没有机会迁移所关注的污染物。背景样品确定土壤的天然成分（在具有高浓度天然金属的区域中尤其重要）并且被认为是“清洁”样品。虽然背景样本不被认为是“质量控制”样本，但最好与其他“QC”样本一起计划。它们为污染物浓度水平与现场收集的土壤样品中天然存在的目标分析物水平进行比较提供了基础。

如果您的目标不涉及确定某个站点是否受到污染（例如，您可能知道它是并且只是试图遵守监管行动级别）那么您将不需要背景样本。但是，如果您确实需要背景样本，则应收集至少一个背景土壤样本；然而，当特定地点因素如当地土壤的自然变异，多个现场污染源区域以及存在可能导致土壤污染的场外设施（通常情况下）时，需要更多的保证。收集尽可能接近污染场地的背景样本，同时确保它们没有受到污染，并确保土壤类型尽可能与被调查地点的土壤相似。

如果您确实需要收集背景样本，请务必先收集它们，这样就不会有任何污染背景样本或背景样本位置的风险，目标分析物可能在调查现场以较高浓度存在。

9）评估分析误差

有助于识别数据中的错误和置信度所需的 QA/QC 样本的百分比和类型基于抽样目标和相应的 QA/QC 目标。可接受的误差水平取决于数据的预期用途和抽样目标，包括以下因素：对公共卫生，福利或环境的威胁程度；选定的行动级别；诉讼问题；和预算限制。

使用重复样本是评估测量不确定性误差的随机分量的一种方法。为了评估污染物浓度接近所选作用水平的样品的总误差，准备并分析相同样品的至少 8 个重复样品。来自重复样品的分析数据也可用于快速检查与样品异质性，样品方法和分析程序相关的误差。来自两个或更多个重复样品的不同分析结果可能表明样品制备不当（例如不完全均质化），或者在样品收集，制备，处理，运输或分析过程中引入了污染。

通常需要尝试量化置信度，因为这是衡量数据“好”的方式，以便根据它做出最终决策；但是，量化或分析数据校正并不总是可行的。对于大多数分析测量活动，95%的置信水平（即 5%可接受的误差）应该是足够的，但它不代表采样成分，通常处于较低的置信水平。因此，将信心表达为“总数”而不仅仅是分析测量更为重要。

置信水平应与从数据做出错误决策的后果联系起来。因为不正确的决策可能严重影响人类健康、环境或花费大量资金，所以需要计划获得具有相当高的总体置信水平的数据；如果不正确的决策不那么严重或成本较低，接受置信度较低的数据是合乎逻辑的。如果根据分析数据做出决定，需要知道所依赖的值是否具有 10%，50%，100%或更高的不确定性。因此，需要建立一些（并且可以负担）使用数据来做出决策的最小置信水平（即概率陈述）。

请记住，更高的置信水平（代表更高的“正确”结论概率）需要更多的样本数据，从而增加了项目成本。因此，不希望选择比对数据的预期用途合理的置信度更高的置信度。置信水平越低，需要的样本越少，采样和分析成本就越低。表 3－10 提供了关于做出错误决策后果的置信度目标的一般指导。

表 3－10　相对于制定不正确决定的后果的置信水平指导

人的后果	财政和生态后果			
	高	中	低	无
高	95%	95%	95%	95%
中	90%	85%	85%	80%
低	90%	80%	70%	60%
无	90%	70%	60%	50%

筛选结果与确定结果之间的相关性

描述现场污染程度的一种成本有效的方法是将廉价的筛选数据与其他现场测量（例如XRF，土壤气体测量）与实验室结果相关联。然后可以通过回归分析描述两种方法之间的关系，并用于基于筛选测量来预测实验室结果。以这种方式，除了现场实验室样品分析之外或代替异位实验室样品分析，可以使用成本有效的筛选结果。

统计回归涉及开发一个模型（方程），该模型以可接受的相关水平将两个或多个变量联系起来。当筛选技术（例如 XRF）与实验室方法（例如原子吸收（AA））一起使用时，回归方程可用于基于筛选装置的结果预测实验室值。该模型还可用于在预测周围设置置信限。关于相关性和回归的其他讨论可以在大多数介绍性统计教科书中找到。可以在许多计算器或计算机数据库上开发简单的回归方程（例如线性）；但是，应该咨询统计学家以检查更复杂模型的准确性。

部分模型准确性的评估依赖于统计相关性。统计相关涉及计算称为相关系数 I 的指数，其指示两组或更多组值之间的关系的程度和性质。相关系数的范围从 –1.0（完美的反向或负向关系）到 0（无关系）到 +1.0（完美的直接或正向关系）。相关系数的平方，称为确定系数，或简称为 R_2，是一个变量（因变量）中方差比例（标准差平方）的估计值，可由独立变量解释。可接受的 R_2 值取决于采样目标和预期的数据用途。根据经验，统计关系应具有至少 0.6 的 R_2 值，以确定可靠的模型；但是，出于健康或风险评估的目的，可以使可接受的 R_2 值更严格（例如 0.8）。分析校准回归的 R_2 值为 0.98 或更高。

一旦得出可靠的回归方程，筛选数据可用于预测实验室结果。然而，这些“预测的实验室结果”的不确定性将很高，并且可以通过回归方程传播筛选值的不确定性来预测。然后可以将这些预测值定位在基本地图上并进行轮廓绘制。可以检查这些地图以评估污染的估计程度和采样计划的充分性。

3.1.2 国内情况

3.1.2.1 放射性监测方面

我国在 20 世纪 50 年代开始了对核能与核技术的开发利用，20 世纪 80 年代起，我国开始建造核电厂，随之核电事业快速发展壮大。由于早期核设施的寿命一般为 20～30 年，在 20 世纪 70 年代开始一些核设施开始进入退役阶段，我国第一个退役的核设施是国营二二一厂，在 20 世纪 90 年代全面退役。在今后一段时间内，会陆续出现更多的核设施进入退役阶段，核设施退役是目前我国面临的紧迫任务。

我国关于放射性监测的取样和测量技术也有相关研究，制定了相关的监测技术规范《辐射环境监测技术规范》（HJ/T 61—2001）[9]、《环境辐射监测中生物采样和基本规定》（EJ/T 527—1990）[10]。其中，《辐射环境监测技术规范》是适用于辐射环境质量监测、辐射污染源监测以及辐射事故监测。规定了样品采集、保存和管理、监测方法、数据处理、质量保证以及报告编写等主要技术要求，监测的介质涵盖了环境中的空气、沉降物、水、土壤、生物。《环境辐射监测中生物采样和基本规定》是将生物分为陆生生物、陆生动物、水生生物、海洋生物 4 大类，然后又将每一大类细分为不同的子类，分别给出了详细的采样和预处理方法。

原国家环境保护总局辐射环境监测技术中心组织编写的《电离辐射环境监测与评价》[11]中，将辐射监测分为了 4 种类型，分别为运行前辐射环境调查、运行环境监测、退役环境监测、事故应急监测。介绍了大型核设施辐射环境监测方法设计的主要步骤。针对不同种类核设施给出了辐射环境监测方案，还详细讲述了辐射监测中的质量控制方法、监测数据的质量指标和测定结果不确定度评定等。中国辐射防护研究院在 1991 年编写《环境放射性监测与评价》[12]，详细讲述了土壤样品采集时的点位选定、采样频度和时间、采样深度、采样方法和步骤；生物的采集、预处理和灰化处理等方法；各类探测/测量仪器在监测的使用方法；裂变核素 ^{137}Cs、^{90}Sr 的放化分析方法。中国工程物理研究院的罗顺忠等人，针对核设施退役场址的调查，翻译了美国编著的 MARSSIM 手册《核设施退役辐射检测与场址调查手册》[2]，该手册在设计、实施、评估的要求，提供了初步监测、区域分类、检测单位和取样网格的方法进行了较为系统的研究。核设施退役前、中、后各个阶段均需要进行厂址残留放射性物质的监测，判断其是否在规定的限值范围内。其方法是需要统计设计，对检测数据进行统计处理，从而才能表征核设施场址的终态，这是一项复杂艰巨的任务。将污染情况分成了两种，一种污染核素在环境本底中不存在，另一种是污染核素在环境本底中存在。当污染核素在环境本底中不存在时，残留的放射性核素的活度浓度是可以作为检测单元的残留放射性；如果污染核素在环境本底中存在时，则应将减去本底后核素的活度浓度作为检测单元的残留放射性。给出了不同场景下样品量详细计算方法与样本量的检验方法。针对放射性含量高的热点区域的难题，提出了放射性均匀的区域是可以用统计检验的办法判断其是否超过了导出限值（$DCGL_W$），当出现热点区域时，改成用 $DCGL_{EMC}$，该值可以用于 $DCGL_W$ 的修正。我国的原国营二二一厂核设施退役十年后辐射环境状况调查与评价工作[13]中参考了美国的 MARSSIM 手册。

3.1.2.2 非放射性监测方面

（1）土壤样品的监测

土壤污染是指人类活动产生的污染物进入土壤，使得土壤环境质量已经发生或可能发生恶化，对生物、水体、空气或/和人体健康产生危害或可能有危害的现象[14]。污染物一般可分为四类：有机污染物、无机污染物、病原菌微生物污染物、放射性物质污染物，前三类污染物引起的土壤污染可总结为非放射性污染物。土壤是一个开放体系，造成土壤污染的物质有天然污染源，也有人为污染源，后者是造成土壤污染的主要原因。土壤污染的主要来源是污水灌溉、农药和化肥污染、固体废弃物污染、大气中污染物质迁移污染。土壤污染一旦发生就很难治理，我国近些年来对土壤环境监测十分重视，开展了全国范围内的土壤污染状况调查。土壤污染状况调查分三个部分：土壤调查前期准备、土壤采样及处理分析、分析结果报告。而土壤的采样及处理分析是土壤污染状况调查的重中之重。

1）采样前准备

土壤样品采集一般按三个阶段进行[15]：

① 前期采样：根据背景资料与现场考察结果，采集一定数量的样品分析测定，用于初步验证污染物空间分异性和判断土壤污染程度，为制定监测方案（选择布点方式和确定监

测项目及样品数量）提供依据，前期采样可与现场调查同时进行。

② 正式采样：按照监测方案，实施现场采样。

③ 补充采样：正式采样测试后，发现布设的样点没有满足总体设计需要，则要进行增设采样点补充采样。

面积较小的土壤污染调查和突发性土壤污染事故调查可直接采样。

2）布点原则

样品是由总体中随机采集的一些个体所组成，个体之间存在变异，样品可作为总体的代表，但同时也存在着一定程度的异质性的，差异愈小，样品的代表性愈好，反之亦然。为了达到采集的监测样品具有好的代表性，必须避免一切主观因素，使组成总体的个体有同样的机会被选入样品，即组成样品的个体应当是随机地取自总体。另一方面，在一组需要相互之间进行比较的样品应当有同样的个体组成，否则样本大的个体所组成的样品，其代表性会大于样本少的个体组成的样品。所以“随机”和“等量”是决定样品具有同等代表性的重要条件。

土壤监测点位布设方法和布设数量是根据其目的和要求，并结合现场勘查结果去确定该区域内土壤监测点位。布点必须遵循以下 5 个原则：

① 全面性原则：覆盖不同类型调查监测区域。

② 代表性原则：根据不同土壤污染状况采用不同的布点方法，点位要代表整体区域的土壤环境质量状况。

③ 客观性原则：采样点应遵循“随机”和“等量”原则。

④ 可行性原则：布点应兼顾实际情况，保证样品代表性并节约人力物力资源。

⑤ 连续性原则：要兼顾过去及长期监测要求。

3）布点方法

① 简单随机：将监测单元分成网格，每个网格编上号码，决定采样点样品数后，随机抽取规定的样品数的样品，其样本号码对应的网格号，即为采样点。随机数的获得可以利用掷骰子、抽签、查随机数表的方法。关于随机数骰子的使用方法可见 GB 10111《利用随机数骰子进行随机抽样的办法》。简单随机布点是一种完全不带主观限制条件的布点方法。

② 系统随机：将监测区域分成面积相等的几部分（网格划分），每网格内布设一采样点，这种布点称为系统随机布点。如果区域内土壤污染物含量变化较大，系统随机布点比简单随机布点所采样品的代表性要好。

③ 分块随机：根据收集的资料，如果监测区域内的土壤有明显的几种类型，则可将区域分成几块，每块内污染物较均匀，块间的差异较明显。将每块作为一个监测单元，在每个监测单元内再随机布点。在正确分块的前提下，分块布点的代表性比简单随机布点好，如果分块不正确，分块布点的效果可能会适得其反。

④ 专业判断法：根据前期调研掌握的污染分布特征及专家经验来判断和选择点位，需要在资料调研和现场踏勘等基础上，对场地污染的高度识别和判断。

常见布点方法及使用条件见表 3 – 11。

表 3-11　常见布点方法及使用条件[16]

布点方法	具体操作	适用条件	特点
简单随机布点法	场地分为面积相等的若干块地，随机抽取一定数量布设点位	场地土壤特征接近、土壤利用功能相同、污染分布较为均匀	完全随机，不带主管限制；但代表性不足
系统随机布点法	场地分为面积相等的若干块地，每个地块布设 1 监测点位	适用范围广，特别是场地原始状况严重破坏，土壤污染分布不明确情况	精度受网格大小影响，网格越小精度越高
分块随机布点法	场地分为相对均匀的区域，如生产区、办公区、生活区，根据场地面积及污染特征确定布点	场地各块功能分区明显，土壤原始状况保持良好，污染分布不均	反映场地潜在污染区域，区块划分对结果有较大影响
专业判断法	根据前期调研掌握的污染分布特征及专家经验来判断和选择点位	潜在污染明确的场地	需要在资料调研和现场踏勘等基础上，对场地污染的高度识别和判断

4）不同土壤环境的布点原则及方法

土壤采样分区域环境背景土壤采样、农田土壤采样、城市土壤采样、建设项目土壤环境评价监测采样、污染事故监测土壤采样。

① 区域环境背景点布设原则及方法[17]

区域环境背景点是指在一定区域内，人类活动影响较小或远离污染源，相对未受污染的土壤样点。背景点各种化合物的自然含量（即背景值）反映了土壤环境质量的相对原始状态，它是评价土壤环境质量的重要标准之一，也是计算土壤污染累积和土壤容量、预测土壤环境质量变化趋势的重要依据。因此，区域土壤背景点布设时，我们应该考虑以下几点：第一，区域土壤背景点布设要以土壤类型和自然区域为主要依据，在选定的自然区域内，要在区域发育典型、代表性强、分布面积大的主要土壤类型上布点。第二，区域土壤背景点应布设在非污染区，避开污染源，远离工业区、城市居民区、农业化学物质使用区、污水灌溉区、主要交通线及人为破坏了土壤结构的地方。第三，区域土壤背景点布设力求均匀，样点数与土壤面积及其环境因素的复杂程度成正比。在满足统计学及调查精度的同时，尽量做到经济合理。第四，在监测区域内，可在与污染区自然条件、耕作措施相似、土壤类型相同的非污染区土壤上布设农田土壤对照点，以对照点各种化合物的含量代替背景含量。区域土壤环境调查按调查的精度不同，可从 3.5 km、5 km、10 km、20 km、40 km 中选择间距网格布点，区域内的网格结点数即为土壤采样点数量。

② 农田土壤监测点布设原则及方法[17]

农田土壤监测点是指人类活动产生的污染物进入土壤并累积到一定程度，怀疑或已经引起了土壤质量恶化的土壤样点。应坚持哪里有污染就监测哪里的原则，根据经济和技术力量条件，监测点布设应优先照顾那些污染重、影响大和对农业生产比较重要的地方。根据多年的实践经验，农田土壤监测点的布设要根据土壤污染类型而定。

（a）水质污染型土壤：特点是沿河流或干渠呈树枝状或呈片状分布，因此污灌区土壤监测点布设应随排污河（干渠）渠而延伸，布点密度可随水流距离增大而减少。在水质恶劣多变的河段灌区，布点要密；在水质平稳的河段灌区，布点可较稀疏、均匀。

（b）大气污染型土壤：污染范围和程度具有明显的方向性，常常是以大气污染源为中心，呈椭园状和条带状分布。因此样点的布设应与常年主导风向一致，在一方或几方呈扇形布样点。

（c）农业污染型土壤：样点可根据污染物散布的范围均匀布设，同时考虑把布点的重点放在污染负荷较大的区域上。

（d）固体废物污染型土壤：样点的布设应以污染源为中心，结合常年主导风向和水土流失的方向，以辐射状向四方布点，其点的密度随离污染源的距离增加而减少。

③ 城市土壤监测点布设原则及方法[15]

城市土壤是城市生态的重要组成部分，虽然城市土壤不用于农业生产，但其环境质量对城市生态系统影响极大。城区内大部分土壤被道路和建筑物覆盖，只有小部分土壤栽植草木，城市土壤主要是指后者，由于其复杂性分两层采样，上层（0～30 cm）可能是回填土或受人为影响大的部分，另一层（30～60 cm）为人为影响相对较小部分，两层分别取样监测。城市土壤监测点以间距 2 000 m 的网格布设为主，功能区布点为辅，每个网格设一个采样点。对于专项研究和调查的采样点可适当加密。

④ 建设项目土壤环境评价监测布设原则及方法[15]

每 100 公顷（1 公顷 $=10^4$ m^2）占地不少于 5 个且总数不少于 5 个采样点，其中小型建设项目设 1 个柱状样采样点，大中型建设项目不少于 3 个柱状样采样点，特大性建设项目或对土壤环境影响敏感的建设项目不少于 5 个柱状样采样点。

（a）非机械干扰土，建设工程或生产没有翻动土层，表层土受污染的可能性最大，但不排除对中下层土壤的影响。生产或者将要生产导致的污染物，以工艺烟雾（尘）、污水、固体废物等形式污染周围土壤环境，采样点以污染源为中心放射状布设为主，在主导风向和地表水的径流方向适当增加采样点（离污染源的距离远于其他点）；以水污染型为主的土壤按水流方向带状布点，采样点自纳污口起由密渐疏；综合污染型土壤监测布点采用综合放射状、均匀、带状布点法。此类监表层土样采集深度 0～20 cm；每个柱状样取样深度都为 100 cm，分取三个土样：表层样（0～20 cm），中层样（20～60 cm），深层样（60～100 cm）。

（b）机械干扰土，由于建设工程或生产中，土层受到翻动影响，污染物在土壤纵向分布不同于非机械干扰土。采样点布设原则同非机械干扰土的采样点布设，但采样深度有实际情况而定，应随反动深度的增加而增加。

⑤ 污染事故监测土壤采样布设原则及方法[15]

污染事故不可预料，接到举报后立即组织采样。现场调查和观察，取证土壤被污染时间，根据污染物及其对土壤的影响确定监测项目，尤其是污染事故的特征污染物是监测的重点。据污染物的颜色、印渍和气味以及结合考虑地势、风向等因素初步界定污染事故对土壤的污染范围。固体污染物抛洒污染型，等打扫后采集表层 5 cm 土样，采样点数不少于 3 个；液体倾翻污染型，污染物向低洼处流动的同时向深度方向渗透并向两侧横向方向扩；爆炸污染型，以放射性同心圆方式布点，采样点不少于 5 个，爆炸中心采分层样，周围采表层土（0～20 cm）。

不同土壤类型都要布点。在一定区域面积内，要有一个采样点。污染较重的地区布点要密些。通常要根据土壤污染发生的原因来考虑布点的多少。对大气污染物引起的土壤污染，采样点布设应以污染源为中心，并根据当地风向、风速及污染强度等因素来确定；由城市污水或被污染的河水灌溉农田引起的土壤污染，采样点应根据水流的路径和距离来考虑；如果是由于化肥、农药引起的土壤污染，它的特点是分布比较均匀广泛。

事故土壤监测要设定 2～3 个背景对照点，各点（层）取 1 kg 土样装入样品袋，有腐蚀性或要测定挥发性化合物，改用广口瓶装样。含易分解有机物的待测定样品，采集后置于低温（冰箱）中，直至运送、移交到分析室。

⑥ 疑似污染地块土壤采样布设原则及方法

对于疑似污染地块，原则上每个疑似污染地块应筛选不少于 2 个布点区域。若各疑似污染区域的污染物类型相同，则依据疑似污染程度并结合实际情况筛选出布点区域。若各疑似污染区域的污染物类型不同，如分别为重金属、挥发性有机物、半挥发性有机物等，则每类污染物依据其疑似污染程度并结合实际情况，至少筛选出 1 个布点区域。可应用现场快速检测设备辅助筛选布点区域。

对于关闭搬迁企业，土壤布点应优先选择布点区域内生产设施、罐槽、污染泄露点等疑似污染源所在位置，并应在不造成安全隐患或二次污染的情况下确定（例如钻探过程可能引起爆炸、坍塌、打穿管线或防渗层等）。对于在产企业，土壤布点应尽可能接近疑似污染源，并应在不影响企业正常生产、且不造成安全隐患或二次污染的情况下确定（例如钻探过程可能引起爆炸、坍塌、打穿管线或防渗层等）。若上述选定的布点位置现场不具备采样条件，应在污染物迁移的下游方向就近选择布点位置。

每个布点区域原则上至少设置 2 个土壤采样点，可根据布点区域大小、污染物分布等实际情况进行适当调整。土壤采样孔深度原则上应达到地下水初见水位；若地下水埋深大且土壤无明显污染特征，土壤采样孔深度原则上不超过 15 m。土壤样品采样深度，原则上每个采样点位至少在 3 个不同深度采集土壤样品，若地下水埋深较浅（<3 m），至少采集 2 个土壤样品。采样深度原则上应包括表层 0～50 cm、存在污染痕迹或现场快速检测识别出的污染相对较重的位置；若钻探至地下水位时，原则上应在水位线附近 50 cm 范围内和地下水含水层中各采集一个土壤样品。当土层特性垂向变异较大、地层厚度较大或存在明显杂填区域时，可适当增加土壤样品数量。

表 3－12 给出布点情况。

表 3－12 布点情况

内容	布点数	适用条件
区域环境背景土壤采样	选择网距、网格布点，区域内的网格节点数即为土壤采样点数量	
城市土壤采样	以网距 2 000 m 的网格布设为主，功能区布点为辅，每个网格设一个采样点	
农田土壤采样	根据调查目的、调查精度和调查区域环境状况等因素确定，可在土壤单元设 3～7 个采样区（每个单元以 200 m×200 m 为宜）	
建设项目土壤环境评价监测	每 100 公顷占地不少于 5 个，且总数不少于 5 个采样点	
	不少于 3 个柱状样采样点	大中型建设项目
	不少于 5 个柱状样采样点	特大型建设项目或对土壤环境影响敏感的建设项目

续表

内容	布点数	适用条件
污染事故检测土壤采样	打扫后采集表层 5 cm 土样，采样点不少于 3 个	固体污染物抛洒污染型
	分层采样，事故发生点样品点较密集，采样深度较深，离事故发生相对较远处样品点较疏，采样深度较浅。采样点不少于 5 个	液体倾翻污染型，污染物向低洼流动的同时向深度方向渗透并向两侧横向方向扩散
	以放射性同心圆方式布点，采样点不少于 5 个，爆炸中心分层采样，周围采表层土（0～20 cm）	爆炸污染型
	监测同时，设定 2～3 个背景对照点	

5）样品类型及采样量

土壤样品可分为采集土壤表层样品和采集土壤剖面样品。如果只是一般了解土壤污染状况，只需取 0～15 cm 或 0～20 cm 表层（或耕层）土壤；如果是为了解土壤污染对植物或农作物的影响，采样深度通常在耕层地表以下 15～30 cm 处；对于根深的作物，也可取 50 cm 深度处的土壤样品；若要了解污染物质在土壤中的垂直分布，则应沿土壤剖面层次分层取样。

土壤样品一般采样量为 1～3 kg，对混合样品需反复按四分法弃取，最后留下所需的土样量，装入采样袋内。

① 土壤表层样品

采集土壤表层可以采集单独样品，也可采集混合样品。农田种植一般农作物采 0～20 cm，种植果林类农作物采 0～60 cm。为了保证样品的代表性，减低监测费用，采取采集混合样的方案。每个土壤单元设 3～7 个采样区，单个采样区可以是自然分割的一个田块，也可以由多个田块所构成，其范围以 200 m×200 m 左右为宜。每个采样区的样品为农田土壤混合样。

混合样的采集主要有四种方法（见表 3－13）。

表 3－13　混合样品采集主要方法情况

采集方法	分点数	适用条件
对角线法	对角线分 5 等分	适用于污灌农田土壤
梅花点法	5 个左右	适用于面积较小，地势平坦，土壤组成和受污染程度相对比较均匀的地块
棋盘式法	10 个左右	适宜中等面积、地势平坦、土壤不够均匀的地块
	20 个以上	受污泥、垃圾等固体废物污染的土壤
蛇形法	15 个左右	适宜于面积较大、土壤不够均匀其第适用于不平坦的地块，多用于农业污染型土壤
放射状法	不少于 5 个	适用于大气污染型土壤

各分点混合均匀后用四分法取 1 kg 土样装入样品袋，多余部分弃去。如使用土钻，以采样点中心画半径为 1 m 的圆周，在圆周上等距离采集 4 个样品，在中心上采集 1 个样品，将 5 个样品等重量混匀为 1 个单独样品，保留 1 kg 左右，其余用四分法弃去。

② 土壤剖面样品采集

(a)土壤剖面点位不得选在土类和母质交错分布的边缘地带或土壤剖面受破坏的地方；

(b)土壤剖面规格为宽 1 m，深 1～2 m，视土壤情况而定，久耕地取样至 1 m，新垦地取样至 2 m，果林地取样至 1.5～2 m；盐碱地地下水位较高，取样至地下水位层；山地土层薄，取样至母岩风化层（见图 3－8）；

(c)用剖面刀将观察面修整好，自上至下削去 5 cm 厚，10 cm 宽呈新鲜剖面。准确划分土层，分层按梅花法，自下而上逐层采集中部位置土壤。分层土壤混合均匀各取 1 kg 样，分层袋装记卡；

(d)采样注意事项：挖掘土壤剖面要使观察面向阳，表土与底土分放土坑两侧，取样后按原层回填。

图 3－8　土壤剖面土层示意

特殊要求的监测（土壤背景、环评、污染事故等）有必要时可选择部分采样点为剖面采样。剖面的规格一般为长 1.5 m，宽 0.8 m，深 1.2 m。挖掘土壤剖面要使观察面，向阳，表土与底土分放在两侧。一般典型的自然土壤剖面分为 A 层（表层，腐殖质淋溶层）、B 层（亚层、淀积层）、C 层（风化母岩层、母质层）和底岩层。地下水位较高时，剖面挖至地下水初露为止；山地丘陵土层较薄时。剖面挖至风化层。对 B 层发育不完整（不发育）的山地土壤，只采 A、C 两层。干旱地区剖面发育不完善的土壤，在表层 5～20 cm、心土层 50 cm、底土层 100 cm 左右采样。根据土壤剖面颜色、结构、质地、松紧度、温度、植物根系分布等划分土层。并今昔仔细观察；将剖面形态、特征自上而下逐一记录。随后在各层最典型的中部自下而上逐层采样，在各层内分别用小土铲切去一片土壤样，每个采样点的取土深度和取样量应一致。用于重金属分析的样品，应将与金属采样器接触部分的土壤弃去。

用于检测挥发性有机污染物（VOCs）的土壤样品应单独采集，不允许对样品进行均质化处理，也不得采集混合样。取土器将柱状的钻探岩芯取出后，先采集用于检测 VOCs 的土壤样品，具体流程和要求如下：用刮刀剔除约 1～2 cm 表层土壤，在新的土壤切面处快速采集样品。针对检测 VOCs 的土壤样品，应用非扰动采样器采集不少于 5 g 原状岩芯的土壤样品推入加有 10 mL 甲醇（色谱级或农残级）保护剂的 40 mL 棕色样品瓶内，推入时将样品瓶略微倾斜，防止将保护剂溅出；检测 VOCs 的土壤样品应采集双份，一份用于检测，一份留作备份。用于检测含水率、重金属、VOCs 等指标的土壤样品，可用采样铲将土壤转移至广口样品瓶内并装满填实。采样过程应剔除石块等杂质，保持采样瓶口螺纹清洁以防止密封不严。土壤装入样品瓶后，使用手持智能终端系统记录样品编码、采样日期和采样人员等信息，打印后贴到样品瓶上（建议同时用橡皮筋固定）。为了防止样品瓶上编码信息丢失，应同时在样品瓶原有标签上手写样品编码和采样日期，要求字迹清晰可辨。土壤采样完成后，样品瓶需用泡沫塑料袋包裹，随即放入现场带有冷冻的样品箱内进行临时保存。土壤平行样应不少于地块总样品数的 10%，每个地块至少采集 1 份。每份平行样品需要采集 3 个，其中，2 个送检测实验室，另 1 个送各省（区、市）质量控制实验室。平行样应在土样同一位置采集，两者检测项目和检测方法应一致，在采样记录单中标注平行样编号及对应的土壤样品编号。

6）土壤样品采集工具[18]

① 表层土壤样品的采集

表层土壤样品的采集一般采用锹、铲及竹片等简单工具。土壤采样的基本要求为保证土壤在操作过程不被污染，受到的扰动小。按要求需采混合样时，将等量各点采集的土壤样品充分混拌后四分法弃取得到土壤混合样品。

② 浅层土壤样品的采集

浅层土壤一般采用挖掘、钻孔等方式进行采样。挖掘采样可用简单工具或挖掘机械，钻孔取样可采用人工或机械钻孔后取样。手工钻探采样的设备包括螺纹钻、管钻、管式采样器等。机械钻探包括实心螺旋钻、中空螺旋钻、套管钻等。

③ 深层土壤样品的采集

深层土壤的采集以机械钻孔为主，也可采用槽探的方式进行采样。槽探一般靠人工或机械挖掘采样槽，然后用采样铲或采样刀进行采样。槽探的断面呈长条形，根据场地类型和采样数量设置一定的断面宽度。槽探取样可通过锤击敞口取土器取样和人工刻切块状土取样。

④ 修复过程监测的土壤样品采集

原位治理修复的采样根据工程设计中工艺技术要求，在场地治理修复前后的土壤中均匀地采集土样，每个分析样所代表的土壤体积应不超过 500 m^3。

⑤ 原位治理修复工程措施处理土壤样品的采集

对原位治理修复工程措施效果（如固化稳定化、客土、隔离、防迁移扩散等）的监测采样，应根据工程设计提出的要求进行。

⑥ 特殊土壤样品的采集

挥发性有机物污染、易分解有机物污染、恶臭污染土壤的采样，应采用无扰动式的采样方法和工具。钻孔取样可采样快速击入法、快速压入法及回转法，主要工具包括土壤原状取土器和回转取土器。槽探可采取人工刻切块状土样。

（2）农作物的采集

我国常见的农作物：谷物类、油料类、果品类、蔬菜类、经济特产类、水生植物类等[19]。

当农作物类监测与农田上壤监测同时进行时，农作物样品的采集应与农田土壤样品同步采集，农作物采样点就是农田土壤采样点。

单一进行农作物监测时，采样前的现场调查与资料收集、监测单元的划分、采样点位的布设、采样方法都与农田土壤有相似之处。

1）监测点的布设

① 布点原则及方法

区域农作物类背景点布点是指在调查区域内或附近，相对未受污染，且耕作制度、农作历史与调查区域相似的地块上所采集的农作物样点。

布点要求：代表性强、分布面积大的几种主要农作物污染类型分别布设同类农作物背景点；采用随机布点法，每种农作物污染类型不得低于 3 个背景点。

农作物类监测点布设应坚持哪里有污染就在哪里布点的原则。把监测点布设在怀疑或已证实有污染的地方，根据经济和技术力量条件，布点应优先照顾农作物污染严重，影响大的粮食主要产区及商品生产基地。监测点布设的重点应是：污水或污染水灌溉的地块；厂矿企业和乡镇周围的地块；大量堆放工业废渣、城市垃圾地点周围的地块；长期受工业废气和粉尘影响的地块；大量使用农用化学物质的地块。

② 布点数量

当农作物监测和土壤监测同时进行时，农作物样点数和采样点位尽可能与土壤样点数和采样点位保持一致，监测样点数可酌情减少当单一进行农作物监测时，农作物监测的布点数量要根据调查目的、调查精度和调查区域环境状况等因素确定。一般要求每个监测单元最少应设 3 个点。

③ 农作物类监测点的布设

农作物类监测点的布设要根据监测区域污染类型而定，具体要求如下：

（a）大气污染型监测区农作物监测点：以大气污染源为中心，采用放射状布点法。布点密度由中心起由密渐稀，在同一密度圈内均匀布点此外，在大气污染源主导风下风方向应适当增加监测距离和布点数量。

（b）灌溉水污染型监测区农作物监测点：在纳污灌溉水体两侧，按水流方向采用带状布点法。布点密度自灌溉水体纳污口起由密渐稀，各引灌段相对均匀。

（c）固体废弃堆污染型监测区农作物监测点：结合地表径流和当地常年主导风向，采用放射布点法和带状布点法。

（d）农业污染型监测区农作物监测点：在施用种类、施用量、施用时间等基本一致的情况下采用均匀布点法。

2）采样方法

农作物类样品的采集：应采集混合样品，除了特殊研究项目之外，不能以单株作为监测样品。农作物混合样是指在已定采样点地块内根据不同情况按对角线法、梅花点法、棋盘式法、蛇形法等进行多点取样，然后等量混匀组成一个混合样品。每一混合样大型果实由 5～10 个以上的植株组成（即分点样）；小型果实由 10～20 个以上的植株组成。

① 粮食作物样品采集

以 0.1～0.2 hm^2 为采样单元，在采样单元选取 5～20 个植株。水稻、小麦类采取稻穗、麦穗；玉米采取第一穗，即离地表近的一穗，混合成样。从个别植株上采样，谷类或豆类作物从个别植株上采取种子样品时，应考虑栽培条件的一致性。种子脱粒后，去杂、混匀、按四分法缩分为平均样品，重量不少于 25 g。从试验小区或大田采样可按照植株组织样品的采样方法，选定样株收获后脱粒，混匀，用四分法缩分，取得约 250 g 样品。大粒种子，如花生、大豆、蓖麻、棉籽、向日葵等可取 500 g 左右。采样时应选取完全成熟的种子。从成批收获物中取样在保证样品有代表性的原则下，可在散装堆中设点随机取样，或从包装中随机扦取原始样品，再用四分法或分样器缩分至 500 g 左右。

② 果树类样品采集

以 0.1～0.2 hm^2 为采样单元，在采样单元内选取 5～10 株果树，每株果树纵向四分，从其中一份的上、下、中、内、外各侧均匀采摘，混合成样。一般水果、蔬菜生长的成熟期延续时间很长，采样应在其主要成熟期进行，必要时也可在其成熟过程中采 2～3 次样品。对果树的果实采样要选品种特征典型的样株，才能比较各品种的品质。样株要注意挑选树龄、树型、生长势、载果量等一致的正常株，幼或老和旺长的都缺乏代表性。在同一果园同一品种的果树中选 5～10 株为代表，从每株的全部收获物中选取大、中、小和向阳或背阴的果实共 10～15 个组成平均样品，一般总重不少于 1.5 kg。

③ 蔬菜样品的采集

以 0.1～0.3 hm^2 为采样单元，在采样单元内选取 5～20 个植株。小型植株的叶菜类（白菜、韭菜等）去根整株采集；大型植株的叶菜类可用辐射形切割法采样，即从每株表层叶至心叶切成八小瓣，随机取两瓣为该植株分样；根茎类采集根部和茎部，大型根茎可用辐射形切割法采样；果实类在植株上、中、下各侧均匀采摘，混合成徉。采样时应在试验区或地块中不少于 10 个样株上采集部位相同，成熟度一致的果实（或块根茎）若干个组成平均样品。平均样品的绝对数量：较小的果实（或块根茎）如青椒之类应不少于 40 个；番茄、洋葱、马铃薯应不少于 20 个；黄瓜、茄子、大蒜、胡萝卜及小萝卜不少于 15 个；大的瓜果、白菜球、甘蓝球、萝卜不少于 10 个，数量多时可将每个切取匀致的 1/4，总重以 1 kg 左右为宜。

当蔬菜基地面积小于 10 hm^2 时，每 1～3 hm^2 设为一个抽样单元；当蔬菜基地面积大于 10 hm^2，每 3～5 hm^2 设为一个抽样单元。每个抽样单元内根据实际情况按对角线法、梅花点法、棋盘式法、蛇形法等方法采取样品，每个抽样单元内抽样点不应少于 5 点，每个抽样点面积为 1 m^2 左右，随机抽取该范围内的蔬菜作为检验用样品。搭架引蔓的蔬菜，均取中段果实；叶类蔬菜去掉外帮；根茎类蔬菜和薯类蔬菜取可食部分。

④ 烟草、茶叶类样品采集

以 0.1～0.2 hm^2 为采样单元，在采样单元内随机选取 15～20 个植株，每株采集上、中、下多个部位的叶片混合成样，不可单取老叶或新叶作代表样。

对生长的茶树新梢抽样。以 1 芽 2 叶为嫩度标准，随机在采样点采摘 1 kg 鲜叶样品。对多个抽样点，将所抽的原始样品混匀，用四分法逐步缩分至 1 kg。鲜叶样品及时干燥，分装 3 份封存，供检验、复验和备查之用。

⑤ 水生植物类样品采集

水生植物（如浮萍、海带、藻类等）从水体中均匀采集全株，若从污染严重水体中采样，样品须洗净，并去除水草、小螺等杂物。

农作物样品在农作物收获时采集（至少采集一季作物，有条件的地区可以根据需要采集多季），对应的土壤样品原则上应同步采集。

农作物样品采样时间应避开大风或雨中、雨后采样。采样应避开病虫害和其他处于特殊状态下的植株（如刚喷施农药的植株等）；尽量用不锈钢制品直接采取样品[20]。

3.2 放射性污染土壤和农作物取样准备

目前国内专门针对放射性污染土壤及农作物取样方法的文章较少，实际工作中多是按现有国家标准或行业标准进行操作，这些标准包括《辐射环境监测技术规范》（HJ/T 61—2001）[9]，《环境核辐射监测中土壤样品采集与制备的一般规定》（EJ 428—1989）[21]，《环境辐射监测中生物采样和基本规定》（EJ/T 527—1990）[10]，《核电厂环境放射性本底调查技术规范》（NB/T 20139—2012）[22]，《核电厂环境辐射监测规定》（NB/T 20246—2013）[23]，《环境核辐射监测规定》（GB 12379—1990）[24]，HJ 969 等，还有借鉴主要针对非放射性土壤环境监测的标准《土壤环境监测技术规范》（HJ/T 166—2004）[15]，或者借鉴非放射性土壤环境监测相关文章的取样方法。相对于土壤而言，针对农作物取样的文章和相关标准更少一些。

标准 HJ/T 61—2001 要求，采样前应根据监测目的和现场具体情况确定监测项目及采样方案、容器、设备、方法、采样点的布置和采样量。因而取样正式开始前的准备工作显得尤为重要。认真细致的做好准备工作，对充分发挥各方面积极因素、合理利用资源、提高工作效率和数据的准确性、降低成本都起着重要的作用。

3.2.1 组织准备

采样工作不是一个人能够完成的，而是需要整个集体通力合作。认真细致地做好组织准备工作，对于提高工作效率和数据的准确性，确保采样工作又快又好的完成有着重要的意义。

有研究者[25]指出，为确保土壤监测采样工作的有序开展，在正式采样工作开始之前，相关人员需严格遵照我国相关行业要求和技术要求，制定系统的工作方案，且方案中要包含采样工作计划。同时，有关部门和单位要组织具有相应野外调查经验，掌握专业土壤采样技术的技术人员成立采样组，具体负责土壤监测采样工作的落实和实施。

指出采样人员作为土壤采样工作的执行者和实践者，其个人的专业素质和职业技能水平，直接影响着土壤采样工作的顺利开展，和相关标准的有效落实。因此，在确定采样人员时，应优先考虑具有相应野外采样工作经验，符合专业操作规范要求，且在近五年之内参加过土壤采样任务的专业技术人员。同时，每一位采样技术人员都需要持证上岗，并具有规范操作采样工具和全面掌握采样深度、采样方式、样品编码规则的能力。除采样技术人员外，每个采样组还应配置相应的质量管理人员，负责采样全过程的质量管理和控制。对于质量管理人员而言，要求其熟悉并掌握相应的采样布点和操作技术规范，从而在采样工作实施过程中，进行针对性的质量管理和控制。此外，每一组还应推选出一个组长，总体负责现场采样工作的开展和实施，组长人员的确定应从技术能力和工作态度两个方面考虑。

标准 HJ/T 166—2004[15]对采样的组织准备有专门的要求，认为应由具有野外调查经验且掌握土壤采样技术规程的专业技术人员组成采样组，采样前组织学习有关技术文件，了解监测技术规范。

综合以上内容可知，人员是组织准备工作的核心，选用最合适的人员参与采样工作，将每一个工作人员都安排在最适合的岗位上，使集体的力量最大限度地发挥出来，是组织准备工作的重中之重。特别值得一提的是调研到的几乎所有标准和文章都要求采样人员具有相应野外采样工作经验，并接受过相关培训，这是确定采样人员的重要标准。采样小组组长作为采样过程质量控制责任人和现场采样记录审核人，尤为关键，要由作风严谨、工作认真和具有野外采样工作经验的专业技术人员担任；整个小组内部要做到分工明确、责任到人、保障有力。

3.2.2　资料收集

全面、系统的资料是制定工作方案的重要依据，为了制订科学的采样方案，必须对采样工作区进行尽可能多地了解。因而需要收集大量的相关资料。资料收集工作可通过与被监测单位等其他相关方交流、网上调研、购买等方式，收集项目的相关信息及现场周边环境信息等。

（1）国内情况

测量工作开始前应收集的资料包括[15]：

1）收集监测区域的交通图、土壤图、地质图、大比例尺地形图等资料，供制作采样工作图和标注采样点位用；

2）收集包括监测区域土类、成土母质等土壤信息资料；

3）收集工程建设或生产过程对土壤造成影响的环境研究资料；

4）收集造成土壤污染事故的主要污染物的毒性、稳定性以及如何消除等资料；

5）收集土壤历史资料和相应的法律（法规）；

6）收集监测区域工农业生产及排污、灌溉、化肥农药施用情况资料；

7）收集监测区域气候资料（温度、降水量和蒸发量）、水文资料；

8）收集监测区域遥感与土壤利用及其演变过程方面的资料等。

标准 HJ/T 166—2004[15]主要针对的是非放射性环境监测，放射性监测借鉴该标准，可根据实际工作情况适当选取其中资料加以收集，对与工作无关的资料可不收集。

中国辐射防护研究院在 1991 年出版的《环境放射性监测与评价》[12]中指出，采样前应对采样区域的自然条件、土地利用、农业生产、土壤性状和污染历史与现状等进行调查。故资料收集应包含这些内容。

（2）国外情况

美国新泽西州环保局 2005 年 8 月制订的《野外采样程序手册》（Field sampling procedures manual）[26]指出：现场采样的第一步应是收集相关背景信息，与现场活动的历史相关的信息（包括现场建筑物的位置和年龄，排污系统，建筑物的布局和轮廓，产品和材料的制造、储存和处置场所，历史上曾发生的泄漏和污染等）对规划采样活动有很大的作用。通过文件搜索可以查询到现场的一些特定信息（包括现场的历史、规划以及土地利用情况等），将有助于采样点位的合理布局。并且提到地理信息系统（Geographic Information System，GIS）对收集相关背景信息有重要的作用。

（3）总结

综合以上内容可知，收集的资料主要包括几大类：第一类是采样地点的环境现状信息，如当地地形地貌、土壤类型、行政区划、样点位置、周边环境、气候条件、大比例尺地图等；第二类是采样地点土壤的历史信息，如污染历史、农药和肥料施用等，第三类是土壤当前使用情况的相关信息，如收集采样点的农作物种植模式、地形、土地利用方式、灌溉等。

3.2.3 现场调查

要想全面、系统地掌握现场的详细信息，单靠资料收集是不够的，还需要采样人员亲自到现场调研，掌握现场的实际情况，作为具体采样方案制定和采样工具选择的依据。根据以往工作经验，3.4.2 节所提出的要求收集的资料，其中很多内容除了通过资料收集，还必须到现场进行实地勘察，才能够掌握最准确、最全面的信息。除了这些内容，国内外相关标准和文章对现场调查还提出了其他一些要求和建议。

标准 HJ/T 166—2004[15]要求，通过现场勘查，将调查得到的信息进行整理和利用，丰富采样工作图的内容。《环境放射性监测与评价》[12]指出，现场调查时应用环境 γ 剂量率仪巡测，以便大致了解辐射场是否均匀或异常等信息。

综合以上内容可知，为了获取采样现场的第一手资料，采样人员必须到现场实地考察，掌握现场的实际情况，并据此对之前收集到的资料进行去粗取精，去伪存真的整理，方能得出制订科学的采样方案所必需的资料。

3.2.4 采样器具准备

古语云：“工欲善其事，必先利其器。”土壤监测现场采样工作是一项系统、复杂的工作，且工作环境复杂、多变[25]。因此，在正式采样工作前，相关技术人员和质量管埋人员，需根据项目要求和现场实际条件，结合之前资料收集和现场调查的具体结果，制定系统的采样工作计划，包括采样点位、深度、采样量等内容，并据此选择合适的采样工具。这是采样工作能否顺利进行的重要保证。

（1）国内情况

标准 HJ/T 166—2004[15]给出了部分采样工具，并将其分为了如下几类：

工具类：铁锹、铁铲、圆状取土钻、螺旋取土钻、竹片以及适合特殊采样要求的工具等。

器材类：GPS、罗盘、照相机、胶卷、卷尺、铝盒、样品袋、样品箱等。

文具类：样品标签、采样记录表、铅笔、资料夹等。

安全防护用品：工作服、工作鞋、安全帽、药品箱等。

标准 EJ 428—1989[21]推荐了如下几种采样器：

第一种采样器是一段带把手的钢管，其内径为 8 cm，高为 20 cm，下端为锐利的刀口；

第二种采样器与第一种类似，也是一段带把手的钢管，其内径为 8 cm，高为 70～100 cm，下端装有特殊的刀子，使用时插入用第一种采样器挖好的孔中，旋转向下推进，用于采集深层土壤样品；

第三种采样器是内径为 10 cm，高为 5 cm 的钢环，用于采集表层干的、松散的沙质土壤样品。

其他辅助工具包括铁锹、移植瓦刀、塑料布、塑料袋、布袋或编织袋、大木锤或橡皮锤、卷尺、刻度尺（100 cm）、标签、木签、小勺、罗盘、绳子、台秤等。

标准同时说明：不排斥采用能满足采样要求的其他采样器。

专门用于采集农作物的工具与采集土样的工具有所不同，但同样可以将其分为工具类、器具类、文具类、防护用品以及采样车辆等：

工具类：不锈钢剪刀、不锈钢切刀、镰刀等；

器具类：全球定位设备（GPS）、手持终端、便携式蓝牙打印机、样品标签打印纸、便携式手提秤、样品袋（布袋、塑料袋、编织袋或锡、铝包装材料）、运输箱等；

文具类：农作物样品标签（人工填写）、点位编号列表、采样现场记录表、铅笔、签字笔、资料夹等；

防护用品：工作服、工作鞋、安全帽、雨具、常用药品（防蚊虫等咬伤）、口罩等。

（2）国外情况

国际原子能机构（IAEA）的技术文件 IAEA－TECDOC－1783[7]介绍了一种专门用于土壤及沉积物精确取样的工具：细增量土壤收集器（The Fine Increment Soil Collector，FISC）。其外形如图 3－9 所示。

图 3－9 细增量土壤收集器

FISC 的工作原理为先用锤将采样器敲入地下，直到其完全嵌入土壤中，顶端与地表齐平为止，然后将采样器挖出（操作时需小心，不要让采样器内的土壤洒出），将其固定在三脚架上，通过调节采样器底部的螺丝，令不同深度的土样先后溢出，以达到收集不同深度土壤样品的目的。该装置对采样深度的控制精度可达毫米量级，其工作方式见图 3－10。

图 3－10　FISC 的工作原理

《野外采样程序手册》[26]（Field sampling procedures manual）给出了几种采样工具：

1）铲子/勺子：外形如图 3－11 所示，主要用于表层土壤取样及使样品均匀化。

图 3－11　铲子/勺子

2）铲斗钻：如图 3－12 所示，由不锈钢制成，底部有尖锐的螺旋叶片，总长度约 12

英寸。通常用于采集深度 3 英寸以上的样品。

图 3－12　铲斗钻

3）土壤取芯装置：如图 3－13 所示，由不锈钢制成，主体为一段带螺纹的圆柱。通常用于取岩心样品或分析挥发性有机物的土壤样品。

图 3－13　土壤取芯装置

4）对开式取土勺采样器：如图 3－14 所示，主体为一段长碳钢或不锈钢加上驱动头构成，在钻机井架上使用。

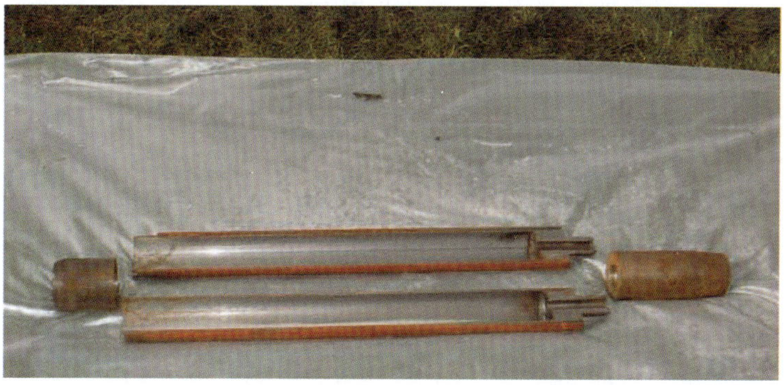

图 3－14　对开式取土勺采样器

文中还介绍了一些其他采样器具，如谢尔比管式采样器、电动螺旋钻等。

该程序手册主要针对的是非放射性环境监测，放射性监测借鉴该标准，可根据实际工作情况适当选取其中工具使用。

（3）小结

以上内容给出了大量采样工具及针对不同情况下选择采样工具的原则，供采样人员依据实际工作情况选用。

对于土壤采样而言无论选择何种采样工具，都应具备以下功能：

1）采样深度可控或可调节；

2）易清洁，不会产生交叉污染；

3）便于实施野外采样。

此外，以上各个标准和文章给出的土壤采样工具中大多包括了钢管（钢环）形采样器，该类采样器的特点是具备确定的采样面积，这在一些对测量精度要求较高的采样过程中也是必需的。

3.3　土壤布点与样品数容量

布点是土壤取样工作的关键步骤之一，有研究者在 GIS 支持下开展了豫东地区土壤野外采样布点方法探索[27]：由于土壤采样费时费力，样品分析成本高，确定研究区域调查所需要的采样点数目及分布是一个十分重要的环节，如果布点不当，不仅土样没有代表性，得到的数据也没有意义。要根据监测面积大小、工作量大小、监测目的、监测项目和样品类型灵活布点，并通过现场调查、资料收集，在全面了解区域环境因素状况的基础上考虑采样点的布设，客观真实地反映监测区现状，可见布点工作的重要性。

3.3.1　布点原则

布点的一般原则为点位相对固定，应设置于无水土流失的原野或田间。

野外选点原则如下：首先采样点的自然景观应符合土壤环境背景值研究的要求。采样点选在被采土壤类型特征明显的地方，地形相对平坦、稳定、植被良好的地点；坡脚、洼地等具有从属景观特征的地点不设采样点；城镇、住宅、道路、沟渠、粪坑、坟墓附近等处人为干扰大，失去土壤的代表性，不宜设采样点，采样点离铁路、公路至少 300 m 以上；采样点以剖面发育完整、层次较清楚、无侵入体为准，不在水土流失严重或表土被破坏处设采样点；选择不施或少施化肥、农药的地块作为采样点，以使样品点尽可能少受人为活动的影响；不在多种土类、多种母质母岩交错分布、面积较小的边缘地区布设采样点。

1）采样场所的选择，主要取决于监测目的；

2）核设施运行前和运行期间的采样场所，其位置不应变动，但后者采样不应重叠在前一次的采样点上；

3）为测定沉积到地面上的气载长寿命放射性污染而进行的土壤采样，其采样场所应开阔平坦，土壤应有良好的渗透性，最好是矮草地，同时，尽可能远离建筑物和树木；

4）为对几年内的沉积进行估计，其采样点应该选择在没有受到干扰的地方；

5）采样场所必须是重复采样的地方，并且不受施肥、灌溉所致的放射性影响。

如果土壤采样的同时还有累积剂量、剂量率测量的话，则土壤采样点应尽可能与累积剂量测量点、剂量率测量点重合。除了特殊目的之外，采集环境样品（包括土壤样品）时应避开下列因素的影响：

1）天然放射性物质可能浓集的场合；

2）建筑物的影响；

3）降水冲刷和搅动的影响；

4）产生大量尘土的情况；

5）河流的回水区；

6）靠近岸边的水；

7）不定型的植物群落。

有研究者[28]对布点原则给出了如下建议：在采样前进行必要的现场勘查，根据采样点的土壤特征、地形图等将其划分为若干个采样单元，尽可能地让同一单元内土壤均匀，并以采样单元为单位进行采样，可以大幅降低采样误差。

综合以上内容，可知采集有代表性的样品是测定结果能如实反映土壤环境状况的先决条件。分析结果能否说明问题，关键在于样品的采集和处理。一般情况下，采样误差要比分析误差大得多。而采集的样品是否有代表性的关键就在于布点。因而点位布设应遵循以下原则：

1）尽可能选择开阔平坦，远离建筑物和树木的地方；

2）地表不易受人为活动的影响而发生显著变化；

3）位置能够实现重复采样，在不同时间都可以实施采样（如：应避免在稻田中采样）；

4）不易发生水土流失，不易受降水冲刷，不易受自然条件影响而发生变化的地表；

5）采样位置主要取决于监测目的，如有特殊监测目的与上述原则相悖，应以监测目的为准。

一般建议选择矮草地、农田，如选择农田，应考虑到耕种、灌溉、施肥等因素的影响。应对确定的采样位置进行标识、记录，以便于后续相关工作的开展。

采样点位的选择必须符合土壤采样的代表性要求，在允许范围内优选采样点，位移距离一般不超过 50 m。

陡坡地、低洼积水地、住宅、道路、沟渠、粪坑附近等不宜设采样点。

3.3.2　基础样品数量

标准 HJ/T 166—2004[3]给出了一种统计学上计算所需基础样品数量的方法：

$$N=t^2s^2/D^2 \quad (3-13)$$

式中 N 为样品数，t 为选定置信水平，s^2 为均方差，可从先前的其他研究或者从极差 R［$s^2=(R/4)^2$］估计，D 为可接受的绝对偏差。

该公式还有一种变形，即由变异系数和相对偏差计算样品数：

$$N=t^2C_v^2/m^2 \quad (3-14)$$

式中 N 为样品数，t 为选定置信水平，C_v 为变异系数（%），可从先前的其他研究资料中估计，m 为可接受的相对偏差（%）。

没有历史资料的地区、土壤变异程度不太大的地区，一般 C_v 可用 10%～30%粗略估计。

标准 HJ/T 166—2004 主要针对的是非放射性环境监测，放射性监测可视实际情况借鉴采用上述公式计算样品数量。

3.3.3 布点方法和数量

按照标准 HJ/T 61—2001 的要求，结合本文涉及的情况，一般将采样区域划分为若干 10 m×10 m 范围的网格，每个网格范围内采用梅花形布点或根据地形采用蛇形布点进行采样，采样点的数目不少于 5 个。

标准 HJ/T 166—2004 给出了另一种更为详细的布点方案：为了保证样品的代表性，减低监测费用，采取采集混合样的方案。每个土壤单元设 3～7 个采样区，单个采样区可以是自然分割的一个田块，也可以由多个田块所构成，其范围以 200 m×200 m 左右为宜。每个采样区的样品为农田土壤混合样。混合样的采集主要有四种方法：

对角线法：适用于污灌农田土壤，对角线分 5 等份，以等分点为采样分点；

梅花点法：适用于面积较小，地势平坦，土壤组成和受污染程度相对比较均匀的地块，设分点 5 个左右；

棋盘式法：适宜中等面积、地势平坦、土壤不够均匀的地块，设分点 10 个左右；受污泥、垃圾等固体废物污染的土壤，分点应在 20 个以上；

蛇形法：适宜于面积较大、土壤不够均匀且地势不平坦的地块，设分点 15 个左右，多用于农业污染型土壤。

标准 EJ 428—1989 给出了另一种布点方法和数量：在采样场所两块面积为 1 m^2 的区域，两块区域间隔 3 m。在每个区域的中心和四角处采样。为满足采样量，可增加采样区域。

通常情况下，以各处理的小区为一个采样区，生产地一般以 0.67～1.33 hm^2 为一个采样区，大面积耕地肥力调查一般以 6.67～66.70 hm^2 为一个采样区，每个采样区的样点数量要根据采样区的实际大小而定，一般以 5～20 个采样点为宜。由于本文主要针对非放射性土壤样品采集，放射性土壤取样需根据实际情况适当借鉴。

对于农作物取样，现场确定计划采样点位后，以确定点位为中心划定采样区域，一般为 20 m×20 m（丘陵、山地可略小），按双对角线、棋盘式、蛇形、梅花点等方法多点（5～20 个）采集混合样品。每个点位采样量基本一致。

综合以上内容，可以看出，人们通过长期的实践，发展出了大量的采样布点方法，在这些方法之上又结合、引申出了种类繁多的采样方法，每一种方法对应的布点数量都不相同。这些方法各有优缺点，适用于不同的情况，供采样人员视实际工作情况选用。

3.4　土壤样品采集

3.4.1　选取本底参考区域

区域环境介质中可能存在某些较高水平的放射性核素本底，如天然存在的放射性核素铀系、钍系、锕系、^{40}K、^{14}C 和氚等。本底还包括有核武器沉降灰产生的 ^{137}Cs 和其他核素。使用测量结果确定和评估污染区域和影响，必须确定本底浓度。调查某一特定区域时可通过一个或多个参考区域的本底测量水平来确定该区域的辐射本底水平。美国 NUREG—1505（NRC 1997 a）提供有本底参考区域的信息。

一个区域的本底参考区域应与调查区域具有相似的物理、化学、地质、辐射和生物特征。本底参考区域通常选取未受污染的区域，但不限于不受人类活动干扰的自然区域。某些情况下，参考区域可能与调查区域有关联，但不会受到活动的潜在污染。参考区域通常不是调查区域的一部分。

测量参考区域的结果作为本底值用于与调查结果相比较。理想情况是参考区域中存在的放射性与调查区域未被污染前的情况一样。如果一个区域的物理、化学、地质、辐射、生物等特征并不能在一个参考区域复现，那么有必要选取两个以上的参考区域。

在工业综合体中确定参考区域难度可能更大一些，本底因建筑结构、人类活动等而异，就需要重新审查和评估参考区域的选择。选取多个不同的参考区域是一种解决方式。选择时还应关注潜在或实际本底变化的影响、测量区域范围的界定等方面的问题。必要时采用放射性核素测定技术而非总放分析技术。如果本底参考区域无法满足以上要求，可以考虑用替代的方式（已报道的放射性核素分布研究）来确定区域本底。

3.4.2　放射性污染区域土壤采样

放射性污染的区域土壤采样，与污染产生的源项、气候与地形、土壤类型等有关，土壤采样的实施也因采样目的而有所不同。

受污染场地土壤样品采样方法主要包括：利用放射性污染土壤布点技术方法确定采样点后，针对该采样点确定具体的采样位置；根据监测目的、分析的核素等确定采样深度；考虑到样品分析方法和是否留样备用等因素确定采样量等内容。除此之外还应考虑样品的现场处理、包装、运输以及实验室制备等过程，在该过程中应主要考虑样品的标识、防止交叉污染以及规范的记录等，土壤样品现场采样记录表见表 3－14。

表 3-14 土壤样品现场采样记录表

项目场地 采样方法		采样日期 采样工具		天气 采样点数	
样品编号	采样位置	土壤类型	采样量	地表状况	备注
采样人		记录人		校核人	

在开展放射性污染的区域进行土壤采样之前，必须制定有相应的采样计划，采样计划包括采样活动的具体实施，如点位布设、采样深度、采样方法、使用仪器、采样量、样品运输与交接等内容。在土壤采样工作的实际开展中，遇到与采样计划不一致的内容，应有相应的处理措施并做好记录。

（1）影响土壤中放射性核素分布的因素

1995 年对姜让荣对宁波市 38 个点位 144 个土壤样品的天然放射性核素分析结果表明，土壤中天然核素的含量在垂直方向上的分布并不均匀。有的核素在不同类型土壤中的分布也存在差异。认为引起天然核素垂直分布不均匀的原因除了人为活动和植被影响外，还可能主要是水的浸渍、流失和渗透作用。土壤中天然核素含量的垂直分布不均匀性，表层土含量应用 Beck 公式估算土壤的 γ 辐射剂量率，与均匀分布模式的估算结果总体相差不足 1%。

1）污染产生的源项影响（放射性核素的形态和性质）

放射性落下灰的沉降分为 3 种情况：局地性沉降、对流层沉降和全球沉降或平流层沉降。颗粒较大的粒子会沉降于爆心周围几百公里的范围内。颗粒较小的粒子进入对流层主要在同一半球同一纬度绕地球沉降。百万 T 级或以上的大型核爆产生的放射性物质进入平流层再返回地面，成为世界范围内的沉降。

放射性核素半衰期长的对环境影响大，短的影响小；核素在土壤中的存在形态对交换吸附也有很大的影响，通常溶解态的阳离子易被吸着，其在土壤中的迁移能力较小；难溶态的氧化物或沉淀物不被粘粒矿物吸着，可随水流在土壤缝隙中迁移。以不同氧化价态存在于土壤中的放射性核素，植物的吸收能力也不同。一般情况下，放射性核素的粒径愈小，愈易溶解和被作物吸收；比活度愈高，也愈易于溶解。例如，$^{238}PuO_2$ 微粒的溶解度比 $^{239}PuO_2$ 微粒的大约高两个数量级。

2）气候与地形影响

降雨，水的溶解、渗流导致土壤中放射性核素的迁移、扩散。含水量对土壤中微生物、细菌的活动和有机物的分解、合成的影响，间接影响核素的吸附。山坡、平原等不同地形放射性核素分布的不同，如湖、海积平原总α、总β均高于三角洲平原。

3）土壤类型影响

不同种类的土壤对放射性物质的吸附能力有明显的差异。例如，中国东北地区的土壤对 ^{90}Sr 的吸附能力依次为：黑土黏粒＞白浆土黏粒＞暗棕色森林土黏粒。相对黏土和泥沙土而言，^{137}Cs 浓度比粗粒矿质土的低；相对有机土而言 ^{90}Sr 比值是最低的。土壤颗粒粒径愈小，其有效比表面积愈大，吸附能力也愈强。当颗粒粒径远小于土壤孔隙的直径时，其本身即极易随水的流动而迁移。由于其对放射性物质有极大的吸着能力，这类细小颗粒成为核素迁移的载带物，在孔隙较大的砂质土壤中，核素的这一迁移作用尤为明显，所以沙漠土中的总α 、总β要低于粘土。

土壤的 pH 对土壤胶体的生成、放射性核素的水解和离子交换反应都有明显的影响，从而影响到土壤对核素的吸附。土壤的 pH 一般为 4～10，除放射性 Sr、Cs 和 Ra 外，锕系元素、稀土元素和大多数感生放射性核素（如 ^{54}Mn、^{65}Zn、^{60}Co、^{55}Fe、^{59}Fe 等）均易水解，从而影响其被土壤吸着的能力。例如，^{60}Co 在酸性条件下以 Co^{2+}离子状态存在于土壤中，极易被吸附，但中性条件下即发生水解反应，生成 $CoOH^{+}$和 $Co(OH)_2$，吸附能力明显下降。

土壤中天然的无机和有机配位体，可与放射性核素发生络合或螯合反应，从而影响土壤对核素的吸附能力。例如，当土壤中存在 SO_2^{2-}、CO_3^{2-}等无机配位体时，会形成难溶的镭盐。土壤中含有的多种常量及微量元素，可形成放射性核素的天然载体，对其在土壤颗粒表面上的吸附具有某种竞争及稀释作用，从而减小其吸附量。例如，土壤中 Ca^{2+}含量增高，可明显降低其对 ^{90}Sr 的吸附，在有机质含量高的土壤中，这一作用尤为明显，其原因是有机质能优先吸附 Ca^{2+}。

不同种类植物对土壤中放射性核素的吸收能力是不同的。肥料和化学添加剂的影响也不可忽视。肥料等的施用会影响土壤中稳定元素的浓度及酸碱度，从而影响土壤对放射性核素的吸附能力。如铵基铁（Ⅲ）六氰铁酸盐（分子式为 NH_4Fe（Ⅲ）Fe（Ⅱ）$(CN)_6$，简称为 AFCF）的应用可明显减少放射性核素从土壤向植物的转移；用 $CaCl_2$、NaCl 等降低放射性核素 ^{60}Co 污染，最大可达 65%。

（2）确定采样点

利用放射性污染土壤布点技术方法确定的采样点，一般会具体到一个较小的区域，并且认为该小区域范围内受污染程度是均匀的。

针对该小区域的采样，首先应确定具体的采样位置，在一个小区域范围内一般按照以下原则确定具体采样位置：

1）尽可能选择开阔平坦，远离建筑物和树木的地方；

2）地表不易受人为活动的影响而发生显著变化；

3）位置能够实现重复采样，在不同时间都可以实施采样（如：应避免在稻田中采样）；

4）不易发生水土流失，不易受降水冲刷，不易受自然条件影响而发生变化的地表；

5）采样位置主要取决于监测目的，如有特殊监测目的与上述原则相悖，应以监测目的为准。

采样位置根据具体放射性污染的场地而作选择，一般建议选择砂石较少的荒地、矮草地等，如果选择农田，应考虑到耕种、灌溉、施肥等因素的影响。确定采样位置后应进行标识、记录，以便于后续相关工作的开展。

（3）采样深度

放射性核素在受污染区域土壤的不同深度处分布是不同的，采样深度取决于采样目的、土壤的理化特性、分析核素的种类。

一般可以按照下述原则确定采样深度：

1）环境监测一般采样取表层土壤。对于环境放射性水平调查，采样深度一般为 10 cm；

2）在核设施运行前后的环境常规监测中，土壤采样深度为 5 cm；

3）在事故应急监测中，土壤采样深度为 2 cm；

4）为测定早期核试验落下灰在土壤中的沉积量，土壤采样深度必须深至 30 cm；

5）为测定近期气载及水载放射性物质的沉积情况，土壤采样深度为 5 cm；

6）为分析土壤中 ^{90}Sr 和 ^{239}Pu 的浓度，采样深度可分别为 15 cm 和 10 cm；

7）为测定放射性废水引起的土壤污染状况，土壤采样深度应深于水的渗透深度，根据监测目的确定；

8）对于研究性监测，如需了解表层沉积情况，土壤采样深度为 10 cm；如需了解农田耕作层的污染情况，对一般农作物耕作层可取 0～20 cm，对果林类农作物可取 0～60 cm。

应对采样深度、采样面积、地表状况等信息进行记录。

（4）样品量

高效合理的采样方案应有恰当的样品数量，不仅能保证推测结果的可信度，还可以避免冗余采样点，可以借助一些算法、程序等实现采样点的设计方案，如 3S 技术（定位系统 GPS、遥感 RS、地理信息系统 GIS）、分融策略等。

采样点数量的总体要求为数量尽量少、代表性强、推算精度高。样品总数的确定与受污染区域的土壤性质、场地范围、布点原则、评价要求等有关。样品数量过少不利于区域结果的分析评价，而样品数量过多会带来实验室分析、废物处理成本的增加。一般核心样品数量应不少于 10 个，如果受污染区域非常小，可以减少样品数量。

单个样品采样量的多少主要依据样品制备方法、分析项目及方法、是否需保留备份样品等因素确定。

γ 谱分析样品用量一般为 300 g 即可满足要求，γ 谱分析完成后样品可用作放化分析，放化分析用量较少，剩余样品还可以留作备份样。因此单个样品制备完成后有 300 g 干样即可，考虑到制样环节的剔除杂质、烘干等过程，原始样品建议采集 600 g～1 kg。

样品量采集过少不利于分析工作的进行，样品量采集过多主要会造成实验室处理放射性废物成本的增加。对于未知污染程度的土壤采样，要采集到恰当的样品量，就需要现场借助剂量率测量、表面污染测量、就地谱仪测量等手段进行甄别，但这样会带来现场工作量的增加。如何在增加实验室放射性废物量和增加现场工作量之间抉择，就需要针对具体情况进行具体判断，选择代价较小的方式开展工作。

（5）采样工具

根据采样深度的不同，土壤采集器一般有两种类型：一种是上下两端开口的圆筒，上部有把手，圆筒的前端装有锐利的刀子，内径 5～8 cm，高 15 cm 或 20 cm，可以从地表往下采集 15 cm 或 20 cm 深的土壤；另一种也是圆筒取样器，其前端有特殊的刀子，插入用第一种取样器打出的孔穴，旋转着向下再推进取样，内径 5～8 cm，高 70～100 cm，主要用于采集下层土壤样品。

用于土壤采样的还有一套组合工具，由三部分组成：第一部分为一段带把手的不锈钢管，内径和高度固定（一般内径为 8 cm，高为 20 cm），下端为锐利的刀口，可实施 20 cm 深度范围内的采样；第二部分同样为一段带把手的不锈钢管，外径和内径同第一部分，高度为 70～100 cm，下端为特殊刀口（便于旋转推进），使用时插入用第一部分挖好的孔中，旋转向下推进，用于采集深层土壤样品；第三部分为一段不锈钢环，内径和高度固定（一般内径 10 cm，高 5 cm），用于松散的沙质土壤采样。

用于采集土壤的工具多种多样，只要能采集到面积和深度符合要求的完整土壤样品即可。根据采样位置土壤质地和采样深度确定适合的采样工具，无论何种采样工具，应具备以下功能：

1）具备确定的采样面积；

2）采样深度可控或可调节；

3）易清洁，不会产生交叉污染；

4）便于实施野外采样。

除土壤采样器外，其他用具主要包括：捡土棒（长 100 cm 左右）、铁锹、移植鳗刀，锤子、大木锤，卷尺、刻度尺、塑料袋/罩布等。

（6）采样时间

放射性污染土壤样品的采集根据源项类型、污染场地特征、分析内容、分析目的等确定采样时间。原则上讲在发生放射性污染后，可随时进行采样，但需要注意避开大风、大雪、大雨等天气。

（7）采样方式和采样步骤

在选定的采样位置，利用适当的采样工具，根据既定的采样方案进行采样。采样操作的基本关系如图 3－15 所示。

根据调查区域的内容确定采样位置和采样方式，将同一位置每个采样点采集到的初始样品混合均匀，取出适量作为该点位的替代样品，运回实验室进行分析和检验。

常用的采样方式有对角线采样法、梅花形采样法、棋盘式采样法、蛇形采样法等。整体而言，对角线采样法适用于污水灌溉地块，在对角线各等分中央点采样；梅花形采样适用于面积不大、地形平坦、土壤均匀的地块；棋盘式采样适用于中等面积、地势平坦、地形完整、土壤不太均匀的地块；蛇形采样适用于面积较小、地形不太平坦、土壤不够均匀且需要采样点较多的地块。对于确定点位的土壤取样，常常采用梅花五点法采集该点位的土壤样品，然后将五个样品混合均匀后地取适量作为该点位的土壤样品。五个点的具体距离视现场情况而灵活调整。

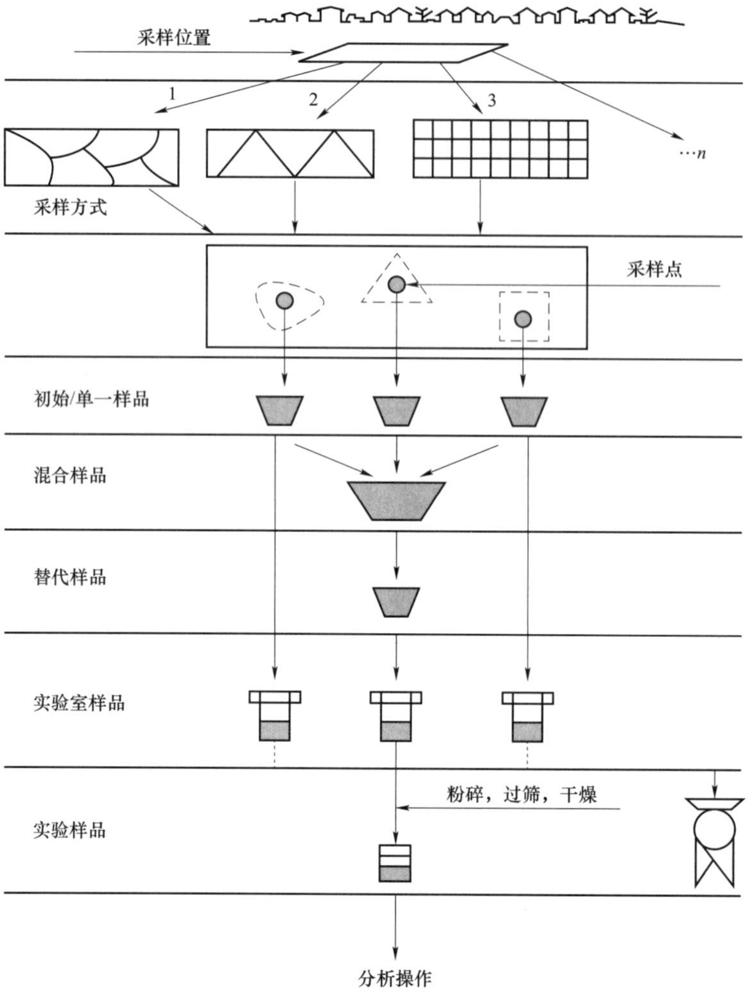

图 3－15　采样操作关系图

具体而言，基本的采样步骤为：

1）进入采样场所后，首先对地形、土壤利用情况、土壤种类、植被情况进行观察与记录。

2）清除采样点上的杂物，植被只留 1～2 cm 高，如需要可保留完整的植物，非表层土壤采样不受此限制。

3）在清理后的采样场所，划定两块面积为 1 m^2 的区域，两块区域间隔 3 m，在每个区域的中心和四角处采样，为满足采样量，可以增加采样区域。

4）对于松质土壤，可将采样器压入土壤中，用小勺取出环内的土壤，或用移植瓦刀堵住下端开口后取出采样器内土壤。

5）使用组合采样工具采集深层土壤时，可用采样器第一部分依次继续取得下层土壤，也可用采样器第二部分在第一部分挖好的孔位旋转向下推进取样。

6）对于粉末状、干燥、疏松的土壤，将采样器垂直立在地面，用锤冲打采样器至预定深度；用铁锹、移植瓦刀等挖出采样器（如遇砂质土壤，为防止采样器内的土壤滑落，可用移植瓦刀将采样器开口部位堵住）；去掉采样器外表的土壤（约 1″ 厚），从采样器中取出土芯。

7）把采集到的土壤样品装入塑料封口袋中，密封称重、贴签，再装入布样品袋中。记下土芯数目和直径，以便把监测结果和一定的地表面积联系起来，并标明采样地点、时间、深度及采样点周围情况。

8）用过的采样设备要及时清洁，避免交叉污染。

根据采样土壤深度、采样设备的不同，详细的采样步骤可作如下区分：

1）表层土壤的采集

采集表层土壤可以使用铁锹、铲子、勺子等。首先用工具清除表层杂物，然后用不锈钢或塑料的铲勺收集土样。这种方法可用于大部分土壤类型的采集，但在近地表区域的土壤采样时可能会受到限制。准确而言，采用这种流程采集具有代表性的样品取决于采样技术的仔细和精确程度。关注剖面土壤时可使用尖头的平的泥铲。其他大多数情况可采用一个不锈钢铲子，实验室铲子或塑料铲子。注意不要使用镀铬或其他材料的工具，例如园艺花铲（通常镀铬）。采样步骤为：

① 用已清洁过的铁锹小心清除土壤上表层的杂物。

② 使用已清洁过的不锈钢铲子，勺子，泥刀或塑料铲子，弃除紧挨采样铲的薄层土壤。

③ 使用不锈钢或塑料的实验室铲将土壤样品转移至合格的容器中。如果是多点采集的样品，将样品放置在不锈钢或塑料桶中混合样品，获得均一的样品。将样品置于样品袋中。

2）使用螺旋钻和薄壁管的组合采样器采集一定深度处的土壤样品

采样系统如图 3–16 的采样工具所示，包括螺旋钻、延伸部分、T 形手柄和薄壁管。螺旋钻用于钻孔至所需的取样深度，取出后将螺旋钻尖端换为一个薄壁的管芯取样器，下降到钻孔中，并打入土壤至预定深度，取出土芯收集样品。螺旋钻包括斗式螺旋钻、连续螺旋钻和后置螺旋钻等，其中后置螺旋钻可用于纤维质、有根、潮湿土壤的采集。采样步骤为：

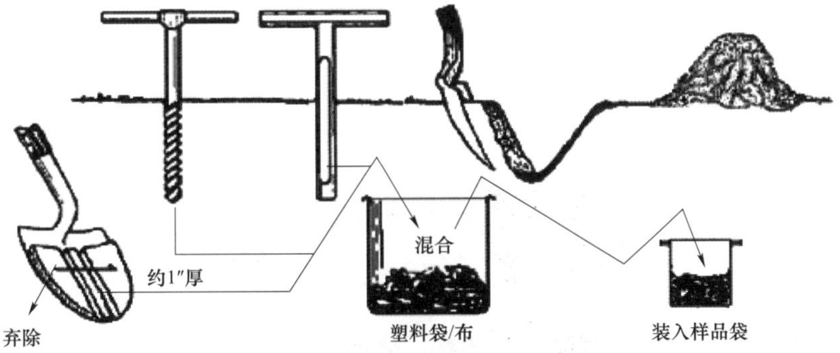

图 3–16 螺旋钻和薄壁管的组合采样器采集土壤样品示意图

① 将螺旋钻头、T 形手柄安装到钻杆上。

② 清除待采样区域的任何表面碎屑（例如树枝、岩石和垃圾）。建议从钻孔位置周围半径约 6 英寸的区域清除前 3～6 英寸的表层土壤。

③ 置入螺旋钻进行钻孔。钻孔过程中注意清理周围堆积的土壤到钻孔附近的帆布或塑

料板上。以防在移除螺旋钻或添加钻杆时意外将松散材料碰回钻孔。这也有助于重新填充孔并避免污染周围区域。

④ 达到所需深度后，慢慢小心地从钻孔中取出螺旋钻。当直接从螺旋钻取样时，将螺旋钻从钻孔中取出后，收集样品。

⑤ 取下螺旋钻，安装上已清洁过的薄壁管。注意切割尖端向下。

⑥ 小心将薄壁管置入钻孔，逐渐加力使薄壁管进入土壤。避免刮伤钻孔侧面。避免锤击钻杆以方便取芯，防止震动导致钻孔壁塌陷。

⑦ 拆下薄壁管取样器，拧下钻杆，取下切割尖端。

⑧ 去除土芯顶部（约 1 英寸），去除与采样器接触的薄层，将剩余样品放入样品容器。

3）使用劈管筒采集一定深度处的土壤样品

劈管筒采样器可采集长度为 18 或 24 英寸的原状土芯，可进行一系列的岩心取样，得到完整的土壤柱。或者也可以使用螺旋钻向下钻至所需深度，再用劈管筒配合螺旋钻的底部进行一定深度土壤或岩心的取样。该取样装置可以收集到土壤密度等信息，对此美国试验和材料学会有专门的操作程序 ASTM D 1586－85《土壤渗透试验和劈管筒采样》。典型的劈管筒如图 3－17 所示。采样步骤为：

① 组装劈管筒采样器，对准筒的两侧拧紧底部钻头和顶部较重的头部。可在头部安装安全帽。

② 将采样器垂直置于采样点位上方。

③ 可以用大锤或井环敲击劈管筒深入，但注意不要敲击采样器的顶部或底部，这样会压缩样品。

④ 记录用于穿透被取样材料的管长度以及抵达该深度所需的敲击次数。

⑤ 取出开口勺，拧下底部和头部。如果要分离样品，应使用干净的不锈钢刀将管内样品纵向分成两半。常用的劈管筒采样器直径有 2 英寸和 3.5 英寸，如果需要的样品量较大可能需要更大的管。可以在劈管内安装不锈钢或特氟龙套管，采样后可直接取下套管用盖子密封，防止污染物的挥发。如果使用劈管筒采样以获得地质信息，可参考 ASTM D 1586—67（1974 年重新批准版）。

⑥ 盖上样品容器的盖子，放入双层塑料袋中。

图 3－17　典型的劈管筒

4）开挖试验沟槽

如果受污染的土壤面积很大，需要调查大范围区域下的土壤污染水平，成本最低的有效取样方法是采用挖掘机移除表层土壤。基本的采样步骤为：

① 使用反铲挖土机挖掘以前，确保所有的取样位置没有公用管线和电线杆（地下及地表）。

② 使用反铲挖土机挖掘一条宽度约 3 英尺、高于取样深度约 1 英尺的沟渠。如果有必要，可将移除或挖掘出的土壤放在帆布或塑料板上。美国职业安全和健康管理局（OSHA）相关条例要求深度大于 4 英尺的壕沟必须有支撑系统保护。

③ 用铲子清理取样点上方 1～2 英寸厚的土壤。

④ 使用铲子、抹子或取芯装置以一定间隔采集样品。确保在采样点位采集的土壤不受周围土壤的影响，清除任何可能从其他方向掉落的土壤。

⑤ 取出样品，放入双层塑料袋或密封的样品瓶中。

（8）采样注意事项

采样时注意使用干净的采样工具，防止采样工具污染样品及样品之间的交叉污染。

每个采样点的采样深度及采样量应均匀一致，土壤上层与下层的比例要相同。

采集到的样品要及时装入样品容器中并密封，同时做好相关的记录。

注意不要在以下地点取样：新旧栅栏处；旧路基或石灰石砾石路附近；风痕或雪痕；梯田道；肥料带；异常点位。

3.4.3 放射性污染区域土壤样品包装、编号

土壤样品的包装至少采用 2 层以上的密封包装，包装材料的材质基本要求为防水、防漏、不易破损。常用的包装方式为封口塑料袋加布袋，将样品放入塑料袋内封口后，再将封口袋置入布袋内，系紧布袋。更高要求的分析可使用聚乙烯塑料瓶或特氟龙瓶作为样品容器，密封后再将瓶子放入封口塑料袋或布袋中。某些特定采样工具采集到的样品已在一个包装内，如内装套管的劈管筒采样器采集到的土壤样品，直接取出套管盖上盖子即为样品的一级包装，再将套管放入封口塑料袋或布袋内。

土壤样品的标签应包括如下内容：项目/场地名称或描述；采样点位置说明；样品编号；样品采集时间；样品采集深度；分析项目；采样人员；其他相关说明（如采样方法、颜色标记等）。典型的样品标签如表 3－15 所示。

表 3－15 土壤样品标签

样品编号		项目场地	
采样地点		经纬度	
土壤类型	□表层土□深度______	分析项目	
采样人员		采样时间	
采样量		备注	

同一项目的所有点位样品采用统一编号格式，土壤样品编号的基本要求是系统直观、唯一对应。每个样品的两层包装上均应有能反应样品独一性的标识，如样品编号、采样点位和时间等信息。

对于获得的装入样品布袋的样品，包装和运输环节应防止样品袋破损、标签丢失磨损、样品交叉污染等，在运输前应进行恰当的处理和包装。一般应遵循以下原则：

第一，样品袋不能相互挤压，不能被外物挤压，防止样品中的植物扎破封口袋或被挤破；

第二，塑料封口袋上应黏贴标识，样品布袋上应有耐磨损不易脱落的标识；

第三，一批样品应密封在一个容器中，容器应坚固防水，容器中附样品记录清单，必要时应加工专用的土壤样品运输容器。

3.5 土壤样品流转

土壤样品的流转包括土壤样品的转运和交接两个内容。转运是指土壤样品采集后，其存放地点往往需要从采样点转换为实验室，需要进行运输。交接是指土壤样品进入实验室后，有样品管理员、分析员等的交接过程。

所有离开采样点的样品应附有相关记录，包括样品交接的双方、日期、分析内容等，样品流转过程中需要确保样品标识的唯一性。在样品的流转尤其是从采样地到实验室的运输过程中，容器应密封，并贴有拆封指示封条，以确保样品运输中容器密封性良好。装运方式、货运公司名称等信息都应包括在样品流转记录中。样品抵达实验室后，在实验室的多次交接中，应做好样品流转的登记和签字确认等记录。样品流转记录的根本目的是保证样品离开采样点后的去向有据可查，同时都有相关人员对此负责。

3.5.1 运输前核对

样品流转运输的基本要求是必须保证样品安全、完整和及时送达。样品流转过程必须严格执行样品的流转计划，包括包装、时间、运输方式、运输路线等的要求。土壤样品运输记录表见表 3-16。

采样小组中应明确专人负责样品的流转核对，采样结束装运前将样品逐件与样品标签和采样记录进行核对，发现缺项、漏项和不符之处，应及时补齐、修正，核实无误后方可装运。装运前核对的主要内容有：① 样品数量是否一致；② 样品重量是否一致；③ 每个样品信息、标签是否完善；④ 包装条件是否符合要求；⑤ 运输条件及保存条件（常温/低温/避光/防潮）是否符合要求；⑥ 样品目的地、运输时限是否符合要求；⑦ 是否有防止污染、防止破损的措施。

表 3－16　土壤样品运输记录表

采样地点		运输目的地	
运输起止时间		运输车/船号牌	
交运人		交运日期	
运输负责人		收运人	
保存方式		有无措施防止破损、沾污等	
样品箱号	样品编号	样品数量	备注

3.5.2　运输中防损、防交叉污染

样品在运输中应置于专门的样品箱内并做好减震、隔离工作，严防泄漏、破损、混淆、玷污和交叉污染，同时还应考虑有害物质的可能释放对人身安全造成的威胁处理和运输包装。采取的具体措施有：

第一，每个样品应有至少 2 层包装（如封口塑料袋和布袋），保证每层包装均已密封；

第二，样品应置于专门的样品箱内来进行运输，样品箱应具有减震、屏蔽的作用；

第三，样品运输条件应满足样品存放条件（干燥、阴凉、通风）；

第四，根据采集的样品放射性污染的程度采取相应的隔离、屏蔽措施。

3.5.3　样品交接

样品抵达实验室后，采样人员应向实验室的样品管理员完成样品的交接。采样人员、

样品管理员均需清点核实样品，并在样品交接单上签字确认。典型的土壤样品交接记录表见表 3–17。样品交接单至少应一式四份，采样人员一份、样品管理员存一份、分析人员一份、剩下一份随数据报告存档。

表 3–17　土壤样品交接记录表

样品编号	分析项目	交样人	接样人	日期	标签、包装是否完好	备注

图 3–18 以简图的形式给出了土壤和农作物样品的包装转运。

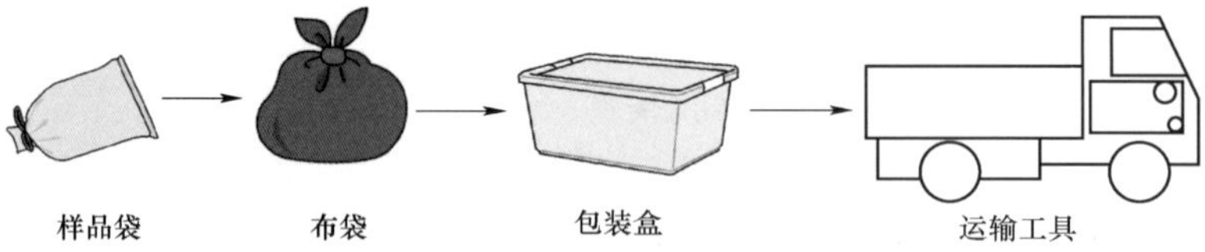

图 3–18　土壤和农作物样品的包装转运

参考文献

［1］ U.S. Environmental Protection Agency.Radiological Laboratory sample Screening Analysis Guide for Incidents of National Significance ［M］. EPA 402－R－09－008.，www.epa.gov June 2009 Revision 0.
［2］ 罗顺忠，顾建德，张太明等译. 核设施退役辐检测与场址调查手册［M］. 原子能出版社，2002：1－3，58－76.
［3］ 核动力研究所编译. 东京电力公司福岛核电厂事故 IAEA 部长级核安全会议日本政府递交报告［M］. 内部资料 2011：243－264.
［4］ International Atomic Energy Agency. The Fukushima Daiichi Accident Technical volume 5 Post－accident Recovery［M］. www.iaea.org/books 2015：57－165.
［5］ 日本环境省. 去污相关导则［M］.
［6］ 联合国原子辐射效应科学委员会 UNSEAR. 电离辐射源与效应卷Ⅱ［M］. 山西科学技术出版社，2002，1113－1193.
［7］ V.A. Kashparova，S.M. Lundin，Yu.V. Khomutinin，Soil contamination with ^{90}Sr in the near zone of the Chernobyl accident［J］. Environmental Radioactivity，2001（56）285–298.
［8］ International Atomic Energy Agency.Soil sampling for environmental contaminants［M］. IAEA－TECDOC－1415，October 2004.
［9］ 中华人民共和国环境保护行业标准. HJ/T 61—2001 辐射环境监测技术规范［S］. 中国标准出版社，2001.
［10］中华人民共和国核工业行业标准. EJ/T 527—1990 环境辐射监测中生物采样的基本规定［S］. 中国标准出版社，1990.
［11］潘自强主编. 电离辐射环境监测与评价［M］. 原子能出版社，2007，167－184，483－579.
［12］陈竹舟，李学群，沙连茂主编. 环境放射性监测与评价［M］. 内部资料，1991，26－86，109－120.
［13］李洋，顾志杰，潘伟等. 国营二二一厂核设施退役十年后辐射环境状况调查与评价［J］. 辐射防护，2011（32），134－140.
［14］环境保护部等. GB 15618—2008 土壤环境质量标准（修订）［S］. 北京：中国标准出版社，2008.
［15］环境保护总局. HJ/T 166—2004 土壤环境监测技术规范［S］. 北京：中国环境科学出版社，2004.
［16］朱梦杰. 污染场地土壤初步调查布点及采样方法探讨［J］. 环境监控与预警，2015，7（6）：51－54.
［17］刘素云. 农田土壤检测样点布设与样品采集［J］. 农业环境保护，1987，6（5）：24－26.
［18］环境保护部. 污染场地环境监测技术导则（征求意见稿）.
［19］多克辛. 土壤优控污染物监测方法［M］. 中国环境科学出版社. 2012.
［20］中国环境监测总站. 土壤环境检测技术［M］. 北京：中国环境出版社. 2013.

[21] 中国核工业集团公司. 环境核辐射监测中土壤样品采集与制备的一般规定. EJ 428—1989［S］. 北京：中国核工业集团公司，1990.
[22] 中华人民共和国家能源局. 核电厂环境放射性本底调查技术规范. NB/T 20139—2012［S］. 北京：中华人民共和国家能源局，2012.
[23] 中华人民共和国家能源局. 核电厂环境辐射监测规定.NB/T 20246—2013［S］. 北京：中华人民共和国家能源局，2012.
[24] 中华人民共和国国家技术监督局. 环境核辐射监测规定. GB 12379—1990［S］. 北京：中华人民共和国国家技术监督局，1990.
[25] 程烜. 土壤例行监测样品采集的质量保证和质量控制探讨［A］. 低碳世界. 201 7.11.14-15.
[26] 美国新泽西州环保局. 野外采样程序手册（Field sampling procedures manual）. August.200 5［S］. 美国新泽西州环保局，2005.
[27] 李梅，张学雷，武继承. GIS 支持下豫东地区土壤野外采样布点方法探索. 土壤. 2011.43（3）. 459-465.

第四章

放射性污染土壤和农作物样品前处理与保存

受污染的土壤分为已知固定核素污染与未知核素污染，两者需采用不同的前处理与制样方法，为避免在前处理过程中产生核素损失，建议使用核素识别仪或相关设备对待处理样品进行测量，以便选择合适的处理方法。对放射性核素活度浓度跨度较大，含量不同的样品进行有效筛选并对其分级分批处理，在土壤样品预处理和分析测量过程中，能够基本按照放射性核素活度浓度由低到高的顺序进行，在一定程度上避免或降低了样品间的交叉污染风险，保证了结果的准确性。

4.1　前处理与制样实验室要求

实验室应建立并严格执行相关规章制度，包括监测人员岗位责任制、实验室安全防护制度、仪器管理使用制度、放射性物质管理使用制度、原始数据、记录、资料管理制度等。

实验室要设有单独的样品粉碎室和碳化灰化间，所有操作间必须安装通风或洁净设施，碳化灰化间还应有相应的消防装置。

实验室应保持整洁、安全的操作环境，应有正确收集和处置放射性三废的措施，严防污染环境。

进入实验室的土壤样品，为充分降低交叉污染的风险，在对样品实施处理和分析之前，需按照其放射性核素活度浓度水平进行排序，并按照由低到高的顺次依次处理分析。在处理过程中必须严格防止交叉污染，必要时需对干燥箱和相关设备进行彻底清洁。

4.2　前处理与制样工具及容器

台秤、天平：台秤感量应不大于 50 g，天平应选用百分之一及以上的天平；

搪瓷盘、不锈钢盘：深度不宜过浅，用来盛装被测样品；

锤子：用来捣碎样品，建议使用不锈钢锤；

粉碎机、研磨机等：用来粉碎样品；

压样器：手工压样器或油压器，材料为不锈钢；

其他：药匙、筛子、塑料袋等。

实验室使用的所有计量器具均应保证在检定有效期内方可使用。

4.3 污染土壤样品筛选排序与制样程序

筛选排序主要有两种方式，第一种是依据取样时就地测量的数据进行整理排序，第二种是在现场监测数据不完全的情况下，在实验室对样品进行前处理之前，借助 γ 物理测量的办法进行测量，依据测量结果进行排序。就地测量方法具体见 4.3.1，下面主要给出样品进入实验室后的筛选排序方法。

4.3.1 污染土壤样品的筛选排序

对于进入实验室的土壤样品，为充分降低交叉污染的风险，在对样品实施处理和分析之前，首先借助一些物理探测手段对样品进行初步筛查，按照其放射性核素活度浓度水平进行排序，并由低到高的顺次依次处理分析，一般按照下述方法进行排序：

（1）将采集回实验室的土壤样品倒入白瓷盘中，在白瓷盘上编写样品编号。拣取树叶、杂草等杂物，均匀地平摊开，保证土壤样品的厚度基本一致。

（2）将 γ 剂量率仪置于测量准直器中（为了防止交叉污染，最好在仪器外面套一层透明塑料），测量土壤样品的 γ 计数率，每个样品测量一次，依据 γ 剂量率仪的计数率由低到高进行排序（在使用时，为将探针（检测器）置于准直仪的内部，准直仪多为筒状结构，包覆探针的屏蔽材料越厚，对外侧入射的 γ 射线的降低效果越好。对于 NaI 闪烁测量仪，使用准直仪进行测量时，探针的前端向下，不会有什么问题。）

（3）将排序后的样品进行前处理装盒，首先进行 γ 谱分析。

在实施上述课题过程中，实验室需要建立相关的技术文件，包括采样作业指导书、分析测量方法等。

图 4－1 给出了土壤样品筛选排序的详细方法。

4.3.2 污染农作物样品的筛选排序

污染农作物的筛选基本可以参考土壤的筛选方法，其中粮食、豆类等籽粒状的农作物可以完全按照土壤的办法进行筛选，给出测量结果。其他蔬菜、水果类的农作物，在测量过程中不太好操作，可以采用 γ 剂量率仪做大概初步筛查测量。按照筛选排序后的顺序将样品排序，按照由低到高的顺序进行前处理和实验室分析环节。

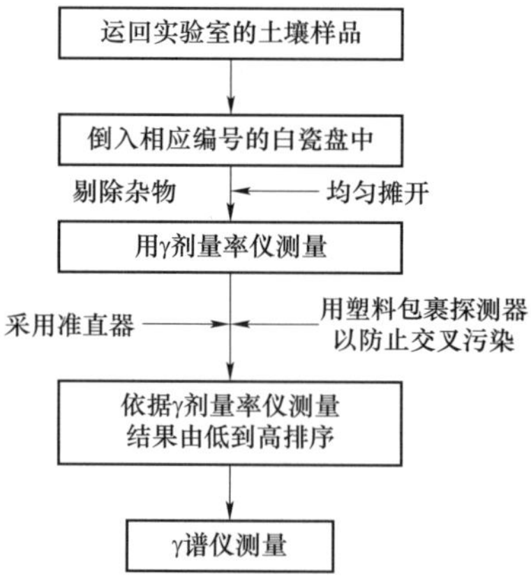

图 4－1　放射性污染土壤的筛选排序方法

4.4　前处理与制样程序

4.4.1　土壤样品的前处理与制样程序

土壤根据质地的不同，可分为粗砂土、沙壤土、壤土、黏壤土和黏土。其中粗砂土中含有较多小颗粒硬质砂粒，这些小砂粒在粉碎时通常较难粉碎，需要过筛后多次粉碎，确保粉碎完全。粉碎后的砂粒要与土壤充分混合，混合均匀后才可作为待用样品。

土壤样品进行前处理前，首先用表面污染仪等仪器对样品进行表面污染测量，按照 β 计数从低到高的顺序处理样品，有α 计数的样品应按照α 计数由低到高的顺序排在最后处理。处理时先处理本底样品，再处理污染区域的样品。

通风条件下，将土壤样品转入对应编号的搪瓷盘中，剔除杂草、碎石等异物，晾至近干。如监测要求保留土壤中植物或有机质，则将植物剪碎并均匀地放置到搪瓷盘表面，不同土壤样品的搪瓷盘不能交叉使用。

将样品转入烘箱，在无鼓风条件下 105 ℃烘干。土壤样品在烘箱中相互有一定的间隔，不能上下摞在一起。如测量汞、铜、铅、锌、铬等核素，则样品必须风干，不得暴晒或高温烘干。

用塑料袋包裹的工具将土壤样品锤至粉碎。对土壤样品粉碎的工具外部包裹塑料袋，每粉碎完一个土壤样品后更换塑料袋进行下一个土壤样品的粉碎。如果没有相应的隔离措施，处理完一个样品后必须对工具进行彻底清洁后方可继续处理下一个样品。每一个样品在盘内用四分法取大约 500 g 放入研磨机中研磨。

用 100 目（154 μm）筛筛分研磨好的土壤，除去较大颗粒。每筛分完一个土壤样品后应更换网纱或筛子进行下一个土壤样品的筛分。对于粗砂土，筛出的小砂粒不可直接去除，应粉碎完全后与土壤混合均匀。筛好的样品装入搪瓷盘中备用。

在搪瓷盘内用药匙等工具将土壤样品尽量混合均匀，装入与刻度 γ 谱仪的体标准源相同形状和体积的样品盒中，剩余样品放在干燥器中供放化测量使用。装盒时，由于样品很细，极易发生扬尘造成污染，建议在通风柜或手套箱中进行操作。为保证测量准确性，每装入一层土壤后必须压实，使盒内土壤密度大致相同。将装好的样品盒盒口密封，用酒精擦拭盒体，防止测量时污染仪器探头。用天平准确称量装盒前和装盒后的重量，做好记录并贴好标签，放置 3～4 周后测量。

土壤样品前处理流程图见图 4－2。

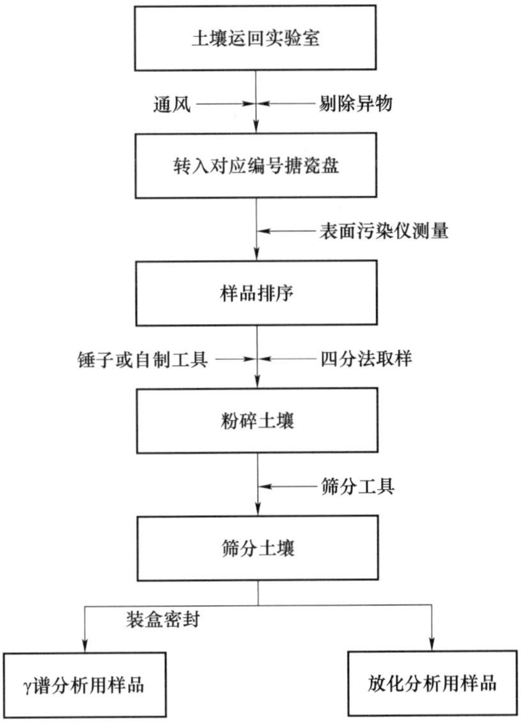

图 4－2　土壤样品前处理流程图

放化分析用样品仍需进行进一步处理，目前常用的方法有酸浸取法和微波消解法，具体方法见表 4－1。

表 4－1 放化样品前处理方法

取样量/g	前处理方法
1.0	等分 3 份，4.8 mL HF＋1.2 mL $HClO_4$，微波消解
1.5～2.6	500 ℃灼烧 24 h，加 10 mg Sr 载体，65% HNO_3＋32% HCl＋ H_3BO_3 加热近干，65%HNO_3 溶解 3 次
15	加 20 mg Sr 载体，6 mol/L HCl 浸取
0.5	V（HF）:V（HNO_3）:V（HCl）—5:5:1，16.5 mL，微波消解
30	HNO_3 浸取
5.0	10 mg Sr 载体，40% HF＋65% HNO_3＋32%HCl 加热近干，65% HNO_3＋3 g H_3BO_3 加热至近干，1 mol/L HNO_3 溶解过滤
5.0	1 mg Sr 载体＋10 mL 37% HCl＋H_2O_2（5～20 mL），90 ℃加热，过滤保留滤液；残渣＋2～5 mL 50% HF＋5 mL 50% HNO_3

对于环境 ^{90}Sr 的分析，标准规定了快速法和放置法两种方法。这两种方法都需要加入相应的载体溶液，再用 P204 树脂萃取，全流程的分析时间不少于 15 天，流程时间长，不适用于污染样品的快速分析。利用 Sr－Spec 特效树脂，可以对土壤样品中的 ^{90}Sr 进行快速分析，全程时间小于 6 h，探测限为 8 Bq/kg。具体分析流程如下：

用盐酸浸取法或全溶解法处理土壤样品，处理后的土壤样品清液中加入 10 g 固体草酸，加热溶解，加入适量浓氨水调节 pH 5～6。然后在沸水浴上加热 15 min，不断搅拌，冷却至室温后过滤，用 20 mL 浓 HNO_3 溶解沉淀，蒸发至近干，最后用 30 mL 3 mol/L 的 HNO_3 溶解沉淀。

用 100 mL 3 mol/L 的 HNO_3 平衡 Sr－Spec 树脂柱，将溶液上柱，用 100 mL 3 mol/L 的 HNO_3 淋洗，30 mL 蒸馏水解吸，流速为 2 mL/min，收集全部解吸液。

向解吸液中加入 200 mg 草酸，加入适量浓氨水，调节 pH 9～10，煮沸 10 min 冷却，用已经称重的 G4 玻璃砂芯漏斗抽滤，依次用 ρ＝1%草酸、无水乙醇各 15 mL 洗涤沉淀后，称重草酸锶沉淀，计算回收率。

用 4 mL 热的 3 mol/L 的 HNO_3 溶解草酸锶沉淀，浓缩至体积 1 mL，用 1 mL 蒸馏水稀释后转移至液闪瓶中，在液闪谱仪上测量。

盐酸浸取法：称取 10 g 土壤样品于 100 mL 瓷坩埚中，加入 10 mg 锶载体，在马弗炉内 600 ℃灼烧 1 h，冷却后，转移到有冷凝管的蒸馏瓶中，加入 140 mL 6 mol/L HCl，加热煮沸 1 h。冷却，离心，弃残渣，上清液收集于 500 mL 烧杯中。

全溶解法：称取 10 g 土壤样品于 100 mL 瓷坩埚中，在马弗炉内 600 ℃灼烧 1 h，冷却。将灼烧过的土壤转移到 250 mL 聚四氟乙烯烧杯中，加入 10 mL 锶载体。加入 40 mL ω＝40% HF 酸，低温加热溶解样品 1 h，将溶液蒸发至近干，重复操作 2 次。加入 1.5 g 硼酸和 50 mL ω＝32%的盐酸，低温蒸发至近干。用 100 mL 1 mol/L HCl 溶解残渣。离心。用 G5 玻璃砂漏斗抽滤，转移滤液到 500 mL 烧杯。

4.4.2　生物样品前处理与制样程序

在污染地区采集的生物样品通常种类繁杂，往往还有某些核素的指示生物，在处理样品时，应遵循先环境、后污染；先普通、后典型的原则，防止交叉污染造成样品测量结果异常升高。

生物样品进入实验室后，需去土或洗净（防止残留土壤或沉降物对样品测量结果造成影响），擦干或晾干，取可食部分，制成样品待处理。称鲜重，风干或烘干，称干重，计算干鲜比，待碳化。

碳化时，将生物样品放入瓷、石英或铂制容器等耐热容器中，在其着火临界温度以下进行碳化，严格禁止出现明火，防止发生核素损失。有条件的实验室可以在特制的设备里在封闭条件下进行控温碳化。常见生物样品的着火临界温度见表 4－2。

表 4－2　生物样品着火临界温度

样品	温度/℃	样品	温度/℃
蛋	200～300	牧草	225～350
肉	燃烧	面粉	燃烧
鱼	燃烧	干豆	175～250
水果	175～325	水果汁	175～225
奶（鲜）	175～325	谷物	225～325
蔬菜（鲜）	175～325	通心粉	225～325
根类蔬菜	200～325	面包	225～325

碳化时产生的烟气不可直接排入环境中，需在烟道尾部加装过滤装置，并确保过滤后的尾气符合排放条件方可排放。碳化室内空气净化设备需确认其工作有效性，操作人员必须佩戴口罩等防护用品，防止吸入放射性废气造成内照射。

目前，生物样品的常用前处理方法有两大类，一类是干灰化法，原理是热解破坏样品中的有机物质；另一类是湿式消化法，是利用样品在氧化性溶液中加热进行消化。根据灰化过程中使用的材料不同，干灰化法又可分为直接干灰化法、加辅助剂的干灰化法、低温干灰化法、充氧干灰化法等等；湿消化法根据消化温度和试剂的不同，可分为高温湿消化法、低温湿消化法、微波湿消化法、熔融法等。

经过干灰化法处理的样品，样品体积（或质量）可大幅度减小。环境样品一般采样体积较大，多采用本方法。但此方法对于部分易挥发的核素损失较大，且有些样品灰化时间较长。

（1）直接干灰化法

这种方法就是用马弗炉直接对碳化后的样品进行灰化。将样品放入耐热的坩埚或碗中，放入马弗炉内进行灰化。为避免核素损失（如 Cs、K、I、3 H）等，灰化温度通常≤450 ℃。即先在 200～300 ℃灰化数小时后，再加热至 450 ℃进行灰化，直至样品呈稀松白灰样。

（2）加辅助剂干灰化法

这种方法通常与湿式灰化法结合使用，可以有效地加快有机物质的氧化分解。但加入试剂的过程也容易引起污染和本底增高，对所选试剂的纯度有严格要求。常见的辅助剂有 HNO_3、H_2SO_4、H_2O_2、NH_4NO_3 等。

（3）低温干灰化法

这种方法一般有两种手段来进行：射频激发氧实现低温灰化和利用微波炉实现低温灰化。这两种方法一般前者利用较广，即在常压和低温（<200 ℃）下，用射频（约 10 MHz）激发氧的等离子体氧化样品中的有机物。该方法最大的优点是可避免易挥发核素在灰化过程中的损失，保证稳定的回收率。缺点是单次处理的样品量较少，设备比较昂贵，不适合大量样品的灰化工作。

（4）充氧干灰化法

这种方法也称“氧弹法”，即利用纯氧做氧化剂，在密闭空间中使样品发生爆炸，瞬间完成氧化过程。氧弹装置后接碱液吸收产生的 CO_2，还可同时对生物中 ^{14}C 进行测定。该方法优点是氧化速度快，没有污染问题，缺点是装置较昂贵，压力容器内壁需要耐高温、耐爆炸的高强度材料，单次处理的样品较少。

湿消化法由于加入了氧化剂（通常选用无机酸或 Fenton 试剂），氧化速率较快，核素损失也较小，通常适用于含低熔点挥发性核素的样品灰化。但在灰化过程中可能引起剧烈反应导致样品溅出，甚至发生爆炸危险，需要操作人员严格按照操作规程进行处理，费时费力。

（5）高温湿消化法

这种方法以无机酸（常用 HNO_3、H_2SO_4、$HClO_4$ 以及混合酸）作为氧化剂，在闭口容器内进行加热消化，消化温度一般为 300～350 ℃。

（6）低温湿消化法

这种方法以 Fenton 试剂（H_2O_2/Fe^{2+}）作为氧化剂，消化温度约为 100 ℃，可以优先防止低熔点挥发性核素损失，可消化较大量的样品（1～2 kg 鲜样），但不适用于含脂肪或油类较多的样品。近期又发现 $HNO_3-H_2O_2/UV$ 照射消化法，这种方法常用于植物样品的消化。先用 HNO_3 预消化，再加入 H_2O_2 并用紫外灯照射，消化温度约 150 ℃，因此也被归类为低温湿消化法。

（7）微波湿消化法

这种方法现在已经被越来越多的实验室所采用，它的优点是灰化时间快（几分钟）、酸用量小（几毫升）、损失极小。该方法常用的微波功率为 400～700 W，酸可用单一酸或混合酸。为提高灰化速率，目前市面上所购买的微波消解仪大多采用加压容器或密闭容器。

（8）熔融法

这种方法应用较少，一般只在下列几种特殊情况下使用：

1）干灰化法或湿灰化法过程中出现不溶性残渣，对残渣进行处理；

2）待测组分以不溶于酸的形式存在于样品中；

3）加速示踪剂与待测核素间的交换平衡。

现在还有一种碳化灰化联合的快速灰化法。碳化阶段，在密闭容器内通入 N_2，使样品在 400～450 ℃下进行热解，以达到安全控温并快速碳化的目的。灰化阶段，通入 NO_2 和 O_2 的混合气体，在高温下加速氧化作用和热解作用，加速对有机物的氧化分解。快速灰化装置一般有灰化炉、供气系统和温度控制系统三部分组成。该方法的优点是灰化快速、灰化效果较好、可同时灰化大量样品，实现了碳化灰化的一体式操作。

生物样品各种灰化方法比较见表 4－3。

表 4－3 生物样品各种灰化方法的比较

灰化方法	核素损失	灰化速度	处理样品量	污染可能性	设备腐蚀性	设备费用
直接干灰化法	大	较慢	大	小	无	较贵
加辅助剂干灰化法	较大	较快	较大	可能	稍有	较贵
低温干灰化法	很小	快	小	小	无	昂贵
充氧干灰化法	可能	很快	较小	小	无	昂贵
无机酸湿消化法	小	较快	较小	大	大	便宜
Fenton 试剂湿消化法	小	快	小	可能	不大	较便宜
$HNO_3-H_2O_2$ 湿消化法	较小	快	小	小	不大	较便宜
微波湿消化法	小	快	小	小	不大	较贵

粮食类样品的前处理过程：取 500 g 样品均匀铺在搪瓷盘内，在烘箱中 70 ℃左右烘约 5 h，称量，求出干鲜比。颗粒状粮食干燥后直接放入内外已清洗洁净的样品盒内夯实；对细粉状粮食用压样器压实。记录待测样品的干重。

蔬菜类和植物类样品的前处理过程：取 3 kg 左右样品，除去不可食部分（植物类样品不需要去除）洗净，擦去或晾干表面水珠，切碎后称鲜重。铺放在搪瓷盘或不锈钢盘中在烘箱中 70 ℃左右烘至近干而发软，称量，求出干鲜比。取一定量干样，在油压机上以 4.45×10^6 Pa（25 kgf/cm^2）压力或用手工压样器压缩成形，将压好的样品迅速放入内外已清洗洁净的样品盒；上面加盖、密封。记录干样质量。

4.4.3 前处理过程中的防护

操作过程中均应在有适当负压的通风柜或手套箱中操作，台面上应再铺一层便于清理的其他材料，进行加热或加压操作时，必须有可靠的防止过热或超压的保护措施，必要时需采用双重的保护措施。前处理过程中操作人员须全程戴好帽子、口罩、手套等个人防护用品，绝不允许用裸露的手直接进行操作。

操作人员应全程佩戴个人剂量计。实验室结束后，操作人员应进行仔细检查和清洗，所有工作服、身体表面应进行表面污染监测，一旦超过限值，应彻底洗消并通过测量后再带出实验室。

用过的一次性物品要妥善处理，不能乱扔以造成环境污染，但也应采取必要的措施，减少放射性废物的产生量。放置废物的地点须设置外照射屏蔽装置。

4.5 放射性污染监测土壤和农作物样品保存

需保存样品通常分为长期保存样品、短期保存样品和暂存样品。其中暂存样品又包括未进行前处理的剩余样品和全部分析结束后的剩余样品。这些样品根据使用条件和保存时间的不同，有不同的保存方法，但都应保证再次测量的要求，并且杜绝交叉污染的风险。

4.5.1 预留样品

预留样品应指未经过前处理或经过烘干后经四分法取样的剩余样品。预留样品应在样品库中的暂存区域或单独的区域妥善保存。保存时，每个土壤样品的外包装须保证完整，以搬运时不会产生撒漏为准。摆放时按照已测量的表面污染 β 计数结果按照由小到大的的次序依次摆放，有α 计数的样品放在最后摆放，样品之间要留有一定空隙，不能摞放。有条件的实验室每个样品单独放在一个盒子中，贴好标签再存放到样品室。样品室应保持干燥、通风、避免阳光直射。

预留的生物样品除了防止交叉污染外，还需防止其腐败变质。对于不易变质的样品，如大米、面粉等，装在密封容器内放到样品库即可。对于蔬菜、水果等易腐败的样品，必须存放在样品库内的冰箱或冰柜内进行低温保存，样品保管员要定期查看样品的腐败情况，对于已经腐败的样品要及时清理，避免造成其他样品的腐败。

4.5.2 分析取用后剩余样品

用于 γ 谱分析的样品装盒完成后，剩余的样品应放在玻璃瓶中密封，贴好标签放入干燥器中暂存用于放化分析，暂存时间不能超过 2 天。

全部前处理完成后，一般还有少量样品剩余，剩余样品装回到原玻璃瓶中，密封（必要时需蜡封），检查标签是否完整后放入样品室暂存区域保存。预留样品装在盒子中的，可以将玻璃瓶放在对应样品盒中一块保存。

剩余的生物样品通常是经过灰化后的样品灰状态，此时不需要考虑样品的腐败问题，参照土壤样品的保存方法保存即可。

全部分析工作完成并确认结果无误后，除特殊要求外，暂存的预留样品和剩余样品要进行妥善处理，不能一直保存在样品库。处理完后要对样品库进行彻底清洁，准备之后样品的放置。

4.5.3 保存时间

（1）长期保存的样品

一般来说，γ 谱装盒测量后的样品可作为长期样品保存，样品盒经过蜡封后放在样品库中避光、干燥、低温处保存。长期保存的样品一般保存期限为 3 年，实验室应保证 3 年内盒内封装的土壤和生物样品灰理化特性保持不变。

（2）短期保存的样品

短期保存的样品保存期限一般不超过 1 年，保存要求同样要求避光、干燥、低温，可以不使用蜡封。短期保存的样品应该与暂存样品和长期保存样品分开，如果样品库较小，也可与长期保存样品放在一起，但应分开存放。短期存放样品到期后要及时处理，避免变质的样品对其他样品造成干扰。

（3）暂存样品

暂存样品通常只在分析过程期间保存，分析结果出来后，样品应立即处理，对于分析较快的样品，也应从暂存之日开始算起 15 日后再进行处理，以便进行质量追溯。如有特殊要求，按照要求保存时间的长短转为短期样品或长期样品进行储存。暂存样品可以保存在样品库中，当样品库较小时，也可保存在不会对实验和人员造成影响的固定区域。

暂存的生物样品鲜样一般不会储存太久，除少部分用于放化分析的鲜样外，其余样品都以灰样的形式储存在样品库中，灰样同样也应保存至少 15 日后再进行处理。鲜样应在样品库中冷冻储存，冷冻时，每个样品单独放在泡沫箱中，密封好整齐摆放。泡沫箱上贴好标签，同时用记号笔在箱子上写明相关信息，避免标签滑落造成样品信息丢失。

4.5.4　样品库要求

（1）环境要求

样品库应保持低温（低于室温）、干燥、通风、避光，腐蚀性样品和挥发性样品要单独存放，在高温高湿地区要安装必要的设备以保证满足样品室对环境的要求。温度控制不宜过低，一般 5～20 ℃即可，湿度应控制在 15%以下，有鼠害的区域不能作为样品库存放样品。

对于放射性污染的土壤样品，其存放的安全性必须受到重视。安全包括样品的物理安全和对人员的外照射安全。样品室应安装必要的监控设备与安全设施，安全设施包括防盗窗，安全锁等，对于测量结果较高的样品，应放在屏蔽箱中保存，保存条件可参考放射性固体废物的贮存条件来执行。

对于存放生物样品的地点，样品保管员要经常进行检查和清扫，防止样品滋生飞虫或引来老鼠。冷冻样品产生的冰或冰冻水不可直接倾倒，应采样测量后再进行后续处理，以免造成环境污染。

（2）人员要求

样品库要有至少 1 人的样品保管员，样品保管员须定期对样品库进行检查和整理，确认样品库符合环境要求，样品的帐、物、卡相符。样品出入库时样品保管员和送样人或接样人必须同时在场，确认样品完好并填写样品出入库记录表后方可完成样品出入库过程。

参考文献

［1］舒复军，杨金玲，杨志红等. 一种快速分析土壤样品中 ^{90}Sr 的方法［J］. 核化学与放射化学：2013，35（1）：14－18.

［2］肖雪夫，岳清宇. 环境辐射监测技术［M］. 哈尔滨：哈尔滨工程大学出版社，2015.

［3］党磊，吉艳琴.低水平 ^{90}Sr 的分析方法研究进展［J］. 核化学与放射化学：2010，32（3）：129－144.
［4］中华人民共和国国家卫生和计划生育委员会. GB 14883.9—2016，食品安全国家标准食品中放射性物质碘－131 的测定［S］. 北京：中国标准出版社，2016.
［5］国家环境保护总局. HJ/T 61—2001，辐射环境监测技术规范［S］. 北京：中国标准出版社，2001.
［6］中华人民共和国国家质量监督检验检疫总局，中国国家标准化管理委员会. GB 11930—2010，操作非密封源的辐射防护规定［S］. 2010.
［7］国家技术监督局. GB 11928—1989，低、中放水平放射性固体废物暂时贮存规定［S］. 北京：中国标准出版社，1989.
［8］中华人民共和国国家质量监督检验检疫总局. GB 18871—2002，电离辐射防护与辐射源安全基本标准［S］. 2002.

第五章

放射性污染土壤和农作物样品分析与测量

放射性污染土壤通常呈现多种核素复合污染状况，且具有浓度域值跨度大的特征，给放射性污染土壤评价和修复工作带来较大挑战。依据放射性污染土壤和农作物评价和修复的目的和要求，分别在修复前、修复过程中、修复后三个阶段进行土壤和农作物的取样和测量。

5.1 放射性污染土壤和农作物样品分析

5.1.1 分析目的

对于放射性污染土壤的调查工作而言，样品分析的目的主要有以下两个。

（1）放射性污染情况调查

某区域土壤环境由于核事故或非计划排放等原因受到放射性核素污染后，需要通过取样监测的方式获取相关的土壤中核素含量及分布情况，包括污染核素种类及含量水平、污染范围、污染的水平分布及垂直分布等，并根据监测数据制定下一步污染治理方案。

（2）污染治理工作有效性验证

污染治理工作是否达到预期目标，需要通过进一步的取样分析来进行验证。通过与放射性污染情况调查工作的对照取样分析，汇总两次调查工作的监测数据并予以比较分析，科学地评判放射性污染治理工作的成效，并为下一步工作的开展提供数据支持。

5.1.2 样品处理

土壤样品在经过必要的前处理与制备等制样程序之后（具体见“第 2 章”），针对待测核素种类及性质需排列出不同样品分析的先后顺序，这种做法的目的主要是为了在初步摸清不同样品中待测核素含量高低分布的基础上，尽量做到从低到高的分析顺序，最大程度上避免样品间的交叉污染问题，确保样品分析结果的准确可靠。

对于 β 放射性核素而言，如 ^{90}Sr 和 ^{137}Cs，样品排序的初步筛选手段包括α/β 表面污染和总 β 测量。

α/β 表面污染：用于放化分析的土壤样品混合后平铺至平底容器中，为了保证不同样品间的测量数据具有可比性，必须保证不同土壤样品摊开后的面积一致，不同土壤样品上表面与仪器探头底部的距离一致。将α/β 表面污染仪放置在土壤样品上方以备进行α/β 表面污染测量，保证仪器有效探测区位于土壤样品中心正上方，土壤样品上表面与仪器底部平行，距离可视具体情况而定。依照 β 表面污染测量数据的高低排列样品实验室分析的先后顺序。

总 β 测量：准确称取相同重量的样品（如 0.200 0 g），用无水乙醇将样品平铺至相同尺寸（如ϕ40 mm）的不锈钢测量盘中，置于流气式正比计数器中测量 β 净计数率，并依照净计数率的高低排列样品实验室分析的先后顺序。制样过程必须保证样品间不存在交叉污染，否则会导致得出错误的判断。

5.1.3 分析与测量方法

5.1.3.1 ^{90}Sr 分析

关于土壤中 ^{90}Sr 的分析，国内及国外均有相应的分析标准。

《土壤中锶－90 的分析方法》（EJ/T 1035—2011）[1]是我国现行的土壤中 ^{90}Sr 的行业分析标准，采用的分析方法为 HDEHP（二－（2－乙基己基）磷酸）萃取色层法，共分为两个部分：一是快速法，通过测量与 ^{90}Sr 处于放射性平衡状态的子体 ^{90}Y 实现样品的快速分析；二是放置法，完成 ^{90}Sr 的分离纯化操作后，将样品溶液放置一段时间实现锶钇衰变平衡，再次利用 HDEHP 萃淋树脂实现锶钇分离，通过测量 ^{90}Y 计算得到样品中 ^{90}Sr 的活度浓度。

国际标准化组织（ISO）、美国材料与试验协会（US－ASTM）、美国环境保护署（US－EPA）、英国标准协会（GB－BSI）和法国标准化协会（AFNOR）等机构均发布了土壤中 ^{90}Sr 的分析标准[2-6]，分析方法涵盖了发烟硝酸法、溶剂萃取法和液固分离法等。

国内外 ^{90}Sr 分析标准的具体情况见表 5－1。

土壤中 ^{90}Sr 的分析主要包括以下几个步骤：样品前处理（烘干、均匀化、筛分、灰化）、核素分离纯化和放射性测量。

表 5－1　国内外 ^{90}Sr 分析标准方法信息汇总

序号	标准号	标准名称	方法简介	发布机构	发布时间
1	EJ/T 1035—2011	土壤中锶－90 的分析方法	HDEHP 萃取色层法	国家国防科技工业局	2011 年
2	ISO 18589－5—2009	环境中放射性活度测量－土壤－第五部分：锶－90 的测量	发烟硝酸法、HDEHP 液液萃取法、冠醚树脂色层分离	ISO	2009 年
3	ASTM C1507—2012	土壤中锶－90 放射化学分析的标准检测方法	冠醚树脂色层分离	US－ASTM	2007 年
4	Sr－03－RC	环境样品中的锶－90	发烟硝酸法	US－EPA	1997 年

续表

序号	标准号	标准名称	方法简介	发布机构	发布时间
5	BS ISO 18589－5—2009	环境中放射性活度测量－土壤－第五部分：锶－90 的测量	发烟硝酸法、HDEHP 液液萃取法、冠醚树脂色层分离	GB－BSI	2009 年
6	NF M－60－790－5—2009	环境中放射性活度测量－土壤－第五部分：锶－90 的测量	发烟硝酸法、HDEHP 液液萃取法、冠醚树脂色层分离	AFNOR	2009 年

（1）样品前处理

土壤和生物样品在进入到实验室进行放射化学分析之前，需要进行必要的前处理以获得均匀的、含有可溶态的目标核素的样品溶液，并确保目标核素没有明显的损失。前处理的目标主要包括：

1）除去影响后续化学操作的不溶物；

2）除去可能会与目标核素或试剂形成配合物的有机质，确保目标核素与稳定 Sr（包括样品自身含有及外加载体）的同位素交换。

土壤样品的前处理方式一般分为三种：高温灼烧—酸浸取法、微波消解法和熔融法。

① 高温灼烧—酸浸取法

高温灼烧是指将固体物质（如土壤等）加热到高温以达到脱水、分解或除去挥发性杂质、烧去有机物等目的的操作。在放化分析中，高温灼烧的目的一般以除去样品中的有机物为主要目的。

固体样品经高温灼烧后将转入核素富集阶段，一般以酸浸取法最为常见。酸浸取一般指以无机酸（硫酸、盐酸、硝酸等）为浸取剂的浸出过程。酸浸取法可以将固体样品中的可溶金属（目标核素）变成离子从而进入溶液，便于下一步的分离纯化操作。对于一般样品中 ^{90}Sr 的分析而言，如核素来源主要为全球沉降的样品，酸浸取法可以将绝大部分的核素转入溶液中，分析结果的代表性不存在问题；但对于核试验场地等特殊区域的样品而言，因其含有少量的难溶高温氧化物，用酸浸取法无法将所有目标核素捕集到，分析结果往往偏低，因此，对于此类样品在前处理时应配合使用熔融法。

② 微波消解法

微波是一种波长范围在 1 mm～1 m、频率为 300 MHz～300 GHz 的电磁波。近年来，微波技术在化学领域得到不断发展和广泛使用。

微波可以直接穿入样品的内部，在不同深度同时产生热效应，使加热更加迅速和均匀，可以很大程度上缩短样品前处理所需时间，一般比常规加热方法快 10～100 倍。

微波的作用原理一般认为是其热效应，其本质在于材料的介电位移或材料内部不同电荷的极化以及这种极化不具备迅速跟上交变电场的能力。微波中的电磁场以每秒数亿次甚至数十亿次的频率转换方向，极性电介质分子中的偶极矩的转向运动来不及跟上如此快速的交变电场，引起极化滞后于电场并且极化产生的电流有一与电场相同的相位分量，导致材料内部摩擦而发热，样品温度则急剧上升。微波加热过程中能量通过空间或介质以电磁波形式来传播，这种加热方式称为体加热或内加热。微波也具有非热效应，即除热效应以外，微波还具有电效应、磁效应及化学效应等。

微波消解技术具有样品分解快速、完全，挥发性元素损失小，试剂消耗少，操作简单，处理效率高，污染小，空白低等显著特点，被誉为“绿色化学反应技术”，已在食品检测及环境分析等领域被广泛使用。

微波消解技术的使用也有其自身的限制，如加热最高温度一般只能达到2000 ℃左右，对于样品中的难分解物质的消解不够彻底，容易引入负误差，使测量结果偏低；消解过程中的高压、高温、强酸蒸汽等会给实验人员带来安全方面的心理压力；一次消化样品量有限，这是微波消解技术最大的劣势所在，导致正常环境水平样品无法很好地使用该处理技术，限值了其应用领域。

③ 熔融法

熔融法是一种分解效率很高的分解方法，将原来不易溶的样品转变成可溶于水或酸的物质。该方法主要靠高温下固体与熔剂间发生的多相反应。其主要缺点是要求使用相当量的熔剂，试剂本身的杂质连同坩埚等被腐蚀下来的杂质会进入样品溶液，可能对分析结果会有一定的影响。同时，样品制备期间引入了大量盐类，这就对下一步的实验操作带来了困难。

熔融法一般分为三种，即碱金属熔融（使用碳酸盐、氢氧化物、过氧化物或硼酸盐等）、酸熔融（使用焦硫酸盐、氟氢酸盐、硼氟酸盐或氧化硼等）和氧化还原熔融（使用混合熔剂，即氧化剂或还原剂加上碱熔融使用的熔剂，以及在元素硫存在下的碱熔融）等。

碱金属熔融法是最常用的方法，但需加入大量的熔剂，对于质谱分析而言可能会引起严重地多原子离子干扰。

碳酸钠和碳酸钾及两者等当量的混合物是碱熔法中最常用的熔剂，也可采用碳酸氢盐代替碳酸盐。碳酸盐熔融法经常用于硅酸盐样品的分解，配套使用的坩埚一般为铂或铂金坩埚。

碱金属氢氧化物是另一种极有效果的碱性熔剂，常用的有氢氧化钠和氢氧化钾。由于熔解时氢氧化物释放出水会引起熔物的喷溅，所以一般先在熔点温度下将熔剂脱水，待重新固化后再用于处理样品。关于熔剂的用量，一般比样品过量 10 倍即可，时间一般需要 5～15 min，但对于某些难分解的样品则需要更长的时间。

过氧化钠也是一种最有效的碱熔试剂，除了具有很强的分解能力外，熔化时还具有很强的氧化能力，将许多种阳离子氧化成最高价态。过氧化钠常用于稀土元素分析，需经阳离子交换树脂柱进行分离，流程较长。

生物样品的前处理流程一般为：样品洗净后取待分析检测部分，风干，称量并记录样品鲜重；烘干后进行炭化处理，炭化完全则进入灰化处理阶段，称量灰重并计算灰鲜比，灰分用作下一步实验室分析。实验室阶段的前处理过程与土壤样品类似。

生物样品在炭化及灰化阶段要特别注意温度的控制。一般将样品置于瓷、石英或铂坩埚中，在电热板上进行炭化，炭化的温度要低于生物样品的临界着火点；灰化温度的控制一般取决于待测核素的性质，如待测核素为 ^{137}Cs，那么灰化温度一般控制在 450 ℃以下，防止核素因挥发而大量损失。

样品前处理用量与核素的分离纯化及探测手段密切相关。一般而言，采用 AMS（加速器质谱）等具有很低检出限水平（其检出限约为 10^6 个原子数）的仪器进行探测，样品分析用量可以控制在很低的水平（几克量级）。采用液闪谱仪和流气式正比计数器进行探测，其样品分析用量一般较大，如对于环境水平的土壤样品，其分析用量一般达到 30～100 g。

对于一般的土壤样品而言，其 ^{90}Sr 的来源主要是全球落下灰，采用酸浸取法和微波消解法基本可以将待测核素全部转移至溶液中。但是对于核试场等特殊区域而言，其土壤样品中可能含有一定量的高温氧化物，这种高温氧化物很难利用单种酸或混合酸加热浸取的方式将 ^{90}Sr 转移出来，必须采用熔融法将样品全部转移至溶液，然后继续下面的相关分析操作。

对于受 ^{90}Sr 放射性污染区域土壤样品的取样监测而言，由于样品中核素含量水平较高，其分析用量一般可以控制在 10 g 以下，这时采用微波消解法进行样品的前处理是一种很好的选择，可以做到样品的批量快速处理。

（2）核素分离纯化

^{90}Sr 的分离纯化方法可以系统地分为三类，即沉淀分离法［发烟硝酸法（硝酸盐沉淀法）］、溶剂萃取法（传统萃取法和冠醚萃取法）和液固分离法（离子交换分离、HDEHP 萃取色层分离法和冠醚萃取色层分离法）。

1）发烟硝酸法

发烟硝酸法是最早采用的适用性较广的分离方法，目前我国及部分其他国家仍将发烟硝酸法作为 ^{90}Sr 放化分析的标准方法之一。该方法的原理如下：首先，用碳酸盐沉淀法从土壤样品浸出液中使锶与钙等其他元素一起沉淀下来，将沉淀溶解后，用发烟硝酸沉淀锶和钡。将沉淀再溶解后，用氢氧化铁沉淀除去稀土、锆等放射性核素，用铬酸钡沉淀除去镭、钡和铅等。以碳酸盐的形式沉淀锶并进行 β 计数率的测定。将沉淀放置 14 d 后分离和测量 ^{90}Sr 的子体 ^{90}Y，从而计算得到 ^{90}Sr 的含量。该方法具有很高的分析准确度和精密度，但在沉淀时需使用发烟硝酸，会给操作者带来一定的健康危害，且废液难以处理；操作步骤多，耗时长，不适用于样品的快速检测评价。

结合《水中锶–90 放射化学分析方法发烟硝酸沉淀法》（GB 6764—1986）[8]，对于土壤样品中 ^{90}Sr 采用发烟硝酸法时的分析步骤如下：

① 根据样品来源，称取一定量的已经过烘干、磨碎、过筛等前处理的土壤样品置于瓷坩埚中，加入适量的锶载体和钇载体，烘干后转入马弗炉中 600 ℃灼烧 1 h，冷却后转入烧杯中，用 6.0 mol/L 的盐酸溶液加热浸取 2 次，冷却后离心，收集合并上清液，并用稀盐酸少量多次洗涤残渣，合并洗涤液于上清液中，形成最终的土壤浸出液。

② 用氨水调节浸出液 pH 至 8～9，搅拌下加入适量的碳酸铵，形成碳酸盐沉淀后继续加热至近沸并不断搅拌，使沉淀凝聚，取下冷却。

③ 弃去上清液，收集沉淀。逐滴加入浓硝酸至沉淀完全溶解，继续加入适量发烟硝酸，沸水浴加热至无二氧化氮黄烟冒出。取下置于冷水中冷却至室温，离心并弃去上清液。用无水乙醇洗涤沉淀 2 次，离心并弃去上清液。

④ 用适量蒸馏水溶解硝酸盐沉淀，加入三氯化铁溶液并置于沸水浴中加热。用氨水调节溶液 pH 至 8～9，置于沸水浴中加热并不断搅拌，取出后趁热离心分离。将上清液转入已加入适量氯化钡溶液的烧杯中，记录弃去氢氧化铁沉淀的时间，作为 ^{90}Y 开始生长的时刻。

⑤ 用氨水调节上清液的 pH 至 7，加入乙酸溶液和乙酸铵溶液并加热至 90 ℃左右，搅拌下加入铬酸钠溶液。继续加热至溶液澄清。冷却、过滤，并用乙酸－乙酸铵混合溶液洗涤沉淀，弃去沉淀，收集溶液。

⑥ 加热溶液至 80 ℃左右，用氨水调节溶液 pH 至 8～9，加入饱和碳酸铵溶液，继续加热至近沸，使沉淀凝聚。取下于冷水浴中冷却至室温，抽滤并收集沉淀，用 2 mol/L 的盐酸溶液溶解沉淀，收集溶解液。

⑦ 往溶解液中加入适量的钇载体溶液和蒸馏水，放置 14 d。

⑧ 将溶液转入离心管中，加热煮沸，用氨水调节溶液 pH 至 8，继续加热使沉淀凝聚。冷却至室温后离心，将上清液转入烧杯中，并记录锶、钇分离时刻。

⑨ 用硝酸溶液溶解沉淀，加入适量的蒸馏水，重复⑧的操作。合并上清液并测定锶的含量，以便于下一步计算锶的化学回收率。

⑩ 用适量的硝酸溶液溶解沉淀，加入一定量的蒸馏水，调节溶液 pH 至 1.5～2，置于沸水浴中加热 2 min，搅拌下滴加适量饱和草酸溶液，继续加热至草酸钇沉淀凝聚。将离心管置于冷水浴中冷却至室温。

⑪ 抽滤，并依次用草酸溶液和无水乙醇洗涤沉淀。将沉淀连同滤纸转移至测量盘中，利用低本底α/β 测量仪测量 ^{90}Y 的 β 计数，记录测量时间。

⑫ 测定钇的含量并计算钇的化学回收率，按公式（5－1）计算 ^{90}Sr 的含量。

$$A=\frac{NJ_0}{E_{\mathrm{f}}V(m)Y_{\mathrm{Sr}}Y_{\mathrm{Y}}(1-\mathrm{e}^{-\lambda t_1})\mathrm{e}^{-\lambda(t_3-t_2)}J} \tag{5-1}$$

式中：

A——样品中锶－90 的活度浓度，Bq/L（或 Bq/g）；

N——样品的净计数率，s^{-1}；

J_0——校准测量仪器的探测效率时测得的锶－90 检验源的净计数率，s^{-1}；

E_f——钇－90 的探测效率，$s^{-1}\cdot Bq^{-1}$；

V——分析水样的体积，L；（或 m—固体样品的质量，g）；

Y_{Sr}——锶的化学回收率；

Y_Y——钇的化学回收率；

$1-e^{-\lambda t_1}$——钇－90 的生长因子，其中 t_1 为锶－90 和钇－90 的平衡时间，h；

$e^{-\lambda(t_3-t_2)}$——钇－90 的衰变因子（t_2 为锶、钇分离时刻，h；t_3 为钇－90 测量中间时刻，h；$\lambda=0.693/T$，T 为钇－90 的半衰期，65.2 h）；

J——测量样品时锶－90 检验源的净计数率，s^{-1}。

土壤等固体样品中 ^{90}Sr 采用发烟硝酸法进行分析时的流程图示见图 5－1。

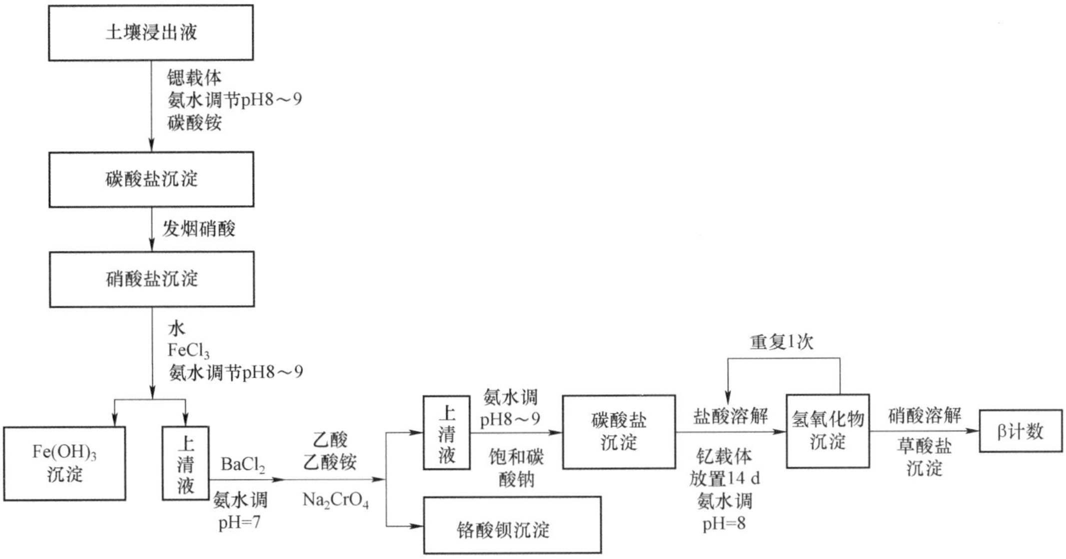

图 5－1　流程图－发烟硝酸法分析土壤等固体样品中 ^{90}Sr 的含量

鉴于发烟硝酸法存在的弊端，相关学者对该方法进行了改进。

Bojanowski 等人[9]将以碳酸盐或氧化物形式存在的样品按照 1:7（*W*/*V*）的比例、在搅拌情况下溶于浓硝酸中，锶会形成不溶的硝酸盐形式，用丙酮洗涤沉淀，此时钙保留在溶液中。该方法需进行 2 次共沉淀操作，此时锶的回收率仍能保持在 90%以上。

Popov 等人[10]推荐了采用 NaOH 来解决这个问题。推荐的方法充分利用了锶和钙的氢氧化物溶解度的不同，在 90 ℃、0.4～0.6 mol/L NaOH 体系条件下，$Ca(OH)_2$ 以沉淀形式存在，同时锶仍保留在溶液里。但碳酸盐的存在及高盐度情况下会影响分离效果。

Weiss 等人[11]指出可以采用有机沉淀的方式，玫瑰红酸钾，实现锶和钙的分离。由于需要用到特殊的试剂，致使该方法并未在常规分析中予以使用。

2）溶剂萃取法

目前我国一般按照相应的萃取机理将溶剂萃取体系分为六大类，包括简单分子萃取、中性络合萃取、酸性络合萃取、离子缔合萃取、协同萃取和高温熔岩萃取等[12]。

在 ^{90}Sr 分析中，常用的萃取剂包括噻吩甲酰三氟丙酮（TTA）、磷酸三丁酯（TBP）、二（2－乙基己基）磷酸（HDEHP）、冠醚等。

HDEHP 和 TBP 属磷类萃取剂。磷类萃取剂在核工业相关领域中应用十分广泛，是核燃料铀、钍生产环节的关键萃取剂。一般分为两大类，包括中性和酸性的，其中 TBP 是中性磷类萃取剂的典型代表，而 HDEHP 则是使用最多的一种酸性磷类萃取剂。

TTA 属螯合萃取剂。弱酸性的螯合萃取剂一般情况下会与金属形成不溶于水、溶液有机溶液的金属螯合物，该类萃取手段多用于实验室分析过程，PMBP（1－苯基－3－甲基－4－苯酰基－吡唑啉酮－5）也是该类萃取剂的代表。

冠醚则属于含氧萃取剂，也是目前研究最多的萃取剂。

在液液萃取体系中，锶被有机相中特殊的憎水配位体萃取，与金属离子络合形成一种稳定的电中性络合物，并最终进入有机相实现核素的分离纯化。溶剂萃取法具有萃取率高、选择性好、耐辐照（冠醚）、结果稳定等优点，但萃取过程不易操作、流程长，对操作者有一定的健康危害，产生废液的处理也是一个难题。

下面以国际标准化组织标准 ISO 18589－5—2009 “Measurement of Radioactivity in the Environment－Soil－Part5：Measurement of Strontium 90”[2]为例，给出采用溶剂萃取法分析土壤中 ^{90}Sr 的典型分析流程以供参考。

该标准方法的原理：在 pH＝1.4 的条件下，利用有机溶剂 HDEHP 将钇从样品溶液中萃取出来。利用 1 mol/L HCl 溶液洗涤有机相，并用 9 mol/L HCl 溶液将钇从有机相中反萃取出来后，用 TOM 溶液（三辛基甲基氯化铵）进一步纯化样品溶液。最后，以草酸盐的形式沉淀钇并置于马弗炉中 900 ℃灼烧，利用正比计数器进行 β 计数测量。具体分析流程如下：

① 根据样品来源称取一定量的土壤样品，按照 10 mL 8 mol/L HNO_3/g 土壤的比例加入硝酸溶液，加入载体溶液并搅拌均匀。放置 1 d。

② 加热浸取至少 8 h，期间间歇性滴加 H_2O_2。

③ 离心，弃去残渣。用 8 mol/L HNO_3 洗涤烧杯，并将洗涤液转入离心管，搅拌均匀后离心。重复操作至上清液澄清。

④ 加热将上清液蒸干，加入 50 mL 8 mol/L HNO_3 和 0.6 g $NaNO_2$，加热至冒烟，放置冷却。

⑤ 加入 100 mL 1 mol/L HCl 溶液溶解残渣，并用稀氨水调节溶液 pH 至 1.4。

⑥ 将样品溶液转入 250 mL 分液漏斗中，并加入 50 mL HDEHP 溶液。

⑦ 用力振荡数分钟，记录时间 $t=0$ 作为钇衰变时刻，放置 30 min，弃去水相。

⑧ 用 20 mL 1 mol/L HCl 溶液洗涤有机相，振荡 1 min，放置 2 min 后弃去水相。相同程序共洗涤 5 次。

⑨ 用 10 mL 9 mol/L HCl 溶液从有机相中反萃取钇，振荡 1 min 并放置 2 min，收集水相。相同程序反萃取 5 次，收集并合并水相至另外的 250 mL 分液漏斗中。

⑩ 加入 50 mL TOM 溶液，用力振荡数分钟并放置 15 min。收集水相至烧杯中，并加入 50 mL 去离子水。如果水相浑浊，再次用 TOM 溶液纯化至澄清。

⑪ 加入 60～80 mL 浓氨水，加热煮沸 2 min 以获得氢氧化钇的絮状沉淀。放置冷却约 20 min。

⑫ 转入离心管并以 3 000 r/min 的转速离心 10 min，弃去上清液，往离心管中加入 5 mL 2 mol/L HNO_3 溶液，并转移至烧杯中。

⑬ 加入 10 mL 饱和草酸溶液，并用水稀释至 50 mL。加热至微沸后停止，放置使沉淀约 30 min。

⑭ 过滤收集草酸钇沉淀，用不超过 35 mL 3.5 mol/L HNO_3 溶解沉淀，溶解液转入已称重的塑料瓶中，记录溶解液的重量。

⑮ 量取 14 mL 溶解液并转入已称重的 20 mL 聚乙烯瓶中，记录样品重量。加入 6 mL 闪烁液，称重后混匀，置于液闪谱仪进行测量。若样品未即时测量，需在（4±3）℃条件下保存。

土壤等固体样品中 ^{90}Sr 采用溶剂萃取法进行分析时的流程图示见图 5－2。

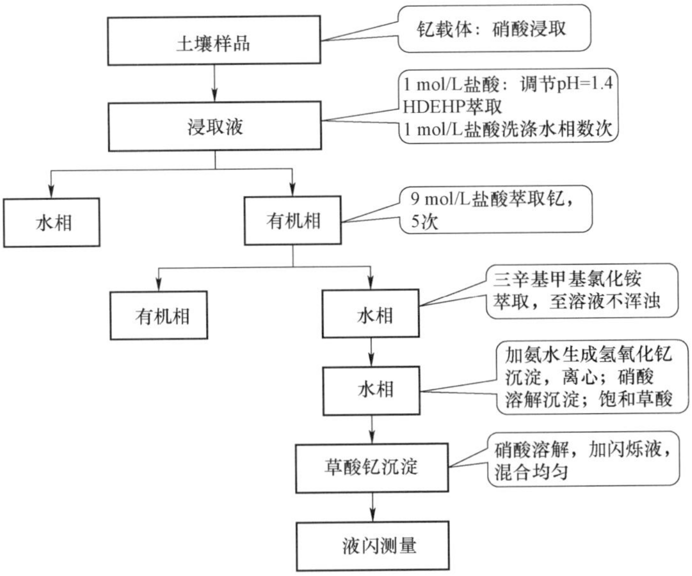

图 5－2　流程图－溶剂萃取法分析土壤等固体样品中 ^{90}Sr 的含量

TBP 同样适用于钇的定量分离纯化，一般应用于浓硝酸体系。Baratta 等人[13]在 1967 年就已经实现了利用 100% TBP 溶液从浓硝酸体系中萃取分离钇，随后以草酸钇沉淀的形式进行测量，实现了骨骼样品中 ^{90}Sr 的分析。Maier 等人[14]利用相似的方法实现了土壤和植物样品中 ^{90}Sr 的分析。Martin[15]通过利用 TBP 溶液反复萃取 3 次实现了反应堆废物中 ^{90}Sr 的纯化分离，以测量 ^{90}Sr 子体 ^{90}Y 的切伦科夫计数来计算核素活度浓度水平。当样品分析用量为 10 g 时，该分析程序的化学回收率约为 60%，探测限为 55 mBq/g。TBP 萃取联合切伦科夫计数的使用已经多次被使用，Jabbar 等人[16]利用此项技术对来自巴基斯坦的多种环境样品中 ^{90}Sr 进行了分析。

也曾有报道在 ^{90}Sr 分析中采用 TTA 作为萃取剂来分离纯化钇[17]，但萃取效果与 HDEHP 及 TBP 相比要差一些。

冠醚萃取剂作为一种新型萃取剂在二十世纪七八十年代就已经被发现、发展及测试，也是被研究最多的一种萃取剂。一般的简单冠醚由于没有附加的官能团或相应的憎水基，因此选择性都不是很好。在被赋予官能团或以憎水基修饰后，冠醚的萃取效果明显提升，特别是对于金属离子而言。从目前来看，二环己基－18－冠－6（DCH18C6）和二叔丁基二环己基－18－冠－6（DtBuCH18C6）是两种对锶有良好萃取分离效果的冠醚类萃取剂。

Kimura 等人[18]推荐了一种从大量钙中分离纯化锶的方法，主要以 DCH18C6 作为萃取剂，平均化学回收率可以达到 97%，对钙的去污因子达到 10^4 以上，但是不能实现对钡的去污。后来 Kimura[19]对方法进行了改进，以铬酸盐沉淀的形式实现了钡的去污，锶的化学回收率约为 75%。Tait 等人[20]利用含有苦味酸盐的 21－冠－7 液相萃取剂实现了钡的去污，锶则被 DCH18C6－氯仿萃取剂反萃取，该分析程序应用于 2 L 牛奶样品的分析时的化学回收率在 90%以上。Horwitz 等人[21-22]针对不同冠醚类萃取剂对于锶的分离纯化条件及相应的分离纯化效果，发现并建立了 DtBuCH18C6－正辛醇萃取分离锶的 SREX 流程，该流程对锶的萃取率可达到 99.7%，且具有良好的选择性、耐辐射、易解吸等优点，但对钡等其他干扰元素的去污效果不好。

国内对冠醚类萃取剂在锶分析中的应用也开展了相应的研究，主要的研究方向为高放废液处理方面。何龙海[23-26]、王秋萍[27-28]分别研究了冠醚萃取法从高放废液中去除锶的工艺流程、化学行为，DCH18C6 在硝酸和模拟高放废液中的溶解度、冠醚从模拟高放废液中去除锶的串级实验等，并建立了用 DCH18C6－正辛醇从高放废液中去除锶的工艺程序。杨群等人[29-30]研究了带有不同官能团的冠醚在硝酸介质中对锶的萃取分离效果，实验表明 DCH18C6－四氯乙烷的效果最好，并以此为基础研究了在高放废液领域的应用。

3）萃取色层法

萃取色层法，又叫固态萃取法，该方法的发展已历时 40 余年（自 1975 年），主要包括 HDEHP 萃取色层分离法和冠醚萃取色层分离法。与溶剂萃取法和离子交换法相比，萃取色层法具有以下优点：

第一，萃取过程发生在树脂的外薄层，试剂间有更好的接触，与离子交换法相比具有更快的交换动力学。

第二，由于色谱技术的应用，分离效果要比采用溶剂萃取法的分批技术更有效。

第三，更少的试剂和化学品的使用。

第四，产生更少的危害废物。

第五，整个过程更加经济。

下面分别介绍 HDEHP 萃取色层分离法和冠醚萃取色层分离法的方法原理及在标准方法和研究性方法中的应用。

① HDEHP 萃取色层分离法

这种分离方法是我国 ^{90}Sr 现行分析标准常用的方法，如水、土壤、生物等样品介质分析标准。该方法是通过测量与 ^{90}Sr 处于放射性平衡状态的子体 ^{90}Y 的方式进行的，分为快速法和放置法。快速法是用 HDEHP 萃取色层柱选择性分离样品溶液中的 ^{90}Y；放置法是在用 HDEHP 萃取色层除去钇、铁和稀土等元素后，将流出液放置 14 d 以上，再次通过色层柱，分离和测定 ^{90}Y。一般，在条件允许的情况下，应采用放置法进行分析测定。虽然该方法在国内应用广泛，但其仍存在一些缺点，如操作步骤多、耗时长，样品分析结果的准确度和精密度不是很好等。

以行业标准《土壤中锶－90 的分析方法》（EJ/T 1035—2011）[1]为例，给出采用 HDEHP 萃取色层分离法分析土壤等固体样品中 ^{90}Sr 的典型分析流程以供参考。

该标准方法的基本原理如下：

快速法：采用 P204 萃淋树脂色层柱吸附钇－90，硫化铋沉淀除铋，草酸钇沉淀制源，用低本底 β 测量装置测量钇－90，根据钇－90 计数率计算土壤中锶－90 的含量。

放置法：经过色层柱分离钇－90 后的流出液用碱沉淀除杂，放置使锶－90/钇－90 衰变平衡，再经过色层柱分离并测量钇－90，根据钇－90 计数率计算土壤中锶－90 含量。

具体分离流程如下：

第一步，将土壤样品在 110 ℃烘干、磨碎、过筛，称取 50 g 土壤放入瓷坩埚中，加入一定量的锶载体和钇载体，在马弗炉内于 600 ℃灼烧 1 h，冷却后转移至土壤浸取装置中，加入 140 mL 6 mol/L HCl 溶液，加热煮沸 1 h，冷却、离心，上清液收集于 500 mL 烧杯中，再用 40 mL 1 mol/L HCl 溶液洗涤残渣 1 次，将上清液和洗涤液合并为浸取液，弃去残渣。

第二步，向浸取液中加入 60 g 草酸和 20 g 二水合柠檬酸三钠，加热溶解，加入适量氢氧化钠溶液，调节溶液 pH 为 3.0；然后在沸水浴上加热，不断搅拌，使氢氧化铁沉淀完全消失，得到带有白色沉淀的亮绿色溶液，继续加热 15 min，快速冷却至室温。

第三步，抽滤收集沉淀，用稀草酸溶液洗涤沉淀 2 次，每次 20 mL，弃去溶液；将沉淀连同滤纸移入 100 mL 瓷坩埚中，烘干、炭化后，在马弗炉中于 700 ℃灼烧 1 h。

第四步，坩埚冷却后，将残渣转入 150 mL 烧杯中，先用少量 6 mol/L HNO_3 溶液湿润残渣，滴加浓硝酸约 20 mL 将其溶解至不反应为止，然后加入 1 mL 过氧化氢脱色，将其低温加热至无小气泡冒出，得到透明溶液，体积控制约 80 mL，冷却。将溶液调制 pH 为 1.0 后抽滤。

（a）快速法

第一步，滤液以 2.0 mL/min 的流速通过 P204 萃淋树脂色层柱，记下从开始过柱到过柱完毕的中间时刻，作为锶－90/钇－90 分离时刻 t_1；用 10 mL pH＝1.0 的硝酸溶液洗涤色层柱，流出液和洗涤液合并至 200 mL 烧杯中作为保存液供放置法用，用 50 mL 1 mol/L HCl 溶液和 40 mol/L 1.3 mol/L 硝酸溶液以相同流速洗涤柱子，弃去洗涤液。

第二步，用 50 mL 6 mol/L HNO_3 溶液以 0.5 mL/min 的流速解吸钇。解吸液收集于 150 mL 烧杯中，加入 1 mL 铋载体，用氨水调节 pH 至 1.0，滴加 0.5 mL 硫化钠溶液，生成黑色的硫化铋沉淀，抽滤并收集滤液。

第三步，将滤液以 2.0 mL/min 的流速通过 P204 萃淋树脂色层柱，用 50 mL 1 mol/L HCl 溶液和 40 mL 1.3 mol/L 硝酸溶液以相同流速洗涤柱子，弃去洗涤液。

第四步，用 50 mL 6 mol/L HNO_3 溶液以 0.5 mL/min 的流速解吸钇。解吸液收集于 150 mL 烧杯中。

第五步，加入 5 mL 饱和草酸溶液，用氨水调节 pH 至 1.5～2.0，烧杯置于水浴中煮沸 30 min。沉淀转移至铺有已称重定量滤纸的可拆卸式漏斗中，抽滤，依此用 1%草酸溶液、无水乙醇各 5 mL 洗涤沉淀。将其固定在测量盘上，烘干后置于低本底 β 测量仪上测量净计数率，记录开始测量到测量完毕的中间时刻，作为测量时刻 t_2。

第六步，测量后的样品源于 110 ℃烘 1 h，冷却至室温，称至恒重，按草酸钇计算钇的化学回收率。

（b）放置法

第一步，往保存液中加入 1 mL 铋载体和 1 mL 铅载体，并用氨水调节溶液 pH 至 9.0，加热蒸至 70 mL 左右，离心，抽滤，滤液收集于 100 mL 烧杯。

第二步，加入 1 mL 钇载体溶液，调节溶液 pH 至 1.0，转移至 100 mL 容量瓶中，用 pH＝1.0 的硝酸溶液稀释至刻度，摇匀；取出 1 mL 溶液，在原子吸收分光光度计上测定锶含量，计算锶的化学回收率；容量瓶中剩余的溶液放置 14 d 后，以 2.0 mL/min 的流速通过 P204 萃淋树脂色层柱，记下从开始过柱到上柱完毕的中间时刻，作为锶－90/钇－90 分离时刻 t_1；用 50 mL 1 mol/L HCl 溶液和 40 mL 1.3 mol/L 硝酸溶液以相同流速洗涤柱子，弃去洗涤液。后续操作与快速法第四步至第六步相同。

用快速法分析步骤测定锶－90 时按公式（5－2）计算土壤样品锶－90 的含量：

$$A=\frac{N}{Y_{\mathrm{Y}}EW\mathrm{e}^{-\lambda(t_2-t_1)}} \tag{5-2}$$

式中：

A——土壤样品中锶－90 的活度浓度，Bq/kg；

N——样品源的净计数率，s^{-1}；

E——仪器对钇－90 的探测效率；

W——称取的土壤质量，kg；

Y_{Y}——钇的化学回收率；

t_1——从开始过柱到过柱完毕的中间时刻；

t_2——从开始测量到测量完毕的中间时刻；

λ——钇－90 的衰变常数，为 $1.802\times10^{-4}\ \mathrm{min}^{-1}$。

用放置法分析步骤测定锶－90 时按公式（5－3）计算土壤样品锶－90 的含量：

$$A=\frac{N}{Y_{\mathrm{Y}}Y_{\mathrm{Sr}}EW(1-\mathrm{e}^{-\lambda t_3})\mathrm{e}^{-\lambda(t_2-t_1)}} \tag{5-3}$$

式中：

Y_{Sr}——锶的化学回收率；

t_3——钇－90 的生长时间，min；

$1-\mathrm{e}^{-\lambda t_3}$——钇－90 的积累系数。

土壤样品中 ^{90}Sr 采用 HDEHP 萃取色层分离法进行分析时的流程图示于图 5－3。

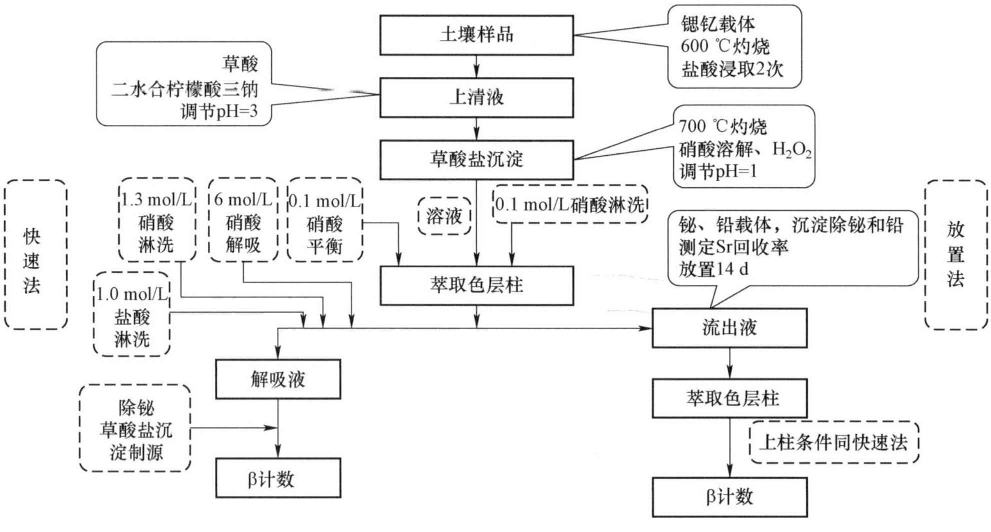

图 5－3 流程图－HDEHP 萃取色层分离法分析土壤样品中 ^{90}Sr 的含量

环境标准《水和生物样品灰中锶－90 的放射化学分析方法》（HJ 815—2016）[31]包括了生物样品灰 HDEHP 萃取色层法，具体分析步骤如下：

第一步，称取 5～30 g 灰样置于 100 mL 瓷坩埚中，加入适量的锶载体和钇载体溶液。用少许水润湿后，加入 5～10 mL 浓硝酸，3 mL 过氧化氢。置于电热板上蒸干。移入 600 ℃马弗炉中灼烧至试样无炭黑为止。

第二步，取出试样，冷却至室温。用 30～80 mL 2 mol/L HCl 溶液加热浸取两次。经离心或过滤后，浸取液收集于 250 mL 烧杯中。再用 0.1 mol/L HCl 溶液洗涤不溶物和容器。离心或过滤。洗涤液并入浸取液中，弃去残渣。

第三步，加入 5～15 g 草酸，用氨水调节溶液的 pH 至 3。在水浴中加热 30 min。冷却至室温。

第四步，用中速滤纸过滤沉淀，用 20 mL 0.5%的草酸洗涤沉淀两次。弃去滤液。将沉淀连同滤纸移入 100 mL 瓷坩埚中，在电炉上烘干，炭化后，移入马弗炉保持在 600 ℃中灼烧 1 h。

第五步，取出坩埚，冷却。先用少量 6 mol/L 硝酸溶液溶解沉淀，直至不再产生气泡为止。再加入 40 mL 1.5 mol/L 硝酸溶液洗涤沉淀和容器，洗涤液经过滤后合并于同一烧杯中，弃去残渣。滤液体积控制在 60 mL 左右。

快速法：

第一步，溶液以 2 mL/min 流速通过 HDEHP－kel－F 色层柱，记下从开始过柱至过柱完毕的中间时刻，作为锶、钇分离时刻。

第二步，流出液收集于 150 mL 烧杯中。用 40 mL 1.5 mol/L 硝酸以 2 mL/min 流速淋洗色层柱，收集前面的 10 mL 流出液合并于同一个 150 mL 烧杯中。保留该流出液供放置法用。弃去其余流出液。

第三步，用 30 mL 6 mol/L 硝酸以 1 mL/min 流速解吸钇，解吸液收集于 100 mL 烧杯中。

第四步，向解吸液加入 5 mL 饱和草酸溶液，用氨水调节溶液 pH 至 1.5～2.0，水浴加热 30 min，冷却至室温。

第五步，在铺有已恒重的慢速定量滤纸的可拆卸式漏斗上抽吸过滤。依次用 0.5%草酸溶液、水和无水乙醇各 10 mL 洗涤沉淀。

第六步，沉淀在 45～50 ℃下干燥至恒重。按草酸钇的分子式计算钇的化学回收率。

放置法：

第一步，用氨水调节保留的流出液 pH 至 1.0，以 2 mL/min 流速通过 HDEHP－kel－F 色层柱。流出液收集于 100 mL 容量瓶中，用 10 mL 0.1 mol/L 硝酸淋洗色层柱，流出液并入同一容量瓶中。

第二步，往容量瓶中加入适量钇载体溶液，用 0.1 mol/L 硝酸稀释至刻度。记下体积 V_0，取出 1.0 mL 溶液（记下体积为 V_1）至 50 mL 容量瓶中，此溶液用于锶化学回收率的测定。

第三步，剩余溶液放置 14 d 以上。然后以 2 mL/min 流速通过 HDEHP－kel－F 色层柱。记下从开始过柱至过柱完毕的中间时刻，作为锶、钇分离时刻。用 40 mL 1.5 mol/L 硝酸以 2 mL/min 流速淋洗色层柱。弃去流出液。以下按照快速法进行操作。

第四步，将沉淀连同滤纸固定在测量盘上，在低本底 β 测量仪上计数。记下测量进行到一半的时刻。

计算公式与土壤分析标准基本一致。

② 冠醚萃取色层分离法

针对冠醚萃取色层分离目前已有成熟的商用树脂，如产自法国 TRISKEM 公司的 Sr－spec 树脂。Sr 树脂是基于离子识别的原理，树脂固定相由可溶于辛醇的 dicyclo－hexano－18 crown－6 衍生物构成。树脂对 Sr 的吸附能力优于其他碱金属和碱土金属元素，尤其对于含有常量 Ca 的土壤样品而言有很好的分离纯化效果。国外目前针对 ^{90}Sr 的分析，主流方法是采用 Sr－spec 树脂进行分离纯化以除去 Cs、Y、Ba、Ca 等干扰离子，然后将解吸液直接装入液闪瓶中利用切伦科夫计数或液闪进行测量。US－ASTM 和 AFNOR 等机构已经在近几年批准应用 Sr－spec 树脂分离作为标准方法，并普遍采用液闪谱仪进行测量。此方法的应用很好地解决了 ^{90}Sr 分析过程中出现的核素分离不完全、钙锶分离困难等难题。另外，ISO、GB－BSI、US－ASTM 和 AFNOR 等机构也先后建立了应用该树脂分析土壤中 ^{90}Sr 的标准方法。该树脂价格昂贵，在国内不宜大面积推广，另外作为树脂固定相的有机萃取剂经多次淋洗后容易流失，单批树脂使用次数有限。

以 ASTM C1507－12 "Standard Test Method for Radiochemical Determination of Strontium－90 in Soil"[3]为例，给出采用冠醚萃取色层分离法分析土壤等固体样品中 ^{90}Sr 的典型分析流程以供参考。

具体分析流程如下：

第一步，准确称取 10 g 已烘干的土壤样品转入 500 mL 锥形烧瓶中。准确加入 2 mL 锶载体，加入适量的 ^{85}Sr 标准溶液用以测定分析流程化学回收率。

第二步，将样品转入马弗炉中 500 ℃灼烧过夜。

第三步，冷却，加入 75 mL 浓硝酸和 25 mL 浓盐酸。

第四步，盖住烧瓶并在电热板上加热数小时，期间不断搅拌。

第五步，冷却，用相同体积的蒸馏水稀释。

第六步，用蒸馏水将样品转入 250 mL 离心管中，离心。

第七步，过滤上清液，保留滤液。

第八步，将离心管中的残渣用 75 mL 浓硝酸和 25 mL 浓盐酸转入原锥形烧瓶中，重复第四和第五操作步骤。

第九步，过滤收集滤液，并与第七步骤的滤液合并。

第十步，将滤纸连同残渣转入 400 mL 烧杯中，低温烘干后转入马弗炉中 500 ℃灼烧。

第十一步，冷却并用 15 mL 浓硝酸将灼烧后的灰分转入 250 mL 聚四氟乙烯烧杯中，往烧杯中加入 50 mL 氢氟酸。

第十二步，盖住烧杯并于低温条件下消化过夜。

第十三步，若仍有残渣存在，则蒸干并重复一次第十一和第十二的消化步骤。

第十四步，如果没有残渣，则加入 15 mL 浓硝酸并蒸干。

第十五步，加入 15 mL 8 mol/L 硝酸，盖住烧杯后加热至沸腾并保持 5 min。

第十六步，冷却并加入 50 mL 蒸馏水。

第十七步，用滤纸过滤，将滤液与第九步骤中的滤液合并。混匀后将滤液平分为两份，则每份样品的实际土壤用量为 5 g。

第十八步，小心加热至体积小于 5 mL，注意不要蒸干。

第十九步，小心滴加浓硝酸至体积达到 5 mL，并小心加入 5 mL 蒸馏水稀释样品溶液至 8 mol/L 硝酸体系。

第二十步，用 8 mol/L 硝酸平衡冠醚树脂柱（Sr－spec 树脂柱）。

第二十一步，使样品溶液通过树脂柱，实现目标核素的分离浓集。

第二十二步，用 3 mL 8 mol/L 硝酸溶液流洗树脂柱。

第二十三步，共 3 次分别用 3 mL 8 mol/L 硝酸溶液洗涤树脂柱，每次需使流洗液流净后再添加下一批次流洗液。弃去流出液。

第二十四步，记录流洗液流净后的时间作为锶－90/钇－90 的分离时间。

第二十五步，用 10 mL 0.05 mol/L 硝酸溶液解吸锶，收集于干净的烧杯中。

第二十六步，每次 3 mL 分批次将解吸液滴加至已称重的测量盘中，用红外灯烤至近干后滴加下一批次。

第二十七步，蒸干后放置冷却，称重。计算样品源净重，从而计算得到分析流程化学回收率。

第二十八步，锶钇分离后 4 h 内必须测量，按公式（5－4）计算样品中 ^{90}Sr 的含量：

$$A_{Sr} = \frac{R_n}{EYW\left[1+\left(\frac{\lambda_Y}{\lambda_Y-\lambda_{Sr}}\right)\left(e^{-\lambda_{Sr}\frac{T_1+T_2}{2}}\right)-\left(e^{-\lambda_Y\frac{T_1+T_2}{2}}\right)\right]} \tag{5-4}$$

式中：

A_{Sr}——土壤样品中锶－90 的活度浓度，Bq/kg；

R_n——样品源的净计数率，s^{-1}；

E——仪器探测效率；

Y——化学回收率；

W——称取的土壤质量，kg；

λ_Y——钇－90 的衰变常数；

λ_{Sr}——锶－90 的衰变常数；

T_1——从锶钇分离到测量开始时间；

T_2——从锶钇分离到测量结束时间。

土壤样品中 ^{90}Sr 采用冠醚萃取色层分离法进行分析时的流程图示见图 5－4。

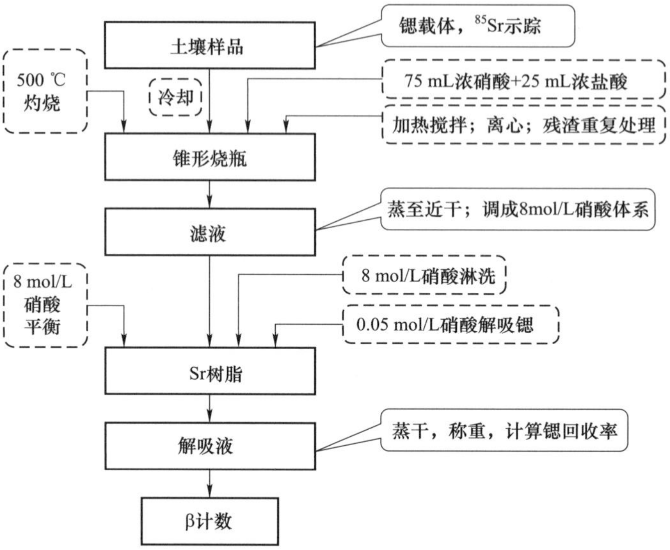

图 5－4　流程图－冠醚萃取色层分离法分析土壤样品中 ^{90}Sr 的含量

国际标准分析方法 ISO 18589－5—2009[2]中也采用了冠醚萃取色层法，具体分析步骤与 ASTM C1507—2012[3]稍有区别，在此一并列出分析程序，供读者参考。

具体分析程序如下：

第一步，土壤样品前处理过程与溶剂萃取法第一步～第四步相同。

第二步，加入 5 mL 9 mol/L 磷酸。

第三步，用氨水调节 pH 至 9.5～10。

第四步，离心，收集沉淀（若需要，可多离心几次）。

第五步，在 70 ℃烘箱中或电热板上将沉淀烘至近干。

第六步，用至少 10 mL 0.5 mol/L $Al(NO_3)_3$－3～8 mol/L HNO_3 溶液溶解沉淀，至溶解完全。

第七步，用冠醚树脂装柱（如 Sr－spec 树脂），并用 3～8 mol/L HNO_3 溶液平衡树脂柱。

第八步，以每次 3.5 mL 的方式使样品溶液通过树脂柱，用 3 mL 3～8 mol/L HNO_3 溶液洗涤容器，洗涤液以同样的方式通过树脂柱。

第九步，至少 3 次分别用 3 mL 3～8 mol/L HNO_3 溶液洗涤树脂柱，弃去流出液。

第十步，记录洗涤结束后的时间，作为锶－90/钇－90 的分离时间。

第十一步，用至少 10 mL 0.5 mol/L HNO_3 溶液解吸锶，并去除适量的解吸液用于化学回收率的测定。

第十二步，将解吸液蒸干至不锈钢测量盘中用于流气式正比计数器测量，或准备样品源用于液闪谱仪测量。

近年来，国内外针对冠醚萃取色层树脂用于样品中 ^{90}Sr 的分析开展了大量的研究工作，应用最广泛的则是 Sr－spec 树脂，目前该方法已经取代了很多旧的分析技术。最初用于放射性废物及尿中 ^{90}Sr 分析的方法由阿贡国家实验室的 Horwitz 研究团队开发。

Dietz 等人[32]开发了尿中 ^{90}Sr 的分析方法。尿的分析用量为 0.6 L，样品消化后以磷酸钙共沉淀载带的形式实现 Sr 的富集，样品沉淀配成 2 mol/L HNO_3－0.5 mol/L Al（NO_3）$_3$ 盐析剂体系溶液，将样品溶液通过 Sr－spec 树脂柱，8 mol/L HNO_3 溶液洗脱 Ba，最后用蒸馏水解吸锶。解吸液处理后制成样品源，利用液闪谱仪进行测量。该分析程序的化学回收率达到 95%，同时探测限为 0.12 Bq/L。

Grahek Ž 等人[33]通过加入 20 mg 锶载体，利用 6 mol/L HCl 加热浸取土壤样品，实现目标核素的富集。利用 Sr－spec 树脂色层分离实现锶的分离纯化，最后采用切伦科夫计数的方式对样品源进行测量。该分析流程的全程化学回收率仅为 28%～37%，总体上看效果不是很好。

Wang J 等人[34]往样品中加入锶载体，利用 HNO_3＋H_2O_2 混合溶液对样品进行加热浸取，浸取液通过处理后形成上柱体系溶液，使样品溶液通过 Sr－spec 树脂实现核素的分离纯化，最后用切伦科夫计数对样品源进行测量，并计算分析结果。该分析流程的全程化学回收率为 63%～77%，探测限达到 0.013 Bq/g。

Grahek 等人[35]建立了沉积物中 ^{90}Sr 的分析程序。称取 10 g 沉积物样品，与 150 mL 水混合，加入 10 mg 锶载体、15 g Amberlite IR－120 离子交换树脂，采用氮气流的方式混匀，并用水淋洗，最后用 200 mL 5 mol/L 硝酸进行洗脱。阳离子交换树脂＋Sr－spec 树脂联合应用实现核素的分离纯化，最后利用切伦科夫计数的方式对样品源进行测量。该分析流程的全程化学回收率达到 87%。

Maxwell 等人[36]建立了大量土壤样品中 ^{90}Sr 的快速分析方法。土壤样品在 110 ℃条件下烘干后，转入马弗炉中 550 ℃灼烧以除去有机质。冷却后转入烧杯中，加入适量锶载体及已知量的 ^{90}Sr 标准溶液。加入 50 mL 浓硝酸和 25 mL 浓盐酸，加热浸取并蒸干。加入 50 mL 浓硝酸并温热，转入离心管中以 3500 r/min 的转速离心 10 min。上清液转入烧杯中并加热蒸干。残渣再处理 2 次，合并上清液并蒸干。加入 15～20 mL 1 mol/L HCl 溶液加热溶解残渣，溶解液转入离心管中，加入适量的硝酸钙和磷酸氢铵溶液，加入 25 mL 浓氨水，并用 180 mL 蒸馏水稀释，生成沉淀。以 3 500 r/min 的转速离心 6 min，弃去上清液。用 40 mL 1.5 mol/L HCl 溶解沉淀，并用 170 mL 0.01 mol/L HCl 稀释，加入 25 mL 浓 HF，离心，保留氟化钙沉淀。沉淀用 7 mL 浓硝酸、7 mL 3 mol/L HNO_3－0.25 mol/L 硼酸、7 mL 2 mol/L 硝酸铝溶液溶解。用 10 mL 8 mol/L HNO_3 溶液平衡 Sr－spec 树脂柱，将样品溶液通过树脂柱并用 5 mL 8 mol/L HNO_3 溶液流洗。依次用 15 mL 8 mol/L HNO_3、10 mL 3 mol/L HNO_3－0.05 mol/L 草酸、15 mL 8 mol/L HNO_3 溶液流洗树脂柱，最后用 0.05 mol/L HNO_3 溶液解吸锶。解吸液蒸干制源后置于流气式正比计数器中测量。分析流程的全程化学回收率约 90%，对于 50 g 土壤样品、测量时间为 90 min 的情况下，探测限达到 0.41 mBq/g，低于全球沉降水平，能够满足日常 ^{90}Sr 分析工作。

4）离子交换法

离子交换法是利用离子交换剂来进行物质的分离和提纯的一种方法，在现代科学研究中的应用及其广泛。

由于该方法具有选择性高、适应性强、分离效率高、操作方便等优点，因此成为提取和分离放射性核素的一种很重要的方法。采用离子交换法可以实现碱土金属和其他干扰元素的有效分离，离子交换剂分为有机离子交换树脂和无机离子交换树脂两类，对于 ^{90}Sr 的分析而言常用的是阳离子交换树脂，如 Dowex 系列、Amberlite IR－120 等，这种树脂具有耐高温和抗辐射的优点。利用离子交换树脂可实现碱土金属与其他元素很好的分离效果，但往往流程较长，耗时长，影响了该方法在分离过程中的应用，现多用于样品的前处理过程。

离子交换树脂是一种人工合成的高分子聚合物，为多孔网状结构，具有疏松的三度空间，物理和化学性质非常稳定，不溶于水和大部分有机试剂。离子交换树脂的网状骨架上载有多种功能团，以磺酸基（$—SO_3^-H^+$）、羧基（$—COO^-H^+$）和氨基（$R_4N^+X^-$）较为常见。

离子交换树脂产生的离子交换过程，也可称为吸附和解吸过程，其基本原理为：当树脂浸泡在水中时，水会渗透至树脂相，此时功能团会发生电离作用，电离为固定离子和反离子，反离子会进入水溶液。此时，若有外来离子进入树脂相，则会与反离子发生置换作用而被树脂吸附，从而完成离子交换过程。

离子交换树脂根据其负载功能团性质的不同可以分为两大类，即阳离子交换树脂和阴离子交换树脂。阳离子交换树脂的功能团是一些酸性基团，那么按照基团酸性的强弱又可以分为强酸性（如$—SO_3^-H^+$）、中强酸性（如$—PO(OH)_2$）、弱酸性（如$—COO^-H^+$）和混合型（含两种以上功能团）等。阴离子交换树脂的功能团是一些碱性基团，如季铵（$—CH_2NR_3^+Cl^-$）等，基团可在溶液中与外来阴离子发生置换作用。同样的，阴离子交换树脂也可根据基团的碱性强弱分为强碱性和弱碱性两种。

国家标准《食品安全国家标准食品中放射性物质锶－89 和锶－90 的测定》（GB 14884.3—2016）[37]包括了食品（生物）离子交换法，该标准分析方法的原理如下：

硝酸浸取食品灰，利用乙二胺四乙酸和柠檬酸与钙、锶、钡络合能力的差别，在阳离子交换树脂柱上相互分离，在含锶的乙二胺四乙酸流出液中，用铜置换法使锶以碳酸盐的形式沉淀，再经氢氧化铁去污后放置 14 d。用低本底 β 测量仪测量 ^{90}Y 放射性，计算 ^{90}Sr 的浓度。

具体分析步骤如下：

① 称取 1～10 g 食品灰样于蒸发皿中，加入 2.0 mL 锶载体溶液，加入少量水润湿灰，加入 30 mL 6 mol/L 硝酸，沙浴上蒸干，在高温炉中 450 ℃灼烧 0.5 h 左右，冷却。加 20 mL 6 mol/L 盐酸溶液，煮沸 5 min 左右，再加入 20 mL 水煮沸，离心，上清液倒入 250 mL 烧杯。加 20 mL 6 mol/L 盐酸溶液，重复浸取残渣 1 次。用 40 mL 水分 2 次洗涤残渣，洗液与上清液合并，弃去残渣。

② 在溶液中加入 10 mL 磷酸，用水稀释到 300 mL 左右。用氨水调节 pH 至 8～9，

加热近沸，放置 1～2 h。离心，水洗沉淀 2 次，弃去上清液和洗液。沉淀用最小量的10%柠檬酸溶液溶解，加入 2 倍于柠檬酸溶液体积的 10%乙二胺四乙酸溶液，混匀，用水稀释至溶液的乙二胺四乙酸浓度为 1%，再用盐酸或氢氧化钠溶液调节溶液 pH 至 4.9±0.1。

③ 将制备好的样品溶液通过离子交换柱，流速为 20～30 mL/min，弃去流出液。

④ 用约 350 mL 钙淋洗液洗脱残余钙，流速 10 mL/min。对含钙量高的样品，为防止钙淋洗不尽，流出液可用草酸—草酸铵溶液检查无钙后再流过 50 mL 钙淋洗液。弃去流出液。钙检查方法：用试管取 2 mL 流出液，与等体积草酸—草酸铵溶液混合，摇匀 1 min。与无离子水相比较，无混浊现象表示无钙。

⑤ 用 350 mL 锶淋洗液洗脱锶，流速 5 mL/min 左右，收集流出液于 600 mL 烧杯内。

⑥ 在收集的锶流出液中加入 10 mL 3 mol/L 氯化铜溶液，用氨水调节溶液 pH 为 9～10。加入 5 g 碳酸钠，使溶解并加热至近沸，不时搅拌。冷至室温，离心。用水洗沉淀 1 次，弃去上清液和洗液。

⑦ 滴加 2 mol/L 硝酸溶液使碳酸锶沉淀溶解，用水稀释至 30 mL，加入 1 mL 铁载体溶液和 3～5 滴过氧化氢，煮沸片刻，用无二氧化碳氨水调节溶液 pH 至 8～9，趁热过滤或离心，用 10 mL 热水洗沉淀 2 次合并滤液和洗涤液，弃去氢氧化铁沉淀。记录除铁时间，作为 ^{90}Y 生长的起点。

⑧ 向合并液中加入 l0 mL 饱和碳酸铵溶液，加热至近沸，冷却，抽滤于可拆卸漏斗内已恒量的滤纸上，用水、无水乙醇每次各 10 mL 依次洗涤 2 次，110 ℃干燥 30 min，冷却，称重。

⑨ 用 2 mo1/L 硝酸溶液将碳酸锶沉淀溶解，加入 2.0 mL 钇载体溶液和 20 mL 水，盖上表面皿，放置 14 d 以上。

⑩ 煮沸溶液 2～5 min 以去除二氧化碳。用无二氧化碳氨水调溶液至碱性，离心，弃去上清液。记录锶、钇分离时间。

⑪ 用 2 mo1/L 硝酸溶液将氢氧化钇沉淀溶解，加几滴锶载体溶液，用水稀释至 30 mL，加热片刻，用无二氧化碳氨水调溶液至碱性。离心，弃去上清液。

⑫ 用 2 mo1/L 硝酸溶液将氢氧化钇沉淀溶解，用水稀释至 30 mL，加入 2 mL 饱和草酸溶液，用 2 mo1/L 硝酸溶液或 6 mo1/L 氢氧化铵溶液调节溶液 pH 至 1.5。加热凝聚沉淀，冷却，将沉淀抽滤于可拆卸漏斗内已恒量的滤纸上，用 10 mL 水和 5 mL 无水乙醇依次洗涤沉淀。在低本底 β 测量仪上测量草酸钇的 ^{90}Y 放射性。记录测量时间。接着测量 $^{90}Sr-^{90}Y$ 监督源。测量后的草酸钇置于 45～50 ℃下干燥，称至恒重，同样按 $Y_2(C_2O_4)_3 \cdot 9H_2O$ 组成计算钇化学回收率。

⑬ 按公式（5－5）和公式（5－6）计算样品中 ^{90}Sr 的含量：

$$A_1 = \frac{N_1 A_2}{N_2} \tag{5-5}$$

$$A = \frac{N A_1 M}{60 W \delta R_{Sr} R_Y N_3 (1 - e^{-\lambda t}) e^{-\lambda t_1}} \tag{5-6}$$

式中：

A——食品锶-90的活度浓度，Bq/kg或Bq/L；

A_1——经 ^{90}Y 标准源校正的 $^{90}Sr-^{90}Y$ 监督源强度，衰变/min；

A_2——加入 ^{90}Y 标准源的 ^{90}Y 放射性活度，衰变/min；

N_1——^{90}Y 标准源标定时测得监督源的净计数率，计数/min；

N_2——经锶、钇分离至测量的时间间隔和钇回收率校正后标准源的净计数率，计数/min；

N_3——样品测量时测得监督源的净计数率，计数/min；

R_{Sr}——锶的化学回收率；

R_Y——钇的化学回收率；

δ——^{90}Y 的自吸收系数。本方法中样品的 ^{90}Y 标准源的钇回收率相近，近似于1；

N——样品源的 ^{90}Y 净计数率，计数/min；

M——灰样比，g/kg或g/L；

W——分析的食品灰质量，g；

t——从除铁到锶钇分离的时间间隔，h；

t_1——锶钇分离到测量的时间间隔，h；

λ——^{90}Y 的衰变常数，h^{-1}。

食品中 ^{90}Sr 采用离子交换法进行分析时的流程图示见图5-5。

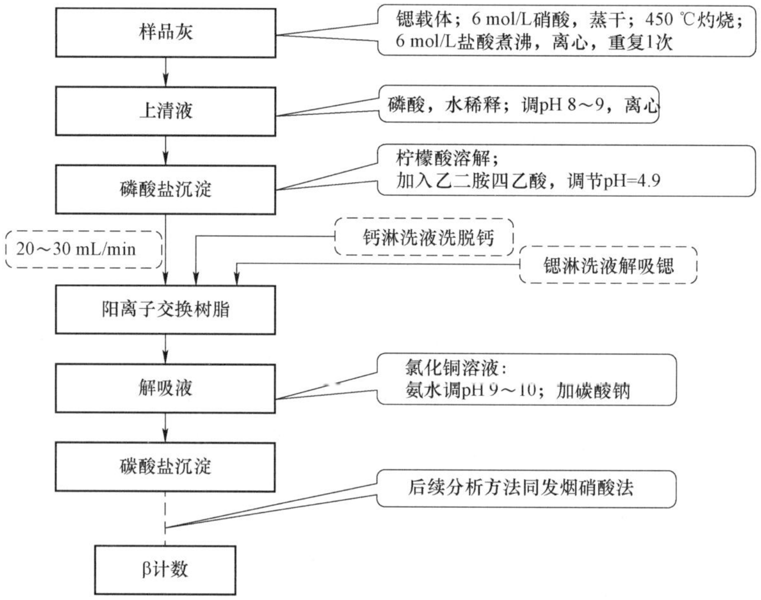

图5-5　流程图-离子交换法分析食品中 ^{90}Sr 的含量

Lamb等人[38]从多达500 mL的核后处理溶液中利用离子交换法实现了Sr的分离纯化。阳离子和锶一起从树脂柱上用组氨酸解吸下来，用液闪谱仪进行测量。用模拟后处理废液样品进行了验证，验证结果表明该流程对锶有定量分离效果和良好的回收率。

Lazare等人[39]利用高压离子色谱技术分析了压水堆一循环冷却剂中 ^{90}Sr 的含量。25 mL

水样加入锶载体后先后通过 CG12A 和 TCC 已预平衡的树脂柱，阳离子用甲磺酸洗提在 CS12A 树脂上实现分离纯化，最后用液闪谱仪进行测量。分析流程回收率达到 90%，探测限为 2.8 Bq/L。

Fjeld 等人[40]利用阳离子交换树脂实现了地表水和放射性废水中锕系元素和锶的预浓集，锶、铀、钚和镅在离子色谱柱上实现分离纯化，最后用液闪谱仪进行测量。相对于小的样品量，该分析方法能够达到足够低的探测灵敏度。

5）其他方法

关于 ^{90}Sr 的分析，国内外还建立了多种其他的分析程序，典型方法包括固相萃取片、韧致辐射法和 TDCR 效率计算技术的应用等。

D. M. Beals 等人[41]对固相萃取片在 ^{90}Sr 分析中的应用开展了研究，研究内容包括萃取效率、动力学、吸附容量及可能的影响因素等。研究结果显示，虽然在厂家的推荐流程中指出，需要在核素分离之前利用甲醇和 2 mol/L HNO_3 对固相萃取片预处理，但实验结果表明，不经预处理的固相萃取片对核素的分离纯化效果反而更好。利用锶固相萃取片（SrRADdisk）可以很好地实现 5 L 体积样品的分离纯化，样品无需酸化，完成分离纯化后将固相萃取片烘干，置于 β 计数器中测量。对其他 β 核素，如 ^{14}C、^{99}Tc 等，的去污效率可以达到 99.9%以上；大约少于 2%的 ^{137}Cs 会残留在锶固相萃取片上。该方法能够满足分析检测工作更快、更好、更经济的发展趋势的需求。

J. Feuerstein 等人[42]建立了一种利用 ICP－DRC－MS 测量技术的土壤中 ^{90}Sr 的快速分析方法。样品准备及测定过程中重点关注了同量异位素 ^{90}Zr 的干扰，土壤中 ^{90}Zr 的含量要比 ^{90}Sr 高 6 个数量级左右。方法中通过两个步骤的操作来降低 $^{90}Zr^{+}$离子的影响：① 利用锶特效树脂的离子交换；② 通过在四级 ICP－MS 的动态反应池（DRC）中与氧气的反应。系统研究了 ICP－MS 的相对丰度敏感性。对于无 Zr 溶液中锶的方法检出限可以达到 4 fg/g（0.02 Bq/g）。像溶液分析程序一样检测未被污染土壤中的锶时，检出限达到 0.2 pg/g（1 Bq/g 土壤）。将采用 ICP－DRC－MS 方法测得的结果与先前利用放射性探测技术的结果进行比较，虽然该方法所能达到的检出限高于传统放射性检测方法，但其更快速、更经济，对于高锶含量样品而言更为适合。

刘大鸣等人[43]利用韧致辐射测量法分析了放射性废水中 ^{90}Sr 的含量。用 HPGe γ 谱仪与低本底 NaI（Tl）γ 谱仪相结合，通过测量放射性废水中 ^{90}Sr－^{90}Y 发射的高能电子与探测器作用所产生的韧致辐射，确定 ^{90}Sr 的含量水平。经与标准分析方法进行比对测量，两者测量结果的相对偏差均能控制在 10%以内。研究发现，当 ^{90}Sr 的韧致辐射的贡献大于干扰核素的干扰或与其相当时，能够获得良好的分析结果。对于能区选择，要根据所分析样品中干扰核素的分布、对 ^{90}Sr 分析的影响大小及测量的条件具体选定。

M. Tayeb 等人[44]研究了利用 TDCR（triple－to－double coincidence ratio）效率计算技术在液体样品 ^{89}Sr/^{90}Y 同时测定中的条件影响。TDCR 方法使用装配有 3 个光电倍增管的液闪计数器，根据理论计算和实验数据得到待测核素的活度浓度，是一种具有高准确度的绝对测量方法，可实现直接测量而无需使用标准源进行刻度。研究了样品几何形状、颜色淬灭等因素的影响，结果表明，样品体积及测量瓶的种类会影响切伦科夫计数效率。对于塑料瓶和玻璃瓶，^{90}Y 的计数效率范围分别为 69%～73%和 59%～64%。随着样品测量体积的变化，未观察到计数效率有明显变化，不管是对于塑料瓶还是玻璃瓶。研究结果表明，其他高能 β 或 β–γ 粒子会产生切伦科夫光，会对 TDCR 测量 $^{90}Sr/^{90}Y$ 产生影响。

（3）放射性测量

^{90}Sr 的探测手段有多种，主要包括气体放电计数管（G–M 计数器、正比计数器（充气式和流气式））、闪烁计数器（塑料闪烁计数器和液体闪烁计数器）、液闪切伦科夫计数、电感耦合等离子体质谱（ICP–MS）和轫致辐射测量等。^{137}Cs 则多使用高纯锗 γ 谱仪作为探测手段，若采用放化分析方法，那么多使用正比计数器。

1）G–M 计数器

G–M 计数器的全称为盖革–弥勒计数器，该仪器探测射线一般具有以下几个优点：

① 灵敏度高。不区分射线类型，只要能在计数器的灵敏区内产生一对离子，便可能引起放电而被记录。

② 脉冲幅度大。输出脉冲幅度可达几伏甚至几十伏，可以不必经放大器或只需单级放大器便能触动记录电路。

③ 稳定性高。不受外界电磁场的干扰，而且对电源的稳定度要求不高，一般好于 1% 即可。

④ 计数器的大小和几何形状可按探测粒子的类型和测量的要求在较大范围内变动。

⑤ 使用方便、成本低廉、制作的工艺要求和仪器电路均较简单。整个测量系统可以做得轻巧灵便，适于携带。

G–M 计数器曾是使用最广的辐射探测器，但由于其具有不能鉴别粒子的类型和能量；分辨时间长，不能实现快速计数；正常工作的温度范围较小；有乱真计数等缺点而限制了其使用范围。

2）正比计数器

气体探测器工作于正比区时，在离子收集的过程中将出现气体放大的现象，即被加速的原电离电子在电离碰撞中逐次倍增而形成电子的雪崩，处于这种工作状态下的气体探测器即为正比计数器。

正比计数器是国内目前 ^{90}Sr 分析中最常用的探测器，其大多是由同轴圆柱形电极构成，因为在一般电压下，圆柱形电极比平行板电极容易获得强电场区，灵敏体积也大，并且脉冲幅度与电离产生的地点无关。

正比计数器的优点主要体现在：① 脉冲幅度较大，不必使用高增益的放大器；② 灵敏度较高，适合于探测低能或低比电离的粒子；③ 脉冲幅度几乎与原电离的地点无关。与 G–M 计数器相比，正比计数器的脉冲宽度窄，可作快速计数；寿命较长；可根据不同的探测对象充气。正比计数器还可用于粒子鉴别，以及作为低水平测量的探测器和位置灵敏探测器等。

正比计数器的主要缺点是脉冲幅度随工作电压变化较大，且容易受外来电磁干扰，因此，对电源的稳定度要求也较高（≤0.1%）。

3）闪烁计数器

闪烁计数器的种类非常多，其中塑料闪烁计数器和液体闪烁计数器常被用于 β 核素的测量，如 ^{3}H、^{14}C、^{90}Sr 等。液体闪烁体属于有机闪烁体，在 ^{90}Sr 测量中经常被使用。液体闪烁体是用发光物质溶于有机溶液内制成的，具有发光衰减时间短、透明度好、容易制备、成本较低等优点。

低本底液闪谱仪是目前最常用的闪烁计数器，国外已普遍采用该仪器对 ^{90}Sr 进行测量，国内相关标准分析方法虽然仍推荐使用正比计数器，但在科研工作领域已将液闪作为主要的测量手段。样品经过相应的前处理、分离纯化等化学操作后，将含有待测核素的溶液均匀混合到闪烁液中，然后放入液闪谱仪进行测量。这种测量方法的样品自吸收系数比较小，透明度高，能够获得理想的 4π 立体角的测量条件，具有探测效率高、测量时间短、能够以任何形状测量等优点。

4）液闪切伦科夫计数

切伦科夫辐射是指当带电粒子在介质中的运动速度超过光在相同介质中的传播速度时，能够观察到浅蓝色的光的现象。通过计算，当核素发射的 β 粒子能量大于 0.26 MeV 时，其在水介质中就能够产生切伦科夫辐射，利用低本底液体闪烁计数器即可进行探测。虽然 ^{90}Sr 本身发射的 β 离子能量偏低，但其子体 ^{90}Y 会发射高能 β 离子（$E_{\beta max}=4.24$ MeV），非常适合使用切伦科夫进行测量。由于 ^{90}Sr 的切伦科夫辐射测量的计数效率很低，因此可直接测量 $^{90}Sr/^{90}Y$ 的总计数，或锶、钇分离后直接测量 ^{90}Y 的计数。

与一般的液闪测量相比，切伦科夫辐射测量具有测量源制备简单、无需使用有机闪烁液、在水介质中可直接测量、样品可回收、无化学淬灭、灵敏度高等优点，其缺点主要体现在计数效率相对较低、颜色淬灭影响严重等方面。

5）电感耦合等离子体质谱[45-46]

从目前来看，电感耦合等离子体质谱（ICP－MS）是 ^{90}Sr 相关研究及常规工作中最常用的质谱，可以实现痕量和超痕量成分多元素的快速测定，具有很高的灵敏度和准确度。

ICP－MS 在元素分析领域的主要优势包括：① 常压下进样，制源简单易操作，可以很好地实现与其他技术的连用；② 等离子体温度高，几乎可以完全实现全部样品的蒸发和分子解析；③ 单电荷离子产率高，能够实现定量分析；④ 离子初始能量低，使用简单的质量分析器即可；⑤ 能够实现元素和同位素的双重分析，灵敏度高，分析周期较短。

和其他探测器一样，ICP－MS 同样也有其存在的劣势：① 等离子体的高温几乎可以使其所处环境中的所有原子和分子电离，会对待测组分产生严重的干扰；② 需要液体形态进样，对于土壤等固体样品而言，需要相应的前处理；③ 对于超痕量分析，样品测量结果可能会受到试剂、容器和环境等的干扰，影响结果的准确性。

接口效应、基体效应、双电荷离子干扰、多原子离子干扰、同量异位素干扰等是影响 ICP－MS 测量结果准确定的主要因素，相关工作者也针对上述干扰开展了大量的研究工作，以使上述干扰降到最低，如对 ICP－MS 的进样系统不断开发和改进，研发了如激光烧蚀、液相色谱、气相色谱等不同类型的进样装置；采用双聚焦质量分析器有效克服了原子离子或分子离子的干扰；严格控制制样和进样程序，尽可能地将试剂、分析环境等因素引入的干扰降到最低。

6）轫致辐射测量

轫致辐射又叫刹车辐射或制动辐射，原指高速电子骤然减速产生的辐射，后泛指带电粒子与原子或原子核发生碰撞时突然减速发出的辐射。轫致辐射的 X 射线谱往往是连续谱，这是由于在作为靶子的原子核电磁场作用下，带电粒子的速度是连续变化的。轫致辐射的强度与靶核电荷的平方成正比，与带电粒子质量的平方成反比，因此，重粒子产生的轫致辐射往往远远小于电子的轫致辐射。

轫致辐射可在低于 500 keV 的 γ 能谱中产生计数，而 ^{90}Y 作为 ^{90}Sr 的子体会发射高能 β 粒子，其与物质相互作用后会产生较强的轫致辐射，可以在低本底 γ 谱仪上探测到，从而实现样品的无损测量，将繁杂的前处理及核素分离纯化步骤省略，实现样品的快速测定。

目前，轫致辐射测量技术在 ^{90}Sr 分析领域的应用仍不够成熟，如 ^{137}Cs、^{134}Cs 等裂变产物会发射 γ 射线，在测量过程中会产生干扰，影响测量结果的准确性。

7）高纯锗 γ 谱仪[47–48]

在辐射监测行业领域，HPGe（高纯锗）γ 谱仪是最常用的 Ge（锗）半导体 γ 谱仪，具有能量分辨率高，适合复杂能谱的分析测定等优点，但其探测效率较低，价格昂贵，维护也比较困难。与初始的 Ge（Li）γ 谱仪相比，HPGe γ 谱仪的体积更大，利于改善探测效率；测量能区更宽，对低能 γ 和 X 射线而言更为适合。HPGe γ 谱仪的种类较多，按材料分类，可分为 P 型和 N 型；按探测器的结构分类，可分为平面型和同轴型。由于 P 型同轴 HPGe γ 谱仪的价格相对便宜，在环境样品的辐射监测领域应用较为广泛。如果需要测量低能 γ 射线和 X 射线，也可以选择平面型 HPGe 低能 γ 谱仪和 X 射线谱仪。N 型 HPGe γ 谱仪会产生严重的级联辐射相加效应，会给解谱和效率刻度带来困难，若实验室不具备相应的校正能力，则不推荐使用此种类型的 γ 谱仪。

能够准确识别能谱中的全能峰是 γ 谱仪测量中最基本的，也是最关键的要求，其中准确的效率刻度则是开展相关工作的基础。效率刻度前必须确保 γ 能谱仪处于良好的工作状态，否则会直接影响刻度数据的准确性。效率刻度时，首先应选定几种常用的样品测量容器，该过程应重点关注样品量及所需达到的测量灵敏度。样品容器应根据样品种类来定，即效率刻度采用的容器应与常规样品监测所用的容器一致，且容器的大小也应与探测器和屏蔽室的大小相适应。目前有很多种用于效率刻度的理论方法，但推荐采用相对刻度、测量的方法，即根据实际测定环境样品的种类和活度浓度范围进行实际刻度，刻度源的体积、形状、基质的主要特性应尽量与待测样品一致，这样就能从根本上保证测量结果的准确性。

5.1.3.2　γ 放射性测量与分析

（1）概述

样品的 γ 谱分析是分析样品中 γ 核素含量的主要手段，分析的样品可以是固体、液体、生物（包括动物和植物）、空气滤膜等，分析的核素可以包括天然和人工的 γ 核素。本章主要介绍 HpGe γ 能谱的测量与分析方法。

（2）γ 能谱的测量与分析

1）γ 谱仪简介

① NaI（Tl）γ 谱仪

NaI（Tl）γ 谱仪的应用已有 50 余年的历史，目前仍被用于 γ 能谱的分析。同 HpGe 探测器相比，它具有效率高，价格便宜，操作和维护较容易的优点，但存在分辨率差的缺点。如果分析的放射性核素少于 5 个，NaI（Tl）γ 谱仪仍可以用来分析。

最简单的 NaI（Tl）γ 谱仪是单晶 NaI（Tl）γ 谱仪，它由 NaI（Tl）探头（包括 NaI（Tl）晶体、光电倍增管、前置放大器以及光密封外壳）、高压电源、放大器、多道分析器及屏蔽室组成。对于环境放射性测量，宜选用低钾 NaI（Tl）晶体，其钾含量要低于 2×10^{-6}。作为整套单晶 NaI（Tl）γ 谱仪，在正式测谱前必须在加上工作电压后有一段“预热”时间，才能稳定工作。预热时间至少半小时，在比较精确的测量工作中，预热时间往往需要两小时以上。

较复杂的 γ 谱仪是低本底 NaI（Tl）反符合 γ 谱仪。它是在主探测器周围再加一个环探测器，通过反符合把主探测器测得的 γ 谱中的康普顿连续谱压低，达到降低干扰和本底的目的。

② 半导体 γ 谱仪

半导体 γ 谱仪是 20 世纪 60 年代初发展起来的，其探测介质是半导体材料。早期的半导体 γ 谱仪是 Ge（Li）γ 谱仪和 Si（Li）γ 谱仪，后来又发展成 HpGe γ 谱仪。同 NaI（Tl）γ 谱仪相比，半导体 γ 谱仪的优点是分辨率高，适合复杂 γ 能谱的分析，缺点是探测效率低，价格昂贵，维护较困难。半导体 γ 谱仪均需要在液氮冷却下使用，Ge（Li）和 Si（Li）探测器还需要在液氮下保存。

常见的高纯锗探测器有同轴型的（圆柱形）和平面型的。平面型高纯锗的灵敏区的厚度一般在 5～10 mm，除了用于测量能量在 300～600 keV 的 X 射线和低能 γ 射线外，还可以用于测量中、高能的带电粒子（能量低于 220 MeV 的 α 粒子、能量低于 60 MeV 的质子和能量低于 10 MeV 的电子）。

平面型高纯锗用于测量 γ 射线时，灵敏区的厚度就不够了。锗晶体可以在轴向作的很长，因此，商用的 HPGe 探测器往往做成同轴型结构，可以大大增加灵敏体积，能够满足能量低于 10 MeV 的 γ 射线能谱的测量需要。

同轴型 HPGe 探测器有两种基本的几何结构，一是双开端同轴型，一是单开端同轴型，由于单开端同轴型的中心孔只占据圆柱体轴长的一部分，并且在工艺处理上也相对简单易行，因此，基本上商用的同轴型高纯锗均为单开端型。同轴型高纯锗探测器用 P 型 Ge 制成的，称为常规电极型同轴锗探测器，使用时加载正高压，用 N 型锗制成的，称为倒置电极型同轴锗探测器，使用时加载负高压[48]。

将 HPGe 探测器、屏蔽铅室、放大器、多道脉冲幅度分析器（MCA）、数据处理系统（计算机及测量软件）、电源等组合在一起形成高纯锗探测系统。随着电子学的发展，目前新型的 HPGe γ 谱仪系统，其前置放大器一般集成在探头尾端，与探头一起封装在探头包壳内，而主放大器、多道脉冲幅度分析器、高压电源、低压电源集成为一体的“多道盒”。因此，新型的 HPGe γ 谱仪系统一般是位于屏蔽铅室内的探头通过线路与“多道盒”连接，“多道盒”通过数据线与计算机连接，示意图见图 5-6。

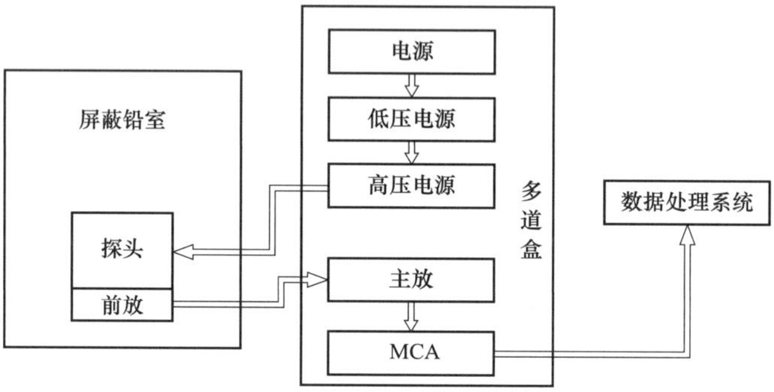

图 5-6　HPGe γ 谱仪结构示意图

HPGe γ 谱仪的主要性能指标包括分辨率、稳定性、本底和效率。分辨率是指探测器分辨能量不同却又非常相近的入射 γ 射线的能力，与入射 γ 射线的能量有关，对于特定能量的 γ 射线，常用该能量全能峰的半高宽表示。稳定性是指对于特定能量的 γ 射线，其全能峰在测量谱横坐标上位置的稳定性，一般用全能峰的中心道址表示。本底是指对于一套 HPGe γ 谱仪系统，在无被测样品时，其他因素（宇宙射线、电磁干扰、污染）在所关注的能谱区间造成的计数。效率，在质量控制测量中，是指全能峰探测效率，在特定的测量条件下，某核素发射的能量为 E 的 γ 射线，在其全能峰内产生的计数与同一时间间隔内辐射源中该核素的衰变总数的比值[49]。

随着工业水平的提高和核探测工作对高能及低能 γ 射线测量需求的推动，除上述传统的高纯锗探测器外，有新型的高纯锗探测器被不断的研发使用。BEGe 型高纯锗探测器（如图 5-7 所示）是近年来被人们广泛接受使用的一种新型探测器，对 γ 射线的能量探测范围从 3 keV～3 MeV，结合了低能高纯锗和同轴型高纯锗的优点，在低能区的分辨率相当于低能锗探测器，在高能区的分辨率相当于高质量的同轴探测器。BEGe 具有短粗的形状，大大改善了在典型的样品几何条件下低于 1 MeV 的效率。除了对典型的样品效率较高外，宽能区锗探测器还具有比典型的同轴探测器低的本底，因为它对地面实验室上空的高能宇宙射线本底以及来自 ^{40}K 和 ^{208}Tl 等天然放射性核素的高能γ射线都是更加透明的。在分辨率方面，宽能区锗探测器的电极结构是按照改善低能分辨率的要求设计的，它是利用精选纯度的锗生产的，改善了探测器在高能区的电荷收集（因而也改善了分辨率和峰形）。宽能区锗探测器在整个中能范围中都确实能够给出较好的分辨率和峰形 Ge 探测器（XtRa Ge，如

图 5－8 所示）是一种能量范围更宽的前表面上具有独特的薄窗触点的同轴锗探测器，测量的能量范围达到 3 keV～10 MeV。通常的同轴探测器厚度一般在 0.5～1.5 mm 的锂扩散触点，这一死层隔断了大多数 40 keV 以下的光子，使得探测器在低能范围中实际上毫无用处。而扩展范围锗探测器具有极薄的入口窗和 Be 恒温器窗口，把能量范围向下扩展到 3 keV。

图 5－7　BEGe 探头结构示意图

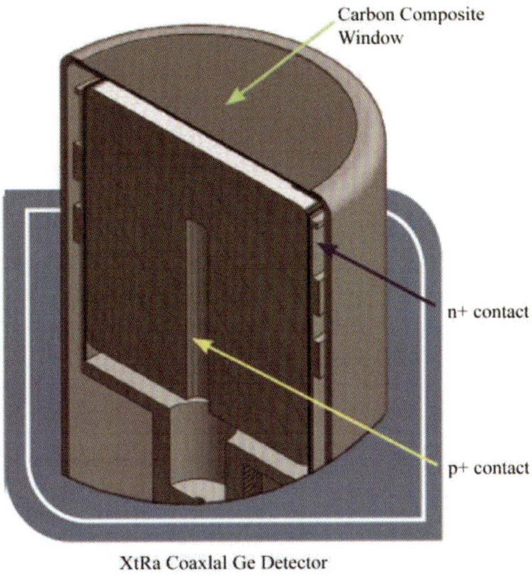

图 5－8　扩展范围锗探测器结构示意图

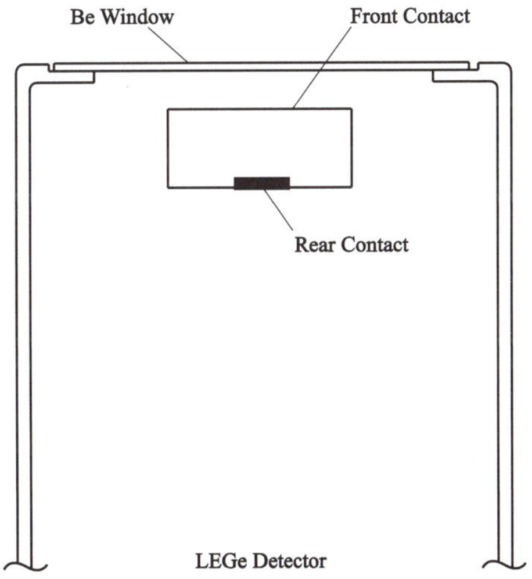

图 5－9　低能锗探测器几何结构示意图

低能锗探测器（LEGe，如图 5－9 所示）全面优化了薄前触点和侧面接触，实现了测量低能和中能 γ 射线的高性能。低能锗探测器噪声较低因而在低能和中能范围内分辨率也比其他几何结构的探测器要好。探头活性区从 50～2 000 mm^2、厚度从 5～20 mm，对于涉及中能γ射线的应用，低能锗探测器性能比昂贵的大体积同轴探测器更好，而且价格也更便宜。低能锗探测器一般装备薄 Be 窗（1～20 mm），对于能量全都在 30 keV 以上的应用，也可以装备 0.5 mm 的铝窗。

超低能锗探测器（Ultra－LEGe）使用一个由肋骨状硅支撑结构支持的多层聚合物胶片恒温器窗把 Ge 探测器的能量范围延伸到 300 eV，适合于 300 eV～300 keV 谱学应用，可用于测量 X 射线能谱，具有 Ge 探测器固有的高效率和分辨率。

③ γ 谱仪的主要技术指标

用 NaI（Tl）γ 谱仪测量的 ^{137}Cs 全能峰见图 5－10 所示。表征γ 谱仪的主要技术指标包括能量分辨率、探测效率、峰康比、本底等等。

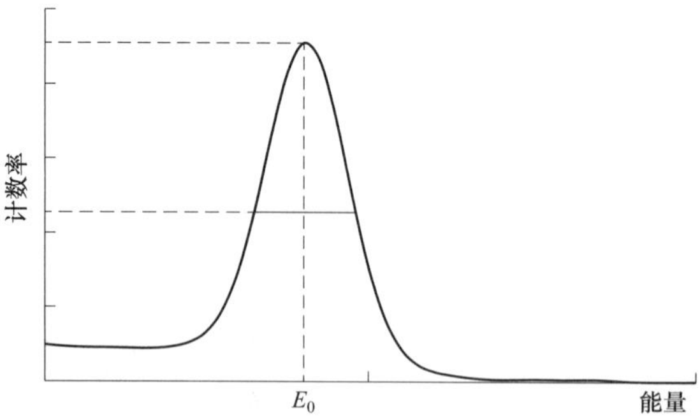

图 5-10　NaI（Tl）探测器测量的 ^{137}Cs γ 射线全能峰图

（a）能量分辨率

它是表征 γ 谱仪质量优劣的最重要指标，它说明对能量相近的射线分辨的能力，可用全能峰的半宽度（FWHM）或相对半宽度（η）表示。η的定义如下：

$$\eta = \frac{\text{FWHM}}{E_0} \tag{5-7}$$

能量分辨率与射线能量有关。对 NaI（Tl）谱仪，通常给出的是对 ^{137}Cs 的 662 keV 全能峰的相对半宽度，一般可达 10%左右，好的可达 6%～7%。对 Ge γ 谱仪，分辨率通常用对 ^{60}Co 的 1.33 MeV 全能峰的半宽度表示，典型数据是：FWHM = 1.9 keV。

为了说明峰的形状，通常还定义峰的十分之一宽度TWHM。

影响 γ 谱仪分辨率的主要因素是：

i. 在谱仪灵敏体积中产生的载流子数目的统计涨落；

ii. 探测器和电子学系统的噪声；

iii. 电子学系统的不稳定。

（b）探测效率

γ 光子射到探测器的灵敏体积内就可能形成一个可以记录的信号，形成信号的概率就是探测效率，它关系到测量中所花费时间和所必需的最低源强。探测效率一般分为两大类：绝对效率和本征效率。绝对效率的定义为

$$\varepsilon_{\text{绝对}} = \frac{\text{记录到的脉冲数}}{\text{放射源发射的}\gamma\text{光子数}} \tag{5-8}$$

它不仅与探测器性能有关（如物质减弱因子、作用概率、记录效率），还与计数几何条件有关。为了更好地描述探测器本身的性能常用本征探测效率，它的定义是：

$$\varepsilon_{\text{本征}} = \frac{\text{记录到的脉冲数}}{\text{射到探测器灵敏体积内的}\gamma\text{光子数}} \tag{5-9}$$

显然，本征效率与源和探测器之间的几何条件无关。在测量 γ 射线强度中，为了去掉在周围物体上散射引起的计数和电子学噪声的干扰，我们通常使用的是全能峰效率，它也可以分为峰绝对效率和峰本征效率，它们的定义是

$$\varepsilon_{峰绝对}=\frac{全能峰内的计数}{放射源发射的\gamma光子数} \tag{5-10}$$

$$\varepsilon_{峰本征}=\frac{全能峰内的计数}{射到探测器灵敏体积内的\gamma光子数} \tag{5-11}$$

对于半导体探测器，厂商标的光电峰效率是相对于标准的 3 英寸×3 英寸圆柱形 NaI（Tl）闪烁晶体的。

影响探测效率的主要因素是：

i. 几何条件。只有对着探测器的灵敏体积发射的那个立体角内的射线才能有可能被记录（不考虑散射影响）；

ii. 作用概率。射线到达灵敏体积后与探测介质发生相互作用。γ 射线首先要在探测介质中形成初级带电粒子，然后再使探测介质激发或电离。探测介质的材料和尺寸不同，产生次级带电粒子的概率也不同，因而探测效率也不同。探测介质的原子序数越高，所含材料越多，探测 γ 射线的效率也就越高。例如，尺寸相同的 CsI（Tl）比 NaI（Tl）闪烁体探测 γ 射线的效率高。

iii. 记录效率。在探测元件中形成了信号以后并不一定能被记录下来，例如，对电信号形成的脉冲必须高于记录系统的甄别阈，而甄别阈的高低又与探测器的噪声有关。

（c）峰康比

峰康比是指峰中心道最大计数与康普顿坪内平均计数之比。它说明了若一个峰落在另一个谱线的康普顿坪上，是否能清晰地表现出来，即存在高能强峰时探测低能弱峰的能力。峰康比越大，峰越便于观察和分析。

影响峰康比的因素主要是分辨率和峰总比，峰总比是指全能峰内的脉冲数与全谱下的脉冲数之比，它与射线能量、晶体大小、射线束是否准直以及晶体包装物质和厚度等因素有关。

（d）本底

主要取决于晶体大小和屏蔽好坏。在一般测量中，仪器的本底计数率依据一次本底测量的结果扣除即可，而对低水平放射性测量，本底涨落可能和源强差不多，因而必须仔细考虑。

（3）^{137}Cs 源的 0.662 MeV γ 能谱

用 NaI（Tl）闪烁谱仪测得的 ^{137}Cs γ 能谱见图 5－11 所示。图 5－11 上有三个峰和一个平台。最右边的峰 *A* 称为全能峰。这一脉冲幅度直接反映 γ 射线的能量 E_γ。

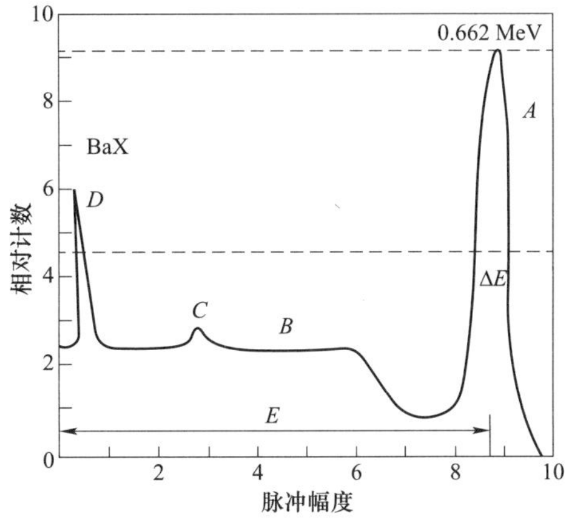

图 5－11　NaI（Tl）闪烁谱仪测得的 ^{137}Cs γ 能谱

平台状曲线 *B* 是康普顿散射效应的贡献，它的特征是散射光子逃逸后留下一个能量从 0 到 $E_\gamma/(1+1/4\,E_\gamma)$ 的连续的电子谱。

峰 *C* 是反散射峰。当 γ 射线射向闪烁体时，总有一部分 γ 射线没有被闪烁体吸收而逸出。当它与闪烁体周围物质发生康普顿效应时，反散射光子返回闪烁体，通过光电效应被记录，这就构成反散射峰。当然，在放射源衬底材料中，以及探头的屏蔽材料中产生的反散射光子同样有可能对反散射峰作出贡献。反散射光子的能量总是在 200 keV 左右，因此在能谱图上较易识别。

峰 D 是 X 射线峰，它由 ^{137}Ba 的 K 层特征 X 射线贡献的。^{137}Cs 的 β 衰变子体 ^{137}Ba 的 0.662 MeV 激发态，在放出内转换电子后，造成 K 空位，外层电子跃迁后产生此 X 射线。

2） γ 样品的采集与制备

① 土壤样品的采集与制备

土壤的采样和分析是测定沉积到地面的气载和水载放射性累积量的有效方法。采集的地点、深度、方法、数量和时间等，都是由采样分析的目的来决定的。每个采样地点，实际上是一个采样测定单元，它应具体地代表它所在的整片土壤。由于土壤本身在空间分布上具有一定的不均匀性，所以应多点采样，均匀混合。一般采样布点方法如图 5－12 所示。其中的对角线采样法适宜于受污染的水灌溉的田地。梅花采样法适宜于面积较小、地势平坦、土壤比较均匀的区域。棋盘式采样法适宜于中等面积、地势平坦、地形完整、土壤较不均匀的地区。蛇形采样法适用于面积较大，地势不太平坦、土壤不够均匀、采样点较多的区域。

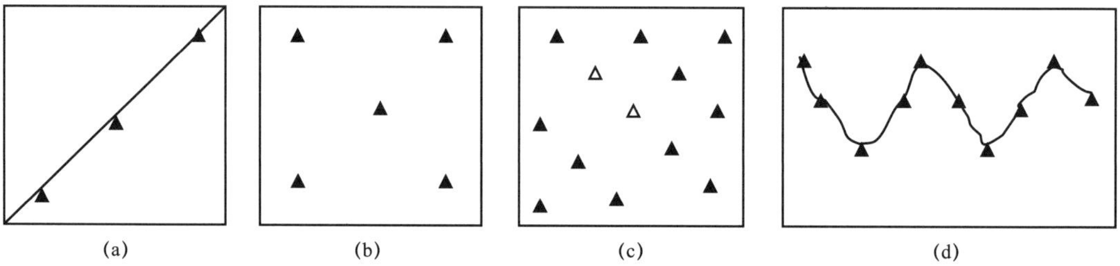

图 5－12　几种采集土壤的布点方法

（a）对角线法；（b）梅花形法；（c）棋盘形法；（d）蛇形法

土壤的采样深度也取决于采样的目的。通常的环境监测中，均采集表层土壤，对于环境放射性水平调查，采样深度一般为 10 cm。

用来采集土壤的工具可以是多种多样的，只要能采集到面积和深度符合要求的土壤样品即可。采样前，先除去采样点上的所有杂物，根据布点方法，将采集到的土壤混合装入容器内。

从现场采集的土壤，首先取出一部分测定其水分，将其余土壤风干，或放在干燥箱中 100 ℃烘干，磨碎，过筛（一般 100 目左右），用聚乙烯塑料样品盒封装，在谱仪上直接测量。

② 生物样品的采集与制备

生物样品的采集要考虑其代表性、典型性和适时性。代表性是指选择一定数量能代表被研究对象总体的样品。典型性是指采集的部位要能反映所了解的情况。适时性是指根据研究的目的和污染物质对样品影响情况，在植物的不同生长发育阶段适时采样。

样品在采集时应根据不同的监测目的采集不同类型的样品。各种生物样品一般取其可食部分分析，对环境样品要经过灰化预处理。目前常用的灰化技术包括：干式灰化方法和湿式消化方法。干式灰化方法是在空气中以热能分解破坏样品中的有机物质，一般包括马福炉灰化法和快速灰化方法。表 5－2 给出一些标准食品样品的初始灰化温度。湿式消化方法是将样品在氧化性溶液中加热进行消化，一般包括高温湿消化和低温湿消化。将灰化后的样品装在聚乙烯塑料样品盒中待测。

表 5－2　一些食品样品的初始灰化温度

样品	温度/℃	样品	温度/℃
蛋	150～250	根类蔬菜	200～325
肉	150～250	面粉	175～250
鱼	150～250	干豆	175～250
水果（鲜/罐头）	175～325	谷物	225～325
水果汁	175～325	通心粉	225～325
牛奶	175～325	面包	225～325
蔬菜（鲜/罐头）	175～225		

3）谱仪的刻度

① 体刻度源的制备

在 γ 能谱分析中，往往需要用户自己制备体源刻度源对测量系统进行能量刻度和效率刻度。γ 体源的基体物质必须满足以下要求：

（a）与样品的主要化学成分相同或相近；

（b）与样品的物理形态，如固态、液态、颗粒度、密度或比重等相同或相近；

（c）与样品相比，本身的放射性活度可以忽略；

（d）与加入的标准放射性物质易于均匀混合；

（e）物理、化学性质稳定。

体源制备所使用的标准放射性物质必须是经过国家计量基准器具或法定计量部门认定的计量基准器具标定，并有法定认可单位签章的放射性物质。制备好的体源必须满足：

（a）均匀性　无论是基体物质还是标准放射性物质，其在刻度容器内的分布是均匀的，不产生显著的容器壁特异性吸附而改变其分布；

（b）模拟性　除放射性活度已知外，其他性质，如密度、形状、成分等，都和样品相同或相近；

（c）稳定性　在贮存及使用期内，不产生沉淀、潮解或结晶，不生成异物或霉变；

（d）高纯度　除加入的放射性标准物质以外，应不含或尽量少含其他放射性杂质；

（e）准确度　在置信度为 99.7%的前提下，放射性活度的不确定度应小于±5%；

（f）密闭性　应密封于与样品容器的材料和形状相同的容器中。

② 能量刻度

γ 谱仪的能量刻度是指确定能谱中多道分析器的道址与 γ 射线能量的关系，也就是在谱仪所确定的使用条件下（包括谱仪的组成元件和使用参数，如高压、放大倍数、时间常数等），利用已知能量的 γ 放射源测出对应能量的峰位，然后作出能量和峰位（道址）的关系曲线。有了这样的能量刻度，那么测到的峰位就可以找出射线能量。对于 NaI（Tl）γ 谱仪，宜用单能 γ 源刻度，因单能 γ 源有限，有时也可选用只发射少数几种能量且能量相差较大的 γ 射线源。HpGe γ 谱仪宜选用发射多种能量的 γ 射线源刻度，也可用混合核素的 γ 源。表 5-3 列出适用于能量刻度的常用核素及主要 γ 能量。一般能量刻度至少包括 4 个不同的能量，并且所选的能量应该尽量均匀覆盖所研究的能区。

表 5-3　适用于能量和效率刻度的常用核素及主要核参数

核素	半衰期	主要 γ 射线能量/keV
^{241}Am	432 a	59.54（0.357）
^{133}Ba	10.5 a	81.0（0.340 6），302.85（0.183 3），356.02（0.620 5）
^{57}Co	270 d	122.061（0.852），136.471（0.111）
^{141}Ce	33.5 d	146.44（0.482）
^{51}Cr	27.7 d	320.08（0.100 8）
^{137}Cs	30.2 a	661.662（0.852 1）
^{54}Mn	312 d	834.84（0.999 8）
^{65}Zn	244 d	1 116.55（0.507）
^{60}Co	6.27 a	1 174.24（0.999），1 333.5（0.999 8）
^{152}Eu	14.3 a	121.782（0.283 7），345.29（0.265 8），778.92（0.129 6），965.11（0.146 2），1 085.89（0.101 6），1 112.08（0.135），1 408.0（0.208 5）
^{40}K	1.28×10^9 a	1 460.83（0.106 7）
^{208}Tl	3.05 min	510.77（0.226 1），584.19（0.844 8），2 614.53（0.991 6）

注：表中圆括号内数字表示相应能量 γ 射线的发射率；表中数据摘自 IAEA-TECDOC-564（1990）

典型的能量刻度曲线近似为一条直线，如图 5-13 所示。对 HpGe γ 谱仪能量刻度曲线一般为 2 次曲线，能量曲线一般是根据测量要求对能量—道址（峰位）作最小二乘拟合得

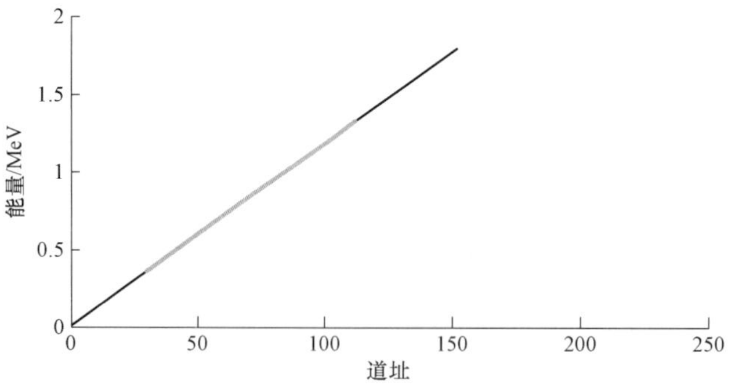

图 5-13　NaI（Tl）γ 谱仪的典型能量刻度曲线

到。如果谱仪稳定，在连续工作情况下，一般不需要经常作能量刻度，但当发现或怀疑谱仪不稳定时则需重新作能量刻度。

③ 全能峰效率刻度

γ 谱仪的效率刻度，宜用单能 γ 源，对 HpGe γ 谱仪也可用混合核素的 γ 源。用于全能峰效率刻度的常用核素见表 5－3 所示。在进行体源效率刻度时，选择的刻度源，必须满足所有要求，但由于在 γ 谱分析中，被测量的介质种类繁多，不可能把每种介质都选作刻度源介质，所以在实际应用中，即使介质差异较大，也可通过自吸收修正得到较准确的结果。

γ 谱仪的全能峰效率是指指定能量的 γ 射线全能峰面积（计数率）与该光子发射几率的比值，计算公式如下：

$$\varepsilon(E)=\frac{N}{T\cdot f\cdot A} \tag{5-12}$$

式中：ε（E）——能量 E 的全能峰效率；

N——刻度源在能量 E 处净峰面积；

T——测量的活时间，s；

f——能量为 E 的 γ 射线的发射率；

A——刻度源的活度，Bq。

如果所选的特征 γ 射线是级联辐射，在计算净峰面积时，应进行符合相加修正。对于 HpGe γ 谱仪，全能峰效率与能量关系常用对数多项式描述，即：

$$\ln\varepsilon=\sum_{i=0}^{n-1}a_i(\ln E)^i \tag{5-13}$$

式中：ε——能量 E 处全能峰效率；

a_i——拟合常数；

E——相应的 γ 射线能量。

通过公式（5－13），利用有限的 γ 刻度源就可以拟合出效率曲线。图 5－14 给出 N－型 HpGe 探测器和 P－型探测器的效率曲线。

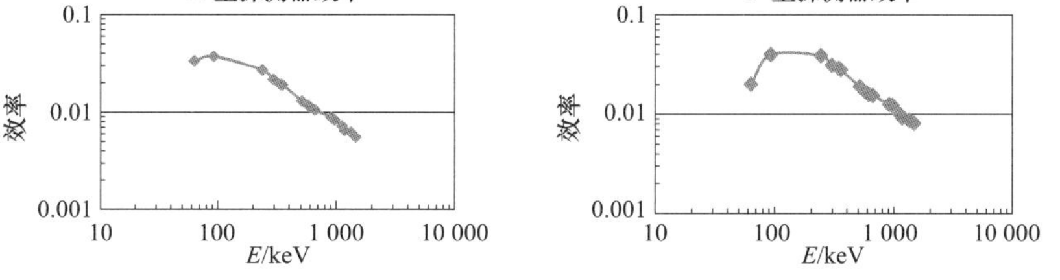

图 5－14　HpGe γ 谱仪全能峰效率曲线

4）实验室 γ 谱仪的测量与分析

① HpGe γ 谱仪测量步骤

不同型号的 γ 谱仪的测量方法基本相同，如果仪器长时间不用，在重新开机时，一般按照下列步骤进行：

（a）检查谱仪的设置参数是否正确，是否有液氮；

（b）开机，先对谱仪进行能量刻度和效率刻度；

（c）测量谱仪的本底，检查仪器是否正常；

（d）如果分析的核素是天然放射性，还要测量仪器及空白样品的本底，一般谱仪本底的测量时间在 72 h 以上；

（e）对待测样品进行测量，样品的测量时间根据测量要求而定，对于准确测量，要求峰面积的统计误差一般应控制在 1%（1σ）以内，对极弱的放射性样品可以放宽到 5%。对于一般要求的测量，峰面积的统计误差可以控制在 10%以内；

（f）记录谱数据，包括测量的活时间，特征峰的净峰面积（微分计数），统计误差，特征峰的积分计数，样品的几何形状等；

（g）对谱数据进行分析，给出待测样品的结果。

② 定量分析方法

核素的定量分析是 γ 能谱测量的最终目的。

对 NaI（Tl）γ 谱仪的分析一般采用逆矩阵法。逆矩阵法是一种简单的方法，它只选几个特征道区分别代表样品中的各个核素，而每个特征道区的计数是各个核素贡献之和，即：

$$C_i = \sum_{j=1}^{m} a_{ij} \cdot A_j \quad i=1，2，\cdots，m \tag{5-14}$$

$$a_{ij} = \frac{\text{第 } j \text{ 种核素标准谱在第} i \text{特征道区上的计数率}}{\text{第 } j \text{ 种核素的活度}} \tag{5-15}$$

式中：j——样品中核素的序号；

i——特征道区序号；

m——样品所包含的全部核素种类；

C_i——样品 γ 谱在第 i 个特征道区上的计数率；

A_j——样品中第 j 种核素的活度；

a_{ij}——第 i 个特征道区对第 j 种核素的响应系数，可按式（5－15）计算。

由测得的已知活度标准源的 γ 谱根据公式（5－15）求得响应矩阵 a_{ij}，从而求得逆矩阵 a_{ij}^{-1}，根据公式（5－14）只需测得样品各个相应的特征道区的计数率就可计算出各种核素的活度 A_j。

对 HpGe γ 谱仪，一般采用由效率曲线求解样品中核素活度的方法。在用效率曲线求解中，首先涉及的是全能峰参数的计算，比如全能峰净峰面积，目前的谱仪系统，都可以自动给出峰参数。样品中核素活度的计算公式如下：

$$A = \frac{N}{T \cdot f \cdot \varepsilon} \tag{5-16}$$

式中：A——样品中核素的活度，Bq；

N——测量到的该核素在能量 E 处净峰面积；

T——样品的测量活时间，s；

f——能量为 E 的 γ 射线的发射率；

$\varepsilon(E)$——能量 E 的全能峰效率。

在 HpGe γ 谱仪的能谱分析中，对发射多种能量 γ 射线核素的分析，应按各主要 γ 射线全能峰计算活度，然后加权平均，以减少分析结果的统计误差。

③ 符合相加修正

在 γ 能谱测量中，两个或多个级联 γ 射线有可能在探测器的分辨时间内被记录成一个事件，称为符合相加。同样，其他辐射，如 EC 衰变和内转换过程放出的 X 射线，β 粒子及其轫致辐射，以及 β^+衰变时的漂灭辐射等，它们和相应的 γ 射线也是级联的，也可能发生符合相加。这种符合相加引起三种现象发生：

（a）被测 γ 射线在探测器中损失全部能量，符合 γ 射线损失全部或部分能量，符合相加的结果使被测量的 γ 射线的计数从全能峰内丢失，而在相加峰或连续谱区产生计数。

（b）如果衰变纲图中与被测 γ 射线相关的衰变方式是发射两个或多个级联 γ 射线，但后者的总能量等于前者的能量，当此级联 γ 射线的全部能量都被全吸收而符合相加时，则产生一个与被测 γ 射线辐度相同的脉冲，因而使被测 γ 射线的全吸收峰内增加一个计数。当被测 γ 射线强度很弱而级联 γ 相对较强时，这种效应可能是显著的。

（c）两个符合 γ 射线都只有部分能量损失在探测器内时，符合相加只对连续谱本底有影响。

符合相加效应与核素的衰变纲图和探测器对源所张的立体角，即与探测效率有关。加大源——探测器距离可以减少符合相加的影响，但这仅对点源测量有效，而对于环境样品的测量，样品要尽量靠近探测器，符合相加修正有时达 30%以上，所以必须考虑该修正。这时，实验上唯一可以避免符合相加修正的方法是选择刻度样品中的核素与被测样品中的核素相同。

符合相加修正因子可以分别通过理论计算和实验测量得到。对于理论计算，无论是点源或是体源样品，取决于衰变纲图，符合相加修正因子总是同探测器对相应能量 γ 射线或其他辐射的全能峰效率和总效率有关，并且也同相应衰变的一些核参数相关。为了从实验上得到符合相加修正因子，最简单的方法，是用一组不同能量的单能 γ 标准源或参考样品，如 ^{241}Am、^{109}Cd、^{57}Co、^{203}Hg、^{113}Sn、^{85}Sr、^{137}Cs、^{54}Mn 和 ^{65}Zn 等，测量得到全能峰拟合效率曲线。然后，再用被测源或样品中含有的多 γ 核素制备成标准源或参考样品，在同样条件下测量待测 γ 射线未经符合相加修正的全能峰效率。这样，单能源效率曲线上相应能量的全能峰效率内插值和相应能量未经符合相加修正的全能峰效率值之比即为符合相加修正因子。但在有了多 γ 核素源或参考样品后，实际上也为测量样品时避免符合相加修正创造了条件。

④ 自吸收修正

环境样品 γ 能谱测量中的所谓自吸收修正是相对于无介质而言，由于一定能量的 γ 射线在进入探测器被记录之前与样品介质发生了相互作用而损失部分能量，使探测器计数不在 γ 能谱的全能峰中，从而使全能峰计数（或面积）受到了损失。但是，如果样品的测量条件与刻度条件完全一致或基本相同，一般并不存在自吸收修正问题。但实际情况往往是刻度条件只有一个，最简单的情况是谱仪只用参考水溶液刻度，而实际测量的样品类型却很多，这样相对于水溶液刻度条件，其他介质样品的测量就有一个自吸收修正问题。特别是对于低能γ射线（200 keV 以下），自吸收修正显得更为重要。

自吸收因子可通过理论计算和实验得到。理论计算主要是用蒙特卡洛方法模拟光子从样品发射点进入探测器的路径，但计算结果仍需用实验验证。实验是用参考源或参考样品在不同测量条件下进行测量，一般采用直接测定法。

直接测定法是按γ射线穿过介质衰减原理，在垂直入射到探测器的条件下，样品自吸收公式为：

$$A_s = A_0 f \frac{1-e^{-\mu_m \rho H}}{\mu_m \rho H} \tag{5-17}$$

式中：A_s——经自吸收修正后的特定能量γ射线的总输出，s^{-1}；

A_0——样品中某核素的活度，Bq；

f——γ射线的分支比；

μ_m——样品介质的质量衰减系数，cm^2/g；

ρ——样品的密度，g/cm^3；

H——样品厚度。

如果把源分别放在待测样品和空样品盒上，测得特定能量γ射线的全能峰净计数率分别为 n 和 n_0，则根据γ射线衰减原理有：

$$n = n_0 e^{-\mu_m \rho H} \tag{5-18}$$

则

$$\mu_m = \ln(n_0 / n) / \rho H \tag{5-19}$$

因此，按定义，自吸收因子 K 为：

$$K = \frac{A_0 f}{A_s} = \frac{\mu_m \rho H}{1-e^{-\mu_m \rho H}} = \frac{\ln(n_0 / n)}{1-\dfrac{n}{n_0}} \tag{5-20}$$

⑤ 数据处理

如果谱仪装有谱分析软件，按照软件的要求进行。如果谱仪不安装谱分析软件，通过计算对数据进行处理。先计算特征峰的净峰面积（计数率），如果净峰面积的统计误差大于25%，一般情况下，说明待测样品内该核素的活度小于仪器探测下限 A_D，在置信水平为95%情况下，按照下列公式计算探测下限：

$$A_D = \frac{4.66}{f \cdot \varepsilon} \sqrt{\frac{n_b}{T_b}} \tag{5-21}$$

式中：A_D——探测下限；

n_b——特征能区的积分计数；

T_b——测量时间；

f——γ射线的发射率；

ε——γ 射线的全能峰效率。

如果净峰面积的统计误差小于 25%，按照公式（5－21）计算活度，分析结果的不确定度按照误差的传递原理进行合成。在 γ 核素的定量分析中，主要考虑的误差包括峰计数的统计误差、刻度源误差、本底谱误差、仪器的系统误差等。

5.2　分析记录与报告

针对放射性污染区域土壤开展调查时，从样品采集至分析数据处理的整个流程均应做好相应的记录，完整正确的原始记录关系到测量结果的准确性，并最终影响决策者所作出决定的正确性。

完整的原始记录应至少包括计算公式中涵盖的各种参数，如分析用量、锶钇分离时刻、样品测量开始及结束时间、探头本底及探测效率、测量计数率、分析流程回收率等。另外，建议详细记录样品采集时的相关信息，如取样点位位置、取样面积及深度、取样时间、取样时的气象条件及其他必要信息；分析过程中出现的异常情况等，这些信息对于分析结果的溯源及分析有重要作用。

5.2.1　数理统计基础知识

数理统计方法是处理具有随机性测量数据的一种科学，以概率论为基础，对大量的偶然现象的统计资料进行分析、研究，得出这种现象概率的规律性，并给以科学的解释。

在环境监测中，一般只能对监测对象的一部分个体进行观察和测量，然而测量的结果却总是要推广到该研究对象的全体去。数理统计方法就是以样本为根据，运用数学模型来推断总体的一门科学。如何制定相应的监测方案，以求用最少的费用、最快的时间获得较多的信息，如何科学地处理环境监测中得到的大量数据，如何对测量误差进行计算，估计数据的可靠程度，准确地表达分析结果，并给以合理的解释，等等，都需要应用数理统计方法。

必须指出，数理统计方法仅仅是解决问题的有力工具，不能代替严格的试验工作，只有在可靠的分析测试的基础上才能发挥其应有的作用。

数理统计工作需要明确总体和样本、数据的特性及其分布、统计量及其分布、统计检验等内容。其中，数据的特性及其分布主要包括泊松分布、正态分布、对数正态分布等；统计量及其分布主要包括 $\bar{x}$ 的概率分布、S 的概率分布、统计量 u 及其分布、统计量 t 及其分布、统计量 χ^2 及其分布、统计量 F 及其分布等；统计检验包括统计假设与两类错误、显著性检验与显著性水平等。

关于数理统计基础知识方面的内容有多部专门的著作予以讲述，在这里就不再展开。

5.2.2　实验误差

5.2.2.1　误差的分类

按性质分，误差大致可以分为三类：随机误差、系统误差和粗大误差。

在相同条件下多次测量同一量时，所得误差的绝对值和正负符号均以不可予定的方式变化着，但从总体上却具有统计规律性，这种误差叫做随机误差。随机误差通常服从正态分布，有时服从均匀分布。在服从正态分布时，随机误差常以标准误差σ（均方根误差）表示。

当给出的测量值表示为$\mu = X \pm \sigma$和$\mu = X \pm 2\sigma$时，意味着在区间[$X-\sigma$，$X+\sigma$]和[$X-2\sigma$，$X+2\sigma$]内包含被测真值的概率分别为68.3%和96.5%。

在放射性测量中，计数服从泊松分布。但实际上期望值$m \geqslant 20$的泊松分布已很接近于期望值μ和方差σ^2都是m的正态分布。故当计数为N时，可用N作为μ的估计值和$\sqrt{N}$作为σ的估计值。

在相同条件下多次测量同一量时，误差的绝对值和符号保持恒定，或在条件改变时按一定规律变化的误差，称为系统误差。系统误差明显地具有方向性。例如，在放射化学分析时样品在预处理过程中被玷污或损失，加入的载体与待测核素之间同位素交换不完全，使用刻度不准和计数器等均会引起系统误差。系统误差可通过实验室应用适当的修正值予以减少或消除。

明显地歪曲测量结果的误差，称为粗大误差，又叫过失误差或粗差。例如，分析中不按标准程序操作，擅自改变测量条件、读错、记错等，都会引起粗大误差。粗大误差获得的异常值通常可用统计方法（如格拉布斯和狄克逊法等）检验后加以剔除。

上述三类误差在实际测量中常常同时并存，很难区分。人们有时会把某些掌握不好的具有复杂规律的系统误差看作随机误差，随着人们对误差认识的加深又可以将其澄清而加以适当的处理。因此，随机误差和系统误差之间并不存在不可逾越的界限，在一定条件下它们可以向着其相反的方向转化。

5.2.2.2 误差的传递

放射性测量一般不是一简单的直接测定，而是测定几个独立量，再通过一定的关系式计算出测定的结果。例如用放射化学方法测定水中某核素的浓度时，需要用计数器分别测量样品和本底的计数率N_s/t_s和N_b/t_b；测量水样的体积V，计数器对该核素的探测效率E以及化学回收率 R；如果在分析过程中核素有放射性衰减，还要进行衰变因子$e^{-\lambda t}$的校正，最后用公式（5－21）计算出以Bq/L为单位的放射性浓度A_v：

$$A_v = \frac{(N_s / t_s - N_b / t_b)}{60VERe^{-\lambda t}} \tag{5-22}$$

随机误差和系统误差在分析过程中传递方式是不同的。

（1）随机误差传递的一般公式

随机误差的传递公式是以下述三个基本假设为前提：

1）各直接观测量彼此互不相关；

2）各直接观测量的标准差都是小的，且遵从正态分布；

3）间接测量值的误差是各直接观测量的误差的线性函数，且各偏微分$\dfrac{\partial f}{\partial X_i}$都是连续的。

若用σ_y^2代表间接测量值y的方差，用$\sigma_{x_1}^2$，$\sigma_{x_2}^2$，…，$\sigma_{x_n}^2$分别代表各直接观测量X_1，

X_2，⋯，X_n的方差，在一般情况下：

$$y = f(X_1, X_2, \cdots, X_n) \tag{5-23}$$

则

$$\sigma_y^2 = \left(\frac{\partial f}{\partial x_1}\right)^2 \sigma_{x_1}^2 + \left(\frac{\partial f}{\partial x_2}\right)^2 \sigma_{x_2}^2 + \cdots + \left(\frac{\partial f}{\partial x_n}\right)^2 \sigma_{x_n}^2 \tag{5-24}$$

例如平均值 $\bar{X} = 1/n\sum X_i$，X_i为直接测量值，它们的标准差为 S，则可从公式（5−23）导出平均值的标准差的计算公式（5−25）：

$$S_X = S/\sqrt{n} \tag{5-25}$$

从公式（5−23）可导出净计数率的标准差的计算公式（5−26）：

$$S_{净} = \sqrt{\frac{N_c}{t_c^2} + \frac{N_b}{t_b^2}} = \sqrt{\frac{n_c}{t_c} + \frac{n_b}{t_b}} \tag{5-26}$$

（2）确定性误差传递的一般公式

对于能掌握其数值（包括符号）的确定性误差，例如恒定性系统误差，其传递的一般公式和上述公式（5−24）是不同的，间接测量值的总误差是诸项直接测量值误差的代数和公式（5−27）：

$$S_y = \frac{\partial f}{\partial X_1}\delta X_1 + \frac{\partial f}{\partial X_2}\delta X_2 + \cdots + \frac{\partial f}{\partial X_n}\delta X_n \tag{5-27}$$

（3）测量结果总不确定度的估计

当只存在确定性误差（系统误差）时，从误差的大小即可判断测量结果的可靠性。在另一极端情况下，当只存在随机误差时，从标准偏差的大小，也不难对测量结果的可靠性作出评定。但是，当系统误差与随机误差同时存在时，评定一个测量结果的可靠性是一件相当复杂的事。统计学家和测量学家一直在寻找合适的术语来正确表达测量结果的可靠性。近年来，人们感到“误差”一词的词义较为含糊，因此用随机不确定度和系统不确定度分别取代了随机误差和系统误差。

总不确定度是系统不确定度和随机不确定度的综合。一般是将系统不确定度的极限值和随机不确定度的99%置信限按平方和根法合并，即：

$$U = \sqrt{\delta^2 + \left(t\frac{S}{\sqrt{n}}\right)^2} \tag{5-28}$$

国际计量局下设的关于表达不确定度的工作组于 1980 年起草了关于表述不确定度的建议草案，放弃了随机不确定度和系统不确定度的传统区别，将测量结果的不确定度按其估计方法归并为 A 类不确定度和 B 类不确定度。把用统计学方法计算的那些分量归为 A 类，可用方差 S_i^2（或标准差 S_i）和自由度 df 来表达；而用其他方法计算出的那些分量归为 B 类，因为 B 类中也有随机性，故用 U_i^2 表达，它是假设存在的相应方差的近似估计，可像处理方差那样处理 U_i^2。因而可用方差合成的方法估计总的不确定度。必要时还可对总的不确定度乘以类似学生氏分布置信系数的 K，即：

$$U=\sqrt{S_i^2+U_i^2} \tag{5-29}$$

或

$$U=K\sqrt{S_i^2+U_i^2} \tag{5-30}$$

这样，A 类和 B 类不确定度的含义并不完全对应于随机不确定度和系统不确定度。

5.2.2.3 数据的整理

（1）有效数字

测量结果的记录、运算和报告，必须注意有效数字。有效数字是指测量中实际能测得的数字，即表示数字的有效意义。不能随意多写位数，这样会夸大测量方法所固有的准确程度；但是，也不能把位数取位数取得太少，这样会影响测量结果的精确度。应当依据测量仪器和方法所具有的精确度合理地确定有效数字。一个测量结果的数值，除了起定位作用的零以外，这个数所包含的数字都必须是有效数字。也就是说，组成这个数的数字中，除了最末一位不确定以外，其余的数字都是可靠的。

在数的运算过程中，要遵守如下原则：

1）加减运算时，得数经修约后，小数点后面有效数字的位数应和参加运算的数中小数点后面有效数字位数最少者相同；

2）乘除运算时，得数经修约后，其有效数字的位数应和参加运算的数中有效数字位数最少者相同；

3）进行对数计算时，所取对数的小数点后的位数（不包括首数）应和真数相同；

4）进行平方、立方或开方运算时，结果有效数字的位数和原数相同；

5）计算样本平均值时，若样本容量大于或等于 4，则平均值的有效数字可比原数增加一倍；

6）表示误差的数据一般只取一位数字，最多只能取二位；

7）分析结果有效数字所能达到的位数不能超过方法的最低检测限的有效数字所能达到的位数。

（2）数字修约

数字修约一般遵循以下原则：

1）在拟舍弃的数字中，若左边第一个数字小于 5 时，则舍去，即所拟保留的末位数不变；

2）在拟舍弃的数字中，若左边第一个数字大于 5 时，则进一，即所拟保留的末位数字加一；

3）在拟舍弃的数字中，若左边第一个数字等于 5，其右边的数字并非全为零时，则进一，即所拟保留的末位数字加一；

4）在拟舍弃的数字中，若左边第一个数字等于 5，其右边的数字全为零时，所拟保留的末位数字若为奇数则进一，若为偶数（包括 0）则不进；

5）在拟舍弃的数字中，若为两位以上数字时，不得连续进行多次修约，应根据所拟舍弃数字中左边第一个数字的大小，按照上述规定一次修约结果。

（3）可疑数据的取舍

对那些具有明显的系统误差和过失误差的数据，一旦发现应当随时剔除。但是，剔除的数据应当是少量的。如果发现剔除的数据太多，应当从测量方法上查找原因。对可疑数据的剔除，应当采用统计方法，并根据不同的检验目的选择合适的方法。

一般情况下，对于方差一致性检验可使用 Cochran 最大方差检验法，对于多个实验室内平均值一致性检验可使用 Grubbs 检验法，对于实验室内单个值一致性检验可使用 Dixon 检验法或 Grubbs 检验法。

（4）检测下限

在环境监测计划的制订和数据处理过程中，监测方法的检测限是一个重要指标，检测下限又称探测下限或探测限，指的是能可靠地与空白试样区别开来的所需要的待测组分的量或浓度。

定量测定判断极限 L_C，探测下限 L_D 和定量测定极限 L_Q 常用于环境放射性测定中。这三个物理量具有统计性，故它们适合于反映具有统计分布的测量值之特征。

1）判断极限 L_C

在环境监测中测得一次样品的计数后，必然要求判断此计数是本底计数的统计涨落，还是样品真正含有放射性，为此引入最低判断 L_C 的概念，其物理意义为：当观察到的样品计数等于或大于 L_C 时，就判定样品中存在放射性，L_C 的数学表示见公式（5－31）：

$$L_C = K_\alpha \sigma_0 \tag{5-31}$$

式中 σ_0 为样品中被测放射性等于零时，测得样品计数的标准差。K_α 为相应于显著水平 α 时的常数。对于给定的 α 值，相应的 K_α 值可从正态分布函数表中查出。

设 C_{S+B} 为样品加本底的计数值，C_B 为本底计数值，测量值 $C_S = C_{S+B} - C_B$。于是，C_S 的方差 $\sigma^2(S)$ 为：

$$\sigma^2(S) = \sigma^2(S+B) + \sigma^2(B) = C_S + 2C_B \tag{5-32}$$

若 $C_S = 0$，则 $\sigma_0 = \sqrt{2C_B}$，代入公式（5－33），则：

$$L_C = K_\alpha \sqrt{2C_B} \tag{5-33}$$

式（5－33）适用于本底的数学期望值已知的测量判断，对于本底数学期望值未知情况可再进行一次本底的成对测量。

2）探测下限 L_D

L_C 是用来根据样品的净计数 $C_S > L_C$ 而事后得出结论：样品中有放射性存在。但如果样品事先知道有 L_C 计数的放射性，由于计数的统计涨落使测量的结果会大约有一半大于 L_C，一半小于 L_C。也就是说，仍有 50%的概率被判断为无放射性。那么，为了保证以预定的置信度推断放射性确实存在，要求样品中必须含有的最小放射性活度则为探测下限 L_D 的概念。

如果样品中确有放射性，重复多次测量时，也可能会有几次测量得到的观测值落在 L_C 的左边，则误断样品不含放射性，这就是第二类错误，其概率用 β 表记。例如，若指定 $\beta = 0.05$，则平均 100 次测量中大约会有 5 次的观测值 C_S 落在 L_C 的左侧，以致误断 $\mu_S = 0$，但有 95 次 $C_S \geqslant L_C$，使我们断定样品中含有放射性。这个最小值称为最低探测限，用 L_D 表记。L_D 是α和β的函数，它是指样品必须含有的最小放射性，使第二类错误的几率不致超过预定的β。

3）定量测定极限 L_Q

L_C 和 L_D 使我们能够以一定的置信度分别定性地推断样品中的放射性究竟测到了没有及能否测到等问题，但是不能定量地说明样品中放射性存在的限度。因此确定了一个定量测定极限 L_Q，其定义为：当样品实际所含的放射性所对应的计数 $C_S \geqslant L_C$ 时，测定值的相对标准误差不大于预定的 $1/K_Q$。用公式（5－34）表示为：

$$\frac{\sigma_q}{L_q} = 1/K_Q \tag{5-34}$$

或

$$L_Q = K_Q \sigma_q$$

式中，K_Q 由预定的相对标准误差决定。σ_q 为样品的计数等于 L 时的标准差。由公式（5－34）可见，L_Q 由 K_Q 及 σ_q 决定而与α、β无关。

当本底的准确值未知时，$\sigma_q = \sqrt{L_Q + 2C_B}$，代入公式（5－35），解出：

$$L_Q = \frac{K_q^2}{2}\left[1 + \sqrt{1 + \frac{8C_B}{K_q^2}}\right] \tag{5-35}$$

当本底的准确值已知时，$\sigma_q = \sqrt{L_Q + C_B}$，代入公式（5－36），解出：

$$L_Q = \frac{K_q^2}{2}\left[1 + \sqrt{1 + \frac{4C_B}{K_q^2}}\right] \tag{5-36}$$

综上可知，L_C 是用来根据计数值 C_S 的大小来定性判断是否测到了放射性，L_D 和 L_Q 是用来估计：为了达到一定的置信度或测量的相对标准差，样品中必须含有的最少放射性或与其相应的计数是多少。显然，L_C 在计数测量的数据处理方面是重要的。为了估计监测方法的检出限，需要依据不同的目的采用 L_D 或 L_Q，其中 L_D 使用较为普遍。

（5）监测结果的正确表达

严格意义上讲，环境监测是得不到真值的，只能对真值作出比较好的估计。想通过随机样本来反映该样本所代表的总体，测量结果的表达应当包括被测项目的最佳估计值 $\bar{X}$ 和一定概率下的不确定度 U。环境放射性监测属于低水平的放射性测量，在测量过程中可能遇到以下情况。

1）样品的净计数值大于判断极限 L_C

这时单次测量值为正值，分析结果由 $\bar{X} \pm U$ 来表达。

平均值 $\bar{X}$ 一般为算术平均值，也可以是几何平均值（适用于对数正态分布）或加权平均值。进行加权平均的各组数据应当是来自同一总体，它们之间不应当存在明显的系统误差。这时可由各组数据的测定次数 n_i 或方差的倒数 $1/S^2$ 作为权按公式（5－37）计算加权平均值 $\overline{X_w}$：

$$\overline{X_{\mathrm{w}}} = \sum W_i X_i / \sum W_i \tag{5-37}$$

式中，W_i 为各组测量值的加权因子，$W_i = \dfrac{1}{n_i}$ 或 $\dfrac{1}{S_i^2}$。加权平均值的标准差为：

$$S_W = \sqrt{\frac{1}{\sum W_i}} \tag{5-38}$$

如果肯定有系统误差存在就不能采用加权平均，因为这时精度越高权重因子越大就不能成立。权重因子有时也可根据对不同分数方法或各实验室分析结果可靠性的长期考察，由权威人士裁定。

测量结果总不确定度 U 的常用表达形式如下：

① 当与随机不确定度比较，系统不确定度可以忽略不计时，U 用随机不确定度来表达。这时可以用如下几种形式表示：

（a）单次测定的标准差 S（包括测定次数和置信概率）；

（b）平均值的置信限 $t\dfrac{S}{\sqrt{n}}$（包括置信水平和自由度）；

（c）单次测定的统计容许限 KS（包括置信水平和测定次数）。

由于计数值大于 L_C，因此置信限和统计容许限一般都是双侧的。只要计数过程确实符合统计规律，用正态分布理论或泊松分布理论计算出的标准差应当是相符的，两者之间不含有显著差别。

② 当系统不确定度不能忽略不计时，U 用总不确定度表示。应当注意，系统不确定度的上限值是个很难估计的量，很大程度上取决于实验者的经验和判断能力。

总之，在报出分析结果时，样本平均值 $\bar{X}$、样本标准差 S、样本容量 n 这三个数字是最基本的。同时应说明，剔除的异常值的个数；总不确定度的含义及置信水平；检出限及其计算方法。如果采用加权平均值，还应说明权的给定原则。这样可以使人们能更好地了解结果的可靠性，并且增加了测量结果的可比性。

2）样品的净计数值小于或等于判断极限 L_C，但是样品加本底的总计数并非为零

当样品的计数值小于或等于 L_C 但并非零计数时，如果数据需要存入数据库进一步做求平均值等运算处理，则不管其测得值是正、负或零，都应当报告测得的本值，并且附上其标准差。不应当用“$<L_C$”“低于探测限”或“未检出”等方式报告结果，以便能够进一步利用这些数据进行统计检验和做出正确的评价。这时也不能判定放射性为零，因为 L_C 只能作为判断有放射性的界限值，不能作为判断“无”的界限值。因为当放射性大于零时，也还存在着净计数率小于 L_C 的概率。

如果测量数据直接用作评价性报告，这时可以用小于水平 L_{t} 来表达测量结果。L_{t} 被定义为根据已经测得的小于或等于 L_C 的计数值，样品中可能存在的最大数计值。其数学表达式为：

$$L_{\mathrm{t}} = R_{\mathrm{s}} + K\sigma_{\mathrm{s}} \tag{5-39}$$

式中，R_{s} 为样品的净计数率；K 为单侧置信因子，当置信度为95%时，$K=1.645$；σ_{s} 为样

品净计数率的标准差。

3）零水平

所谓“零水平”指的是下述两种情况：

① 净计数值为零，甚至是负值。

② 在长时间的计数期间样品和本底的计数值均等于零。随着低水平探测技术的发展，探测器的本底计数越来越低，尤其是在使用低本底α谱仪进行α核素测定时，往往会遇到这种情况。

根据二项式分布原理对于总数为 N_0 的原子有 X 个原子衰变的概率为：

$$P_r(X)=\frac{N_0!}{(N_0-X)!X!}P^X q^{(N_0-X)} \tag{5-40}$$

式中，$P_r(X)$ 为在 t 时间内发生 X 次衰变的概率；N_0 为放射性原子原来的数目；P 为 1 个原子在 t 时间内衰变的概率，$P=1-e^{-\lambda t}$；q 为一个原子在 t 时间内不衰变的概率，$q=e^{-\lambda t}$。公式（5－41）可转换为：

$$P_r(X)=\frac{N_0!}{(N_0-X)!X!}(1-e^{-\lambda t})^X(e^{-\lambda t})^{(N_0-X)} \tag{5-41}$$

产生零计数有两种原因：第一，在 t 时间内不存在衰变；第二，有衰变，但是没有测出。在 t 时间内不衰变的概率为：

$$P_r(0)=\frac{N_0!}{N_0!0!}(1-e^{-\lambda t})^0(e^{-\lambda t})^{N_0}=e^{-\lambda N_0 t} \tag{5-42}$$

由于探测器的效率小于 100%，因此也存在着即使有 1 个或更多个原子衰变而测不出来的概率。如果探测效率为 E，则发生 1 次衰变而不计数的概率为（$1-E$）；2 次衰变而不计数的概率为 $(1-E)^2$；X 次衰变而不计数的概率为 $(1-E)^X$。在 t 时间内 N_0 个原子中发生 1 次或更多次衰变但没有测量出来的概率为：

$$P_r(1)\cdot(1-E)+P_r(2)\cdot(1-E)^2+\cdots \tag{5-43}$$

0 计数的概率是不发生衰变的概率与有 1 个或更多个原子衰变但测不出来的概率之和：

$$P=P_r(0)+P_r(1)\cdot(1-E)+P_r(2)\cdot(1-E)^2+\cdots \tag{5-44}$$

对于长半衰期的核素，可以假定 λt 很小，$N_0\gg 1$，得：

$$P(1)\cong N_0(\lambda t)^1\cdot(e^{-\lambda N_0 t})$$

$$P(2)\cong \frac{N_0^2}{2!}(\lambda t)^2\cdot(e^{-\lambda N_0 t})$$

$$P(3)\cong \frac{N_0^3}{3!}(\lambda t)^3\cdot(e^{-\lambda N_0 t})$$

将上式代入公式（5－44），得：

$$P\cong e^{-\lambda N_0 t}+\frac{\lambda N_0 t(1-E)}{1!}e^{-\lambda N_0 t}+\frac{[\lambda N_0 t(1-E)]^2}{2!}e^{-\lambda N_0 t}+\frac{[\lambda N_0 t(1-E)]^3}{3!}e^{-\lambda N_0 t}\cong e^{-\lambda N_0 tE} \tag{5-45}$$

4）包含部分低于探测限数据的处理

由于环境监测技术经常应用到近于零的极低水平放射性样品的分析，经常会出现小于探测限的数值（简称 LD 值），有时还会得到零或负值。这类数据称为“截断数据”，处理这些结果时，如何把这些零值、负值和 LD 值均包含在内，对整个数据群的中心趋向和分散程度进行估计，是需要特殊考虑的问题。若人为规定它们为零，会使平均值偏低；若把 LD 值按探测限相应的数据参加平均，会使平均值偏高；有人用探测限相应数据的二分之一代替 LD 值，试图折中处理，实际上也不太准确；也有人将包括负值在内的所有值进行平均，在逻辑上存在问题。

近年来国内外有人用普通的概率图法处理含 LD 值的数据，取得较好的效果。此法是将数据按大小排列，确定百分位数的值，然后画图。LD 值虽然无法在图上描点，但是它们所跨百分位数值的范围与它们在数据群中所占百分数相一致。此法的优点是，它可以在概率图纸上直观反映数据群的分布。当测量数据遵从正态或对数正态分布，只要有一部分数据大于探测限，即使半数以上数据属于 LD 值，也能获得满意的结果。用于拟合的正值数据点，最好能有 10 个以上，否则置信水平较低。

如果大部分数据低于探测限，而全部正值数据又大于探测限很多时，应当考虑是否存在两种数据的分布，比如某些或全部 LD 值属于本底分布，而高值表示来自间断失控源等其他因素的影响。如果有大量的 LD 值而仅仅包括几个正值数据，这时只好按 LD 值来报告结果。

5.3　不确定度分析

5.3.1　环境样品γ谱测量不确定度的评定

γ谱测量方法通常是使用高效率和高分辨率的测量仪器对大体积样品的非破坏性测量。对测量结果不确定度的评定是结果的重要组成部分，对不确定度各个分量的来源进行量化是不确定度评定的主要方法。不确定度分量除了通常的结果计算公式中各个参数之外，分析方法本身也具有特定的不确定度分量，比如样品自吸收、符合相加等。γ谱测量结果不确定度来源包括了刻度用标准样品和实际测量样品之间的差异，该差异主要体现在几何形状的差异和样品基质不完全一致导致的样品自吸收的差异；测量计数的统计误差；测量过程中核素衰变的修正；不同类型的符合相加效应。近年来，随着无源效率刻度方法的广泛使用，探测效率不确定度的来源不再仅仅是使用标准样品刻度的过程，在使用无源效率刻度得到的效率值进行样品测量时，探测效率的不确定度应考虑基于蒙特卡洛方法对光子输运过程模拟的不确定度。

5.3.1.1　不确定度的来源

在放射性分析技术中，识别不确定度来源是报告高质量数据的重要步骤。表 5－4 给出了γ谱测量过程中最重要的不确定度分量及其对合成不确定度的贡献。

表 5-4　不确定度分量

不确定度来源	符号表示	典型的不确定度范围/%	典型的不确定度值/%
计数	N	0.1～20	5
分支比	γ	0.1～11	<2
自吸收修正	K_3	0.1～5	<1
符合相加修正	K_5	1～15	<3
半衰期	$T_{1/2}$	0.01～1	<0.2
探测效率	ε	1～5	2
放化过程		1～10	3
样品量	m	0.01～1	<0.5

表 5-4 中给出的各个不确定度分量的值，仅作为举例说明，对于每一个实际测量过程，一个完整的不确定度评定必须考虑所有可能的不确定度来源。在多数情形下，样品在进行 γ 谱测量之后，往往还会继续用作放化分析，本节中仅介绍 γ 谱测量过程的不确定度评定，而不讨论之后的放化过程。

一般有三种方式报告测量结果的不确定度：标准不确定度、合成不确定度、扩展不确定度[51-53]。

不确定度分量根据其来源可分为 4 类：样品预处理；能量刻度和效率刻度；测量过程；核素参数数据。

（1）样品预处理环节引入的不确定度

样品预处理环节不确定度的来源主要有以下几个方面：

1）样品处理过程中被测核素的损失或污染引入的不确定度；

2）样品量（质量或体积）引入的不确定度；

3）样品的不均匀性引入的不确定度；

4）对被测核素的浓集过程引入的不确定度。

（2）能量刻度和效率刻度引入的不确定度

在对测量系统进行能量刻度和效率刻度的过程中引入的不确定度来源有以下几个方面：

1）样品测量期间，测量系统的稳定性引入的不确定度；

2）能量刻度的不确定度；

3）效率刻度的不确定度。

（3）测量过程引入的不确定度

该过程不确定度来源主要有以下几个方面：

1）被测样品和效率刻度用标准样品的几何差异引入的不确定度；

2）随机符合相加引入的不确定度；

3）真符合相加引入的不确定度；

4）测量死时间引入的不确定度；

5）测量过程中被测核素衰变引入的不确定度；

6）样品自吸收修正引入的不确定度；

7）净峰面积的计算过程引入的不确定度；

8）测量计数的统计涨落引入的不确定度。

（4）核素参数的不确定度

核素参数的不确定度包括两个来源：一是半衰期的不确定度，一是分支比的不确定度。

5.3.1.2 不确定度的计算

在大多数情况下，被测量并不能被直接测量得到，而是通过测量一系列相关的其他量，通过推导计算得到。

样品中放射性核素的活度浓度是多个变量的函数，如：测量系统的探测效率、核素的分支比、各种修正系数等，每一个变量都有其自身的不确定度[54]。

被测量的合成标准不确定度可以通过函数关系用高斯的误差传递公式来计算，对于函数 $y=f(x_1, \cdots, x_n)$，y 的不确定度 $u_c(y)$，可以通过变量 x 的不确定度 $u_c(x_i)$用下述公式计算得到：

$$u_c(y(x_1,\cdots,x_n))=\sqrt{\sum_{i=1}^{n}\left(\frac{\partial y}{\partial x_i}\right)^2 (u(x_i))^2} \tag{5-46}$$

式中 y 是多个变量 x_1，…，x_n 的函数，每一个变量对 y 的不确定度 $u_c(y)$的贡献是以标准偏差表示的不确定度的平方乘以偏导的平方。

上述公式仅适用于 x_i 是独立变量，并且 $u(x_i) \ll x_i$ 的情形，但在大多数情形下，该公式都是适用的。

如果变量 x_1，…，x_n 不是相互独立的变量，公式就会变得比较复杂，但假定函数 y 是可微的，可得到下述公式

$$u_c=(y(x_1,\cdots,x_n))=\sqrt{\sum_{i=1}^{n}\left(\frac{\partial y}{\partial x_i}\right)^2 (u(x_i))^2+2\sum_{i=1}^{n}\sum_{j>i}^{n}\left(\frac{\partial y}{\partial x_i}\right)\left(\frac{\partial y}{\partial x_j}\right)\text{cov}(x_i,x_j)} \tag{5-47}$$

式中，$\text{cov}(x_i,x_j)$ 是 x_i 和 x_j 的协方差。

扩展不确定度 U 是由合成标准不确定度乘以包含因子 K_α得到，被测量位于区间 $y \pm u$ 内，位于该区间的概率用置信水平 α 表示。

5.3.1.3 不确定度的量化

并不是上述所有不确定度分量都会对标准合成不确定度有显著的贡献，因此，不确定度量化的第一步是初步预估每一个分量的贡献，目的是识别哪些分量贡献不显著，哪些分量是主要贡献。

（1）测量之前的不确定度来源的量化

1）测量系统的稳定性

为了获得满意的测量结果，必须保证测量系统的稳定性。目的是控制好测量系统的稳定性而不是因为测量系统的稳定性不好而对测量结果进行修正。

当前的电子学技术能够很好的确保测量系统的稳定性，稳定性有问题的测量系统不能用于测量，所有样品的测量必须使用稳定性能良好的测量系统。

因此，测量系统的稳定性不会对测量结果的合成标准不确定度产生贡献。

2）能量刻度

能量刻度的目的是建立测量获得的能谱中的峰的位置与γ射线能量的关系，能量刻度通常在样品测量之前完成。无论能量刻度使用哪种放射源都应确保能量范围覆盖到可能使用到的整个能区。经验表明：目前使用的多道谱仪系统具有非常好的线性关系。

能量刻度虽然简单，但却是非常关键的一步，对γ射线能量的测量仅仅是为了识别被测样品中放射性核素的种类，因此，能量刻度的不确定度只对识别核素的准确性产生影响，而不参与测量结果的计算，不会对测量结果的不确定度产生贡献。即，能量刻度过程对总不确定度没有贡献。

3）效率的不确定度

效率刻度使用的运算法则都是假定可以用拟合效率曲线正确的表示真实的效率曲线。但是，使用效率曲线或者内插法得到的效率值，其不确定度的评定是一个很复杂的问题，不能仅从内插公式使用的几个参数的不确定度计算得到，还必须考虑内插所使用的几个效率值之间的相关性[55]，因为这几个效率值可能是由相同的标准样品通过同一次测量过程得到。

在有些能量区域，拟合效率曲线与实测效率曲线有一定的系统性偏离，不确定度的计算很少会包含这种系统性的偏差。

蒙特卡罗方法是一种被广泛接受的通过模拟独立光子的输运过程得到效率值的方法[7]，它本身是一种很有用的方法，用蒙特卡罗模拟的方法几乎可以得到任意几何形状、任意能量、任意样品基质的效率及其不确定度。为了评估样品基质和符合相加效应的相关性，IAEA－MEL 使用了 GESPECOR 方法[56]。

4）分支比的不确定度

对于分支比数据来讲，好的核素数据来源有 IAEA－TECDOC－619[57]和 Firestone、shirley[58]提供的核素数据，在很少数的情况下，该不确定度可能成为合成不确定度的主要来源。

5）半衰期的不确定度

有已出版的半衰期的不确定度数据，可以用来参与计算最终结果的不确定度。一般来说，与γ射线的能量数据相比，半衰期数据并不准确，但半衰期的不确定度的贡献与其他来源的不确定度相比，仍然很小。半衰期及其不确定度的数据可参考 IAEA－TECDOC－619 [9]和 Firestone、shirley[58]提供的核素数据。

（2）测量结果不确定度的量化

除了样品自身的参数在测量之前提供之外，其余参数均是通过测量过程获得。

1）被测样品和标准样品几何差异引起的不确定度

被测样品和标准样品的几何形状应当完全一致，但实际中总会存在一定的差异，为了减小该差异引入的不确定度，被测样品和标准样品的几何形状应尽可能一致。在这种非破坏性测量中，使用相同物理化学性质的材料，制备几何形状相同的样品盒，用于标准样品和被测样品的测量，是一个减小该差异的有效方法。

2）随机符合相加引起的不确定度

即便使用高性能的反堆积手段，随机符合相加效应也不可能完全消失，任意一个全能量的光子与其他信号叠加后，该光子能峰处就会损失一个计数，因此，效率就会变低，这种损失与计数率的高低相关。对于低计数率的测量，该修正因子可以近似认为 1，对总不确定度的贡献也可以忽略。

3）真符合相加引起的不确定度

一旦被测核素具有级联辐射光子，并且样品距离探头很近，符合相加效应就会很重要，特别是对于高效率的半导体探测器。

级联辐射的光子信息更加难以获得，其主要来源是核素数据表。解决该问题的最好的办法是被测样品和标准样品使用相同的几何形状和相同的具有级联辐射的核素（如：^{60}Co、^{152}Eu、^{154}Eu、^{133}Ba、^{88}Y 等），但大多情况下，这种方法并不现实。具有级联辐射的光子用于效率刻度不适用于建立效率刻度曲线，解决方法是使用蒙特卡罗模拟方法进行符合相加修正，或者使用相同的级联辐射光子的核素进行效率刻度。

4）死时间效应引入的不确定度

环境样品测量中，大多情形下可以忽略该不确定度来源，因为环境样品计数率一般很低，死时间效应可以忽略，其对总不确定度的贡献也可以忽略。

5）衰变时间引入的不确定度

该不确定度可以忽略，因为在当前的技术条件下，总是能够获得非常准确的时间。

6）自吸收修正引入的不确定度

如果被测样品的成分、密度和效率刻度用的标准样品不一致，就需要对效率进行自吸收修正，该修正与样品的几何形状、成分、密度、探测器参数等相关，当然，对于大体积、高原子序数、高密度样品中的低能 γ 射线，该修正就更加明显。

如果样品基质的主要元素已知，自吸收修正因子的相对标准不确定度小于 1%（对于 60 keV 以上的能量），对于小于 40 keV 的能量，相对标准不确定度小于 5%。

7）计数统计的不确定度

通常情况下，计数统计引入的不确定度是最重要的不确定度来源之一。用于得到净峰面积计数及其不确定度的数学计算过程，在大多数情况下，只是简单的本底扣除（前提是在本底谱的给定能量处，有峰存在）

$$N = N_s - \frac{t_s}{t_b} N_b \tag{5-48}$$

式中：N_s——样品谱的净峰面积；

N_b——本底谱在对位能量处的净峰面积，该峰面积需要对本底谱进行独立的解谱计算得到；

t_s——样品谱测量活时间；

t_b——本底谱测量活时间。

如果有重峰，文献[1]给出了一个解谱模型，用于重峰的解谱，获得净峰面积计数及其不确定度。通过正确的方法获得了净峰面积（N）及其不确定度（N_u）后，就可以将其作为总不确定度计算的输入参数。

计数不确定度的量级可以通过图 5-15 中本底峰的函数确定，该函数由样品的净峰面积和本底谱的净峰面积确定，如果本底谱在对应能量处没有峰，则 N_b 取 0.1。

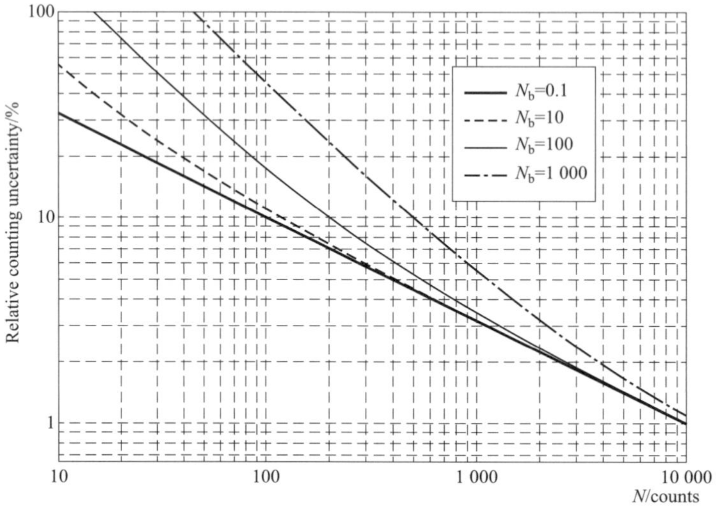

图 5-15　计数的相对不确定度与本底净峰面积的关系

8）样品量引入的不确定度

样品量的不确定度来源于样品的称量，称量过程的不确定度由所使用的天平的精度、称量过程的重复性等因素决定。

9）不确定度的相关性

不确定度的传递需要考虑相关性，在一些特殊情形下，用于计算活度浓度的不确定度的输入变量之间可能是相关的。文献［55］给出了一种可能具有相关性的例子：同一种核素不同能量的多条 γ 射线的效率刻度。

5.3.1.4　不确定度评定示例

例 1：

1. 特征

1.1　技术

使用相对效率为 150%的同轴型高纯锗 γ 谱仪，效率刻度使用的是包括多种核素不同能量 γ 射线的标准样品。

1.2　样品制备

沉积物样品，经过冷冻干燥、粉碎、过筛等步骤使其均匀，装入$\phi 7.9\times 1.0$ cm 圆柱形样品容器内，样品量为 70 g。

1.3　分析核素为 ^{40}K。

1.4　被测量为样品中 ^{40}K 的活度浓度。

1.5　不确定度来源

不确定度分量表示符号	不确定度分量的说明	标准不确定度评定方法	相对标准不确定度/%
	样品制备		
u_{10}	样品量	重复称量，或从称量器具的出厂值估计（假设其服从高斯分布）	0.15
	被测核素的损失或被污染	非破坏性测量，可忽略	
	样品均匀性	取决于实验的经验，对于 70 g 的样品量，可忽略	
	被测核素的预浓集	没有该过程	
	测量计数		
u_{20}	探头的效率刻度	从使用的商业软件得到的效率刻度曲线估计	2.8
	测量期间系统的稳定性	测量系统一直处于稳定的工作状态，可忽略	
	被测样品与标准样品的几何差异	使用相同的样品盒，无几何差异，对总不确定度没有贡献	
u_{31}	样品采集时刻到开始测量时刻被测核素的衰变修正因子	从修正因子计算公式评定，该分量的贡献可忽略	
u_{32}	样品测量期间被测核素的衰变修正因子	从修正因子计算公式评定，该分量的贡献可忽略	
u_{33}	自吸收修正因子	通过蒙特卡罗模拟计算评定	1.3
u_{34}	随机符合相加修正因子	从修正因子计算公式评定，对低计数率的测量，该分量的贡献可忽略	
u_{35}	真符合相加修正因子	通过蒙特卡罗模拟计算评定	
u_{36}	扣除本底的净峰面积	通过测量得到的本底谱和样品谱评定，其服从泊松分布	8.2
	核素数据		
u_{40}	分支比	基于核素数据表评定，假定其服从高斯分布	1.0

1.6　不确定度评定结果

序号	变量名称	表示符号	变量值	不确定度表示符号	不确定度值	扩展因子	相对标准不确定度	灵敏度因子	占总不确定度的百分比/%
1	样品量	m/kg	0.070	u_{10}	0.000 1	1	0.15	1	0.03
2	探测效率	ε	0.036	u_{20}	0.001	1	2.8	1	10.2
3	采样到测量的衰变修正因子	K_1	1.0	u_{31}	—	1	—	1	—
4	测量期间的衰变修正因子	K_2	1.0	u_{32}	—	1	—	1	—
5	自吸收修正因子	K_3	0.98	u_{33}	0.009 8	1	1.0	1	1.3
6	随机符合相加修正因子	K_4	0.999	u_{34}	—	1	—	1	—

续表

序号	变量名称	表示符号	变量值	不确定度表示符号	不确定度值	扩展因子	相对标准不确定度	灵敏度因子	占总不确定度的百分比/%
7	真符合相加修正因子	K_5	1.0	u_{35}	—	1	—	1	—
8	净峰面积	N	368	u_{36}	30	1	8.2	1	87.2
9	分支比	γ	0.106 7	u_{40}	0.001	1	1.0	1	1.3

样品中 ^{40}K 的活度浓度 $A=7.1$ Bq/kg

相对合成标准不确定度 $u_c(A)=4.9\%$

相对扩展不确定度 $U(A)=9.8\%$（$K=2$）

最终结果表示 $A\pm U(A)$：7.1±0.7 Bq/kg

例 2：

1. 特征

1.1 技术

使用相对效率为 150%的同轴型高纯锗 γ 谱仪，效率刻度使用蒙特卡罗模拟计算，自吸收修正和符合相加修正运行 GESPECOR 软件得到。

1.2 样品制备

沉积物样品，经过冷冻干燥、粉碎、过筛等步骤使其均匀，装入ϕ7.9×1.0 cm 圆柱形样品容器内，样品量为 70 g。

1.3 分析核素为 ^{60}Co。

1.4 被测量为样品中 ^{60}Co 的活度浓度。

1.5 不确定度来源

不确定度分量表示符号	不确定度分量的说明	标准不确定度评定方法	相对标准不确定度/%
	样品制备		
u_{10}	样品量	重复称量，或从称量器具的出厂值估计（假设其服从高斯分布）	0.15
	被测核素的损失或被污染	非破坏性测量，可忽略	
	样品均匀性	取决于实验的经验，对于 70 g 的样品量，可忽略	
	被测核素的预浓集	没有该过程	
	测量计数		
u_{20}	探头的效率刻度	从使用的商业软件得到的效率刻度曲线估计	2.0
	测量期间系统的稳定性	测量系统一直处于稳定的工作状态，可忽略	
	被测样品与标准样品的几何差异	使用相同的样品盒，无几何差异，对总不确定度没有贡献	
u_{31}	样品采集时刻到开始测量时刻被测核素的衰变修正因子	从修正因子计算公式评定，该分量的贡献可忽略	

续表

不确定度分量表示符号	不确定度分量的说明	标准不确定度评定方法	相对标准不确定度/%
u_{32}	样品测量期间被测核素的衰变修正因子	从修正因子计算公式评定，该分量的贡献可忽略	
u_{33}	自吸收修正因子	通过蒙特卡罗模拟计算评定	1.0
u_{34}	随机符合相加修正因子	从修正因子计算公式评定，对低计数率的测量，该分量的贡献可忽略	
u_{35}	真符合相加修正因子	通过蒙特卡罗模拟计算评定	1.5
u_{36}	扣除本底的净峰面积	通过测量得到的本底谱和样品谱评定，其服从泊松分布	5.1
	核素数据		
u_{40}	分支比	基于核素数据表评定，假定其服从高斯分布	0.022

1.6 不确定度评定结果

序号	变量名称	表示符号	变量值	不确定度表示符号	不确定度值	扩展因子	相对标准不确定度	灵敏度因子	占总不确定度的百分比/%
1	样品量	m/kg	0.070	u_{10}	0.000 1	1	0.15	1	0.09
2	探测效率	ε	0.041 5	u_{20}	0.000 8	1	2.0	1	16.7
3	采样到测量的衰变修正因子	K_1	0.954	u_{31}	—	1	—	1	—
4	测量期间的衰变修正因子	K_2	0.999	u_{32}	—	1	—	1	—
5	自吸收修正因子	K_3	0.959	u_{33}	0.009	1	1.0	1	4.3
6	随机符合相加修正因子	K_4	0.999	u_{34}	—	1	—	1	—
7	真符合相加修正因子	K_5	0.844	u_{35}	0.013	1	1.5	1	9.4
8	净峰面积	N	1 019	u_{36}	42	1	5.1	1	70.5
9	分支比	γ	0.998 6	u_{40}	0.000 2	1	0.022	1	0.04

样品中 ^{60}Co 的活度浓度 A＝4.3 Bq/kg

相对合成标准不确定度 $u_c(A)$=4.9%

相对扩展不确定度 $U(A)$=9.8%（K＝2）

最终结果表示 $A \pm U(A)$：4.3±0.2 Bq/kg

例 3：

1. 特征

1.1 技术

使用相对效率为 150%的同轴型高纯锗 γ 谱仪，效率刻度使用的是包括多种核素不同能量 γ 射线的标准样品。

1.2　样品制备

沉积物样品，经过冷冻干燥、粉碎、过筛等步骤使其均匀，装入马林杯内，样品量为 450 g。

1.3　分析核素为 ^{137}Cs。

1.4　被测量为样品中 ^{137}Cs 的活度浓度。

1.5　不确定度来源

不确定度分量表示符号	不确定度分量的说明	标准不确定度评定方法	相对标准不确定度/%
	样品制备		
u_{10}	样品量	重复称量，或从称量器具的出厂值估计（假设其服从高斯分布）	0.15
	被测核素的损失或被污染	非破坏性测量，可忽略	
	样品均匀性	取决于实验的经验，对于 70 g 的样品量，可忽略	
	被测核素的预浓集	没有该过程	
	测量计数		
u_{20}	探头的效率刻度	从使用的商业软件得到的效率刻度曲线估计	6.0
	测量期间系统的稳定性	测量系统一直处于稳定的工作状态，可忽略	
	被测样品与标准样品的几何差异	使用相同的样品盒，无几何差异，对总不确定度没有贡献	
u_{31}	样品采集时刻到开始测量时刻被测核素的衰变修正因子	从修正因子计算公式评定，该分量的贡献可忽略	
u_{32}	样品测量期间被测核素的衰变修正因子	从修正因子计算公式评定，该分量的贡献可忽略	
u_{33}	自吸收修正因子	通过蒙特卡罗模拟计算评定	2.0
u_{34}	随机符合相加修正因子	从修正因子计算公式评定，对低计数率的测量，该分量的贡献可忽略	
u_{35}	真符合相加修正因子	通过蒙特卡罗模拟计算评定	
u_{36}	扣除本底的净峰面积	通过测量得到的本底谱和样品谱评定，其服从泊松分布	4.2
	核素数据		
u_{40}	分支比	基于核素数据表评定，假定其服从高斯分布	0.24

1.6　不确定度评定结果

序号	变量名称	表示符号	变量值	不确定度表示符号	不确定度值	扩展因子	相对标准不确定度	灵敏度因子	占总不确定度的百分比/%
1	样品量	m/kg	0.450	u_{10}	0.000 1	1	0.15	1	0.04
2	探测效率	ε	0.015	u_{20}	0.000 9	1	6	1	71.6
3	采样到测量的衰变修正因子	K_1	1.0	u_{31}	—	1	—	1	—

续表

序号	变量名称	表示符号	变量值	不确定度表示符号	不确定度值	扩展因子	相对标准不确定度	灵敏度因子	占总不确定度的百分比/%
4	测量期间的衰变修正因子	K_2	1.0	u_{32}	—	1	—	1	—
5	自吸收修正因子	K_3	0.985	u_{33}	0.02	1	2.0	1	7.9
6	随机符合相加修正因子	K_4	0.999	u_{34}	—	1	—	1	—
7	真符合相加修正因子	K_5	1.0	u_{35}	—	1	—	1	—
8	净峰面积	N	958	u_{36}	31	1	4.2	1	20.3
9	分支比	γ	0.851	u_{40}	0.002	1	0.24	1	0.1

样品中 ^{60}Co 的活度浓度 $A=16.9$ Bq/kg

相对合成标准不确定度 $u_c(A)=7.1\%$

相对扩展不确定度 $U(A)=15.2\%$（$K=2$）

最终结果表示 $A\pm U(A)$：16.9±4.4 Bq/kg

实例：沉积物样品中 ^{40}K 活度浓度的测量

沉积物样品中 ^{40}K 活度浓度的测量使用测量谱中 1 460.7 keV 能量处的特征峰。样品中 ^{40}K 活度浓度使用下式计算

$$A=\frac{N}{\varepsilon\gamma t_s mK_1K_2K_3K_4K_5}$$

式中：

$$N=N_s-\frac{t_s}{t_b}N_b$$

公式中各变量值如下：

$N_s=399$（样品谱的净峰面积）

$N_b=64$（本底谱的净峰面积）

$t_s=197\ 049$ s（样品测量活时间）

$t_b=409\ 618$ s（本底测量活时间）

$$N=399-\frac{197\ 049}{409\ 618}64=368.2\approx368$$

$m=0.07$ kg（样品量）

$\varepsilon=0.036$（1 460.7 keV 处的探测效率）

$T_{1/2}=1.277\times10^9$ a（^{40}K 的半衰期）

$\gamma=0.106\ 7$（1 460.7 keV 能量的 γ 射线的分支比）

K_1 是采样到开始测量期间的衰变修正因子，在本例中采样到开始测量的时长$\Delta t=$

130 d，远远小于 1.277×10^9 a，因此：

$$K_1=\exp\left(-\frac{\ln2\cdot\Delta t}{T_{1/2}}\right)=1.0$$

K_2 是测量期间的衰变修正因子，因为测量实时间 $T_r=197\,049\ \text{s}\ll T_{1/2}=1.277\times10^9$ a，因此，该修正因子：

$$K_2=\frac{T_{1/2}}{\ln2\cdot t_r}\left[1-\exp\left(-\frac{\ln2\cdot t_r}{T_{1/2}}\right)\right]=1.0$$

K_3 是自吸收修正因子，因为被测样品与效率刻度所用标准样品不可能完全一致，因此，该修正因子必须要考虑，在本例中，使用蒙特卡罗模拟计算，得到该修正因子为：

$$K_3=\frac{\varepsilon(\mu,E)}{\varepsilon(\mu_{\text{ref}},E)}=0.964$$

K_4 是随机符合相加修正因子，假定测量系统的分辨时间是 6 μs，平均计数率 $R=1\ \text{s}^{-1}$，可得到该修正因子

$$K_4=\exp(-2R\tau)=0.999\,98$$

对被测核素 ^{40}K 而言，其没有级联辐射的 γ 光子，因子真符合相加修正因子 $K_5=1.0$。

最终，我们得到样品中 ^{40}K 的活度浓度：

$$A=\frac{N}{\varepsilon\gamma t_s mK_1K_2K_3K_4K_5}=\frac{368}{0.036\times0.106\,7\times197\,049\times0.07\times1.0\times1.0\times0.964\times0.999\,98\times1.0}$$

$$A=7.22\ \text{Bq/kg}$$

活度浓度不确定度的计算：

1）净峰面积 N 的不确定度 u（N）=30

2）修正因子 K_1 的不确定度：

$$u(K_1)=K_1\cdot\Delta t\cdot u(\lambda)$$

假定 λ 的相对不确定度为 1%，我们得到：

$$u(\lambda)=\lambda\cdot1/100=0.693/4.661/10^{11}/100=1.487\times10^{-14}$$

$$u(K_1)=1\cdot130\cdot1.487\cdot10^{-14}=1.933\times10^{-12}$$

3）K_2 的不确定度用下式表示：

$$u(K_2)=\frac{1-K_2(1+\lambda t_r)}{\lambda}u(\lambda)$$

$$u(K_2)=\frac{1-1(1+0.693/4.661\times10^{11}\cdot197\,049)}{0.693/4.661\times10^{11}}1.487\times10^{-14}=2.93\times10^{-9}$$

4）K_3 的不确定度根据自吸收的计算结果可知：$u(K_3)=0.009\,64$

5）K_4 的不确定度表示为

$$u(K_4)=\sqrt{[2R\exp(-2R\tau)]^2\cdot u^2(\tau)+[2\tau\exp(-2R\tau)]^2\cdot u^2(R)}$$

$$u(K_4)=\sqrt{[2\cdot 1\cdot \exp(-2\cdot 1\cdot 10^{-6})]^2\cdot (10^{-6})^2+[2\cdot 6\cdot 10^{-6}\exp(-2\cdot 1\cdot 10^{-6})]^2\cdot 1^2}=1.216\,5\times 10^{-5}$$

6）因为没有真符合相加修正，因此，K_5 的不确定度 $u(K_5)=0$

7）样品量的不确定度 $u(M)=0.000\,105$

8）1 460.7 keV 能量的 γ 射线的分支比的不确定度 $u(\gamma)=0.001\,064$

9）1 460.7 keV 能量的 γ 射线的探测效率的不确定度 $u(\varepsilon)=0.001$

活度浓度的相对合成标准不确定度 $\frac{u_c(A)}{A}$ 用下式表示：

$$\frac{u_c(A)}{A}=\sqrt{\frac{u(M)^2}{M}+\frac{u(N)^2}{N}+\frac{u(\gamma)^2}{\gamma}+\frac{u(\varepsilon)^2}{\varepsilon}+\frac{u(K)^2}{K}}$$

$$\frac{u(K)}{K}=\sqrt{\frac{u(K_1)^2}{K_1}+\frac{u(K_2)^2}{K_2}+\frac{u(K_3)^2}{K_3}+\frac{u(K_4)^2}{K_4}+\frac{u(K_5)^2}{K_5}}$$

$$K=K_1\cdot K_2\cdot K_3\cdot K_4\cdot K_5$$

最终，使用上述公式我们得到合成相对标准不确定度 $u_c(A)=8.73\%$，相对扩展不确定度 $=2\times 8.73\%=17.46\%$，活度浓度的扩展不确定度 $=7.22\times 17.46\%=1.26$，最终测量结果表达为 7.2±1.3 Bq/kg。

5.3.2　放化分析 ^{90}Sr 不确定度分析

1993 年 ISO 联合 BIPM、IEC、IFCC、IUPAC、IUPAP 和 OIML 出版了《测量不确定度表述指南》，该指南正式确定了适用于广泛测量领域的评估和表达测量不确定度的通用原则。

不确定度是结果可信赖的程度，是结果的质量指标。不确定度越小，与真值越接近，质量越高。不确定度是通过对测量过程分析和评定得出的一个区间，表征被测量值之间的分散度，不能用不确定度的值来修正测量的数据结果。不确定度作用在测量结果的评定其可靠性，另一方面增强测量结果的可比性。

误差指测量值与真值之间的差，由于真值是未知的，误差只是个大致的值。有时候，误差虽然可以忽略，但不确定度仍然较大。

5.3.2.1　测量不确定度定义

测量不确定度定义为：表征合理地赋予被测量之值的分散性，与测量结果相联系的参数。

测量不确定度一般包括很多分量。一些分量是由测量序列结果的统计学分布得出的。另一些分量是由根据经验和其他信息确定的概率分布得出的。在 ISO 指南中将这些不同种类的分量分别划分为 A 类评定和 B 类评定。

5.3.2.2　不确定度的分类

不确定度依据评定方法可以分为 A 类不确定度和 B 类不确定度。“A 类”不确定度并不是简单地随机误差造成的，“B 类”不确定度也不是直接对应系统误差。从不同的角度观察，所谓的随机也会转变为系统性。系统效应引起的不确定度可以采用 A 类评定，也可以采用 B 类评定。

A 类不确定度评定，使用统计分析法评定，根据一组测量数据得出，由观测数据的频率分布导出的概率密度函数得到的，来源于随机效应，属于数理统计研究范畴。

B 类不确定度评定，不同于 A 类对观测列进行统计分析的方法来评定标准不确定度，是根据经验和资料及假设的概率分布估计的标准（偏）差表征，也就是说其原始数据并非来自观测列的数据处理，而是基于实验或其他信息来估计，含有主观鉴别的成分。B 类不确定度评定属于相关领域专家的共识。

5.3.2.3 不确定度的来源

不确定度可能来自以下几个方面：

（1）被测量定义不完整；

（2）所采用的方法；

（3）取样代表性；

（4）环境影响，温度湿度；

（5）测量仪器的性能；

（6）操作人员的影响，将仪表或刻度的读数存在人为偏差，或可能对方法作出稍微不同的解释；

（7）所使用的标准物质/器具不确定度；

（8）测量方法和测量程序中的近似和假设；

（9）在相同条件下重复观测中测得的量值的变化，随机影响。

化学实验中不确定度主要来源：

（1）取样

当内部或外部取样是规定程序的组成部分时，例如不同样品间的随机变化以及取样程序存在的潜在偏差等影响因素构成了影响终结果的不确定度分量。

（2）存储条件

当测试样品在分析前要储存一段时间，则存储条件可能影响结果。存储时间以及存储条件因此也被认为是不确定度来源。

（3）仪器的影响

仪器影响可包括，如对分析天平校准的准确度限制；保持平均温度的控温器偏离（在规范范围内）其设定的指示点，受进位影响的自动分析仪。

（4）试剂纯度

即使母材料已经化验过，因为化验过程中存在着某些不确定度，其滴定溶液浓度将不能准确知道。例如许多有机染料，不是 100%的纯度，可能含有异构体和无机盐。对于这类物质的纯度，制造商通常只标明不低于规定值。关于纯度水平的假设将会引进一个不确定度分量。

（5）假设的化学反应定量关系

当假定分析过程按照特定的化学反应定量关系进行的，可能有必要考虑偏离所预期的化学反应定量关系，或反应的不完全或副反应。

（6）测量条件

例如，容量玻璃仪器可能在与校准温度不同的环境温度下使用。总的温度影响应加以修正，但是液体和玻璃温度的不确定度应加以考虑。同样，当材料对湿度的可能变化敏感时，湿度也是重要的。

（7）样品的影响

复杂基体的被分析物的回收率或仪器的响应可能受基体成分的影响。被分析物的物种会使这一影响变得更复杂。由于改变的热力情况或光分解影响，样品/被分析物的稳定性在分析过程中可能会发生变化。

（8）计算影响

选择校准模型，例如对曲线的响应用直线校准，会导致较差的拟合，因此引入较大的不确定度。修约能导致终结果的不准确。因为这些是很少能预知的，有必要考虑不确定度。

（9）空白修正

空白修正的值和适宜性都会有不确定度。在痕量分析中尤为重要。操作人员的影响可能总是将仪表或刻度的读数读高或低。可能对方法作出稍微不同的解释。

（10）随机影响

在所有测量中都有随机影响产生的不确定度。该项应作为一个不确定度来源包括在列表中。

5.3.2.4　A 类不确定度评定

A 类不确定度评定基本求法有贝塞尔法、合并样本标准差、极差、最小二乘法、阿伦方差等。

以贝塞尔法为例，单次测量结果实验标准差与平均值实验标准差，指对被测量 X，在重复条件下或复现性条件下进行 n 次独立重复观测，观测值为 X_i（$i=1$，2，…，n）。其贝塞尔公式得单次测量的实验标准差。通常以样本的算术平均值作为测量结果的估计，以平均值的实验标准差作为测量结果的标准不确定度。只有当观测次数 n 充分多，才能使 A 类不确定度评定可靠，一般认为 n 应大于 5。单次测量的实验标准偏差 s 是一个特定的被测量和测量方法的固有特性，该特性表征了各单个测得值的分散性。此处所说的测量方法包括测量原理、测量设备、测量条件、测量程序以及数据处理程序等。在相互独立的重复性条件下或复现性条件下进行规范化常规测量（确规定了方法、程序、条件的观测），通常不需要每次测量都进行 A 类标准不确定度评定，可以直接引用预先评定的结果。

在保证样品不被破坏的情况下，只要有条件（人力、时间、设备、材料、方法和资金）都可以对被测量采用 A 类评定。A 类评定是在重复性或复现性试验的基础上进行的，所以比较真实、客观。但是，在做重复性或复现性试验时，要充分考虑各个影响量的作用，按照预先的设计方案，让这些影响量发挥作用（对不确定度产生贡献）或者有意识地避免某个影响量发挥作用。A 类评定的重复性试验时，必须是在短时间内做的连续的独立的测量。

5.3.2.5　B 类不确定度评定

B 类评定有时取决于人的经验，是一种比较近似的估计。B 类评定一般是先确定影响量引起被观测值变化的范围（半宽），同时估计这一变化可能的分布，再推算出不确定度分量。其实“分布”就是一种数理统计特征。所以，B 类评定本质上还是离不开统计分析的方法，只不过这种统计分析，不是通过评定者重复试验得出的，而是基于他人的统计分析结果，或者理论上推算出来的。

B 类不确定度一般根据以下几方面进行评定。

（1）以前的观测数据。根据经验和有关信息或资料，先分析或判断被测量值落入区间，并估计区间内被测量值的概率分布，再按置信水准 p 来估计包含因子 k，则 B 类标准不确定度 $u(x)$为：$u(x)=a/k$。式中，a 为置信区间半宽度；k 为对应于置信水准的包含因子。

（2）对有关技术资料的测量仪器特性的了解和经验。

（3）生产企业提供的技术说明文件。

（4）校准证书（检定证书）或其他文件提供的数据、准确度的等级或级别，包括目前仍在使用的极限误差、最大允许误差等。

（5）手册或某些资料给出的参考数据及其不确定度。

（6）规定试验方法的国家标准或类似技术文件中给出的重复性限或复现性限。

B 类不确定度的评定要充分利用仪器设备的校准证书、检定证书、准确度等级、极限误差或有关技术说明书等所提供的数据及不确定度。这些数据和参数具有较高的可靠性和实用性，可直接引用进行不确定度分量评定。适当地使用 B 类标准不确定度评定的信息，要求对有一定的经验和测试方法有充分了解。该方法获得的不确定度不一定比 A 类不确定度不可靠。

在评定不确定度时不一定非要有 A 类评定，可以只有 B 类评定分量。有时，有好几个分量都可以用 A 类评定。但是，可能至少会有一个 B 类评定的分量。例如在检测工作中，通过仪器校准得到的示值误差的不确定度分量是必须考虑的 B 类评定分量。

无论是 A 类评定还是 B 类评定，都要注意既不遗漏（分量）、也不重复。实际工作中常出现的情况是：同一个影响量在 A 类评定时已经起作用了，而评定人员并不清楚，又在 B 类评定时考虑了它的贡献。

5.3.2.6　合成不确定度[59]

测量 Y 的估计值 $y=f(x_1, x_2, \cdots, x_N)$的标准不确定度是由相应输入量 x_1，x_2，…，x_N 的标准不确定度合理合成求得的，其表示式的符号为 $u_c(y)$。合成标准不确定度 $u_c(y)$表征合理赋予被测量之值 Y 的分散性，是一个估计标准偏差。求出各个输入量的不确定度分量之后，还需要计算传播系数（灵敏系数），最后计算由此引起的被测输出量 y 的标准不确定度分量。

全部输入量是彼此独立或不相关时，输出量 Y 的估计值 y 的合成标准不确定度 $u_c(y)$由下式得出：

$$u_c^2(y)=\sum_{i=1}^{N}\left[\frac{\partial f}{\partial x_i}\right]^2 u^2(x_i) \tag{5-49}$$

式中：f——被测量估计值 y 与各直接测得量 x_i 的函数关系式；

$u(x_i)$——直接测得量 x_i 的标准不确定度，可以是 A 或 B 类评定方法给出的不确定度

$u_c(y)$是一个估计标准不确定度，表征合理赋予被测量 Y 的分散性。基于

$Y=f(x_1, x_2, \cdots, x_N)$的泰勒级数一阶近似。

合成标准不确定度评定的基本过程是由各个标准不确定度分 $u_c(y)=c_iu(x_i)$，通过计算求出合成标准不确定度 $u_c(y)$。值得指出的是：各输入量 X_i 可能服从不同的分布（如正态分布、均匀分布、三角分布等），对应于每一个输入量 X_i 有三个参量，即标准不确定度 $u(x_i)$、自由度 v_i 及其分布特征。输出量（被测量）Y 也具有三个参量，即合成标准不确定度 $u_c(y)$、有效自由度 v_{eff} 以及其分布特征。

所有的 X_i 是用正态分布表征的，则 Y 的卷积分布的结果也是正态分布的。而且，即使 X_i 的分布不是正态分布，随着测量样本容量 N 的增大，样本平均值的分布将逐渐变形而趋近于一个正态分布。

如果输出量（被测量）$Y=X_1+X_2$，其中 X_1 服从正态分布，而 X_2 服从均匀分布，且 $u(x_1)$ 比 $u(x_2)$小很多，则可认为输出量 Y 较多地具有均匀分布的特征。

5.3.2.7 扩展不确定度

扩展不确定度是指被测量的值以一个较高的置信水平存在的区间宽度，确定测量结果区间的量，合理赋予被测量之值分布的大部分可望含于此区间。它有时也被称为范围不确定度。扩展不确定度分为两种，即 U 和 Up。前者为标准差的倍数，后面是具有概率 p 的置信区间的半宽扩展不确定度是由合成标准不确定度乘以包含因子。选择包含因子时应根据所需要的置信水平。对于大约 95%的置信水平，包含因子为 2。如果可以确定被测量 Y 可能值的分布不是正态分布，而是接近于其他分布，则绝不应取 $k=2$～3。

5.3.2.8 不确定度模型建立

测量值都是测量结果的最佳估计值。在实际测量过程中，很多情况下，被测量值不能直接测得，而是通过其他量间接确定的。被测量值 Y 由多个输入量 X_1，X_2，…，X_3 通过一定的函数关系 f 来表示。$Y=f(X_1, X_2, \cdots, X_3)$ 被称为测量过程的数学模型。测量结果的数学模型并不是唯一的，采用不同的测量方法和测量程序，就会有不同的测量数学模型。模型中的输入量 X_1，X_2，…，X_3 本身也可看做被测量，也可能取决于其他量。函数关系 f 并不能非常明确地表示所有有关量。

数学模型中，输入量 X_1，X_2，…，X_3 可以是：

（1）由当前直接测量的量。其值与不确定度可得自单一观测、重复观测、依据经验对信息的估计，并可包含影响量的修正值。

（2）由外部来源引入的量。如已校准的测量标准、测量仪器、有证标准物质、手册所得的测量值或参考数据。

（3）输入量的不确定度是被测量不确定度来源。寻找不确定度来源时，可以从测量仪器、测量环境、测量人员、测量方法、被测量等各方面考虑。

5.3.2.9 不确定度的评估过程

实验室测量不确定度评估所需的严密程度取决于：① 检测方法的要求；② 用户的要求；③ 用来确定是否符合某规范所依据的误差限的宽窄。

不确定度的报告一般包括以下内容：

（1）有关输入量与输出量的函数关系以及灵敏系数。

（2）修正值和常数的来源及其不确定度。

（3）输入量 X_i 的实验观测数据及其估计值 x_i，标准不确定度 $u(x_i)$的评定方法及其量值、自由度。

（4）对所有相关输入量给出其协方差或相关系数及其获得方法。

（5）测量结果的数据处理程序，该程序应易于重复。

第一步，规定被测量。主要为被测量和被测量所依赖的输入量的关系。

定量表述被测量的值与其所依赖的参数之间的关系。这些参数可能是其他被测量、不能直接测量的量或者常数，同时评定取样过程有关的不确定度评估。

第二步，列出不确定度的可能来源。包括被测量和输入量之间的函数关系中，参数的不确定来源，及其他未从函数关系中直接得到的来源。

在列出不确定度来源的清单时，从被测量的基本表达式开始。但存在有些参数并没有明显地出现在用于计算被测量数值的表达式中，但却影响该测量结果，例如：时间、温度、人员等。明确不确定度的来源后，他们对于测量结果的影响原则上可以用一个正式的测量模型来表述，其中每一个影响量都与公式中的一个参数有关或在公式中是变量。该函数可能非常复杂，不能明确地写出。

第三步，不确定度分量的量化。测量或估计与所识别的每一个潜在的不确定度来源相关的不确定度分量的大小。

在分析测量中普遍的做法是考虑与整体方法性能的要素有关的不确定度，对其他可能的分量进行评估，只需要检查他们是否显著，并只量化那些显著的量。

评价不确定度最需要的大部分信息可从确认研究的结果、质量保证/质量控制的数据和其他为核查方法性能进行的实验工作中得到。很有必要单独考虑一些不确定度的来源。有几个通用的方法来建立单个的不确定度分量：输入变量的实验变化，根据现有数据，例如测量和校准证书，通过理论原则建立的模型，根据经验和假设模型的信息作出的判断。

第四步，计算合成不确定度。总不确定度的一些量化分量，它们可能与单个来源有关，也可能与几个不确定度来源的合成影响有关。

第五步，根据置信区间选择包含因子。

5.3.2.10 分析方法的不确定评估[60]

日常检测使用的分析方法的适用性通常是通过方法确认研究加以评价的。这种研究对于整体性能和个别影响因子分别产生数据，并可以在正常使用中利用这些数据来评估该方法产生的测量结果的测量不确定度。

定量分析方法的确认研究通常确定了下列部分或全部参数：

精密度：主要精密度测量包括重复性标准偏差、复现性标准偏差，和中间精密度。重复性表示在短时间内由同一操作人员操作同一设备等在同一间实验室内观察到的变异性。可以在一个实验室内评估，也可以通过实验室间研究来评估。特定方法的实验室间的复现性标准偏差可能只能用实验室间研究的方法直接评估；它表示不同实验室分析同一样品的差异性。当实验室内的一个或几个因素（例如时间、设备和操作人员）发生变化时，中间精密度与所观察到的结果的变化有关；所得到的数值可能有所不同，这取决于那些因素是保持恒定的。中间精密度评估通常是在实验室内获得的，但是也可以由实验室间研究取得。

偏差：分析方法的偏差通常是通过研究相关标准物质或通过加料研究而确定的。偏差可以表示为分析回收率（观察值除以期望值）。

线性：线性是分析方法在测量一个区间内的浓度时的重要特性。对于纯标准或实际样品响应能否成线性是可以确定的。通常并不将线性量化，而是通过检验或使用非线性显著性检测来检查线性。显著的非线性通常使用非线性校准函数加以修正，或通过选择更严格的操作区间加以消除。残余的线性偏差通常是在计算覆盖几个浓度的总体精密度估计值或与校准有关的不确定度中充分考虑。

检出限：在方法确认中通常确定检出限只是为了建立一个方法实际操作区间的下限。

稳健性：很多方法开发和方法确认方案中需要直接研究特定参数的灵敏度。通常通过初步的“稳健性测试”来得到，即观察一个和多个参数变化的影响。如果影响显著（与稳健性测试的精密度相比较），就需要进一步详细研究来确定影响的大小，并因此选择一个所允许的操作区间。因此稳健性测试的数据也可提供关于重要参数影响的信息。

5.3.2.11 土壤中 ^{90}Sr 不确定度的评估

目的：以行标土壤中锶－90 的分析方法（EJ/T 1035—2011）中快速法为例，给出土壤中锶－90 不确定度的评估程序，本例适用于土壤中铕和铈等稀土核素含量小于锶－90 含量5 倍。

测试程序：核行业标准“土壤中锶－90 的分析方法”（EJ/T 1035—2011）给出了完整的测试程序，图 5－16 列出了一般的步骤。

用快速法分析步骤测定锶－90 含量：

$$A=\frac{N}{Y_{\gamma}EW\mathrm{e}^{-\lambda(t_2-t_1)}}$$

式中：A——土壤样品中锶－90 的含量，Bq/kg；

N——样品源的净计数率，s^{-1}；

Y_{γ}——钇的化学回收率；

E——仪器对钇－90 的探测效率；

W——称取的土壤质量，kg；

t_1——从开始过柱到过柱完毕的中间时刻；

t_2——从开始测量到测量完毕的中间时刻；

λ——钇－90 的衰变常数，$1.082\times10^{-4}\mathrm{min}^{-1}$。

通过上述公式不确定度来源识别：① 样品 β 放射性测量（包括本底和样品总 β 放射性测量）的不确定度；② 仪器探测效率的不确定度；③ 样品化学回收率的不确定度；④ 样品取样体积的不确定度；⑤ 仪器稳定性带来的不确定度；⑥ ^{90}Sr 和 ^{90}Y 衰变因子的不确定度；⑦ 影响不确定度的试剂规格：⑧ 重量法不确定度；⑨ 钇载体溶液标定的不确定度；⑩ 样品取样重量；⑪ ……。

（1）以干燥温度和时间为例

方法要求测量后的样品源置于 110 ℃烘干 1 h，冷至室温，称至恒重。

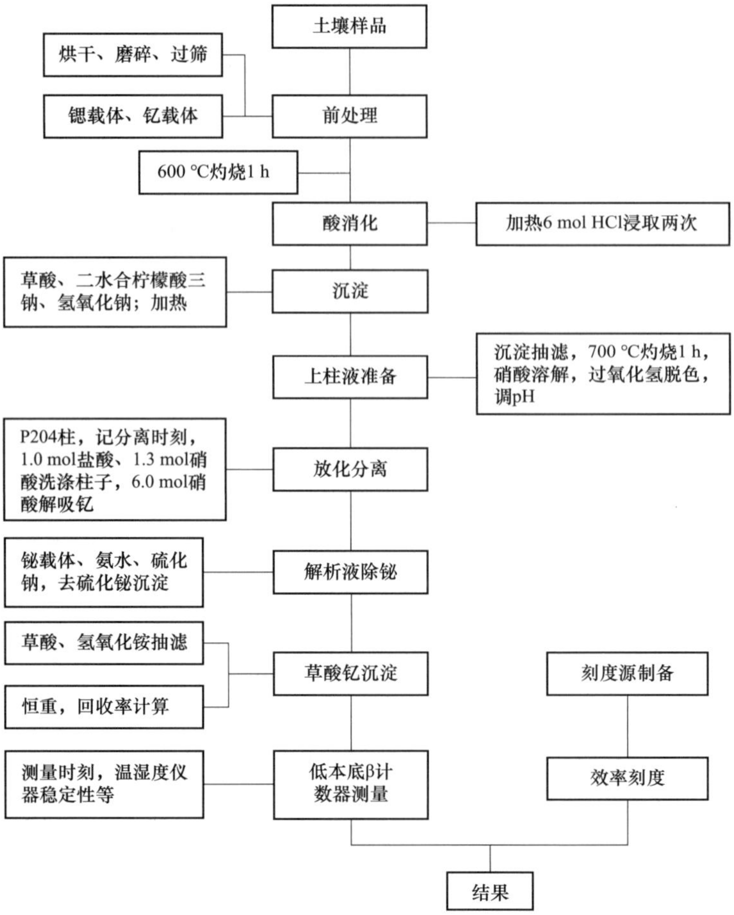

图 5－16　土壤中锶－90 的分析方法步骤

方法要求样品在 110 ℃烘干 1 h，冷至室温，称至“恒重”。“恒重”可以在实验室内部定义。本实验室利用万分之一的天平，在土壤中 ^{90}Sr 中的将草酸钇[$Y_2(C_2O_4)_3 \cdot 9H_2O$]的恒重定义为连续两次称重的变化小于 0.000 5 g。通过开展内部实验可以确定这个不确定度分量，比如多个草酸钇源开展不同温度时间下的称重实验。实验表明在大多数情况下，草酸钇源重量变化小于 0.000 5 g，因此被作为干燥引起重量变化的不确定度的坏情况进行评估，±0.000 5 g 的范围为矩形分布。因此干燥至恒重后，重量的不确定度是 0.000 289 g。

两次称重的不确定度：

$$m(Y_2(C_2O_4)_3 \cdot 9H_2O)=m(Y_2(C_2O_4)_3 \cdot 9H_2O\ \text{滤纸})-m(\text{空滤纸})$$

$$u_c^2\,(m(Y_2(C_2O_4)_3 \cdot 9H_2O))=u_c^2\,(m(Y_2(C_2O_4)_3 \cdot 9H_2O\ \text{滤纸}))+u_c^2\,(m(\text{空滤纸}))$$

$$u_c(m(Y_2(C_2O_4)_3 \cdot 9H_2O))=\sqrt{0.000\,289^2+0.000\,289^2}=0.000\,409$$

（2）回收率的不确定度

$$Y_\gamma=\left(\frac{2M(Y)}{M(Y_2(C_2O_4)_3 \cdot 9H_2O)}m(Y_2(C_2O_4)_3 \cdot 9H_2O)\right)/(C_Y \cdot V(Y))$$

式中：$M(\mathrm{Y})$——钇的原子量；

$M(\mathrm{Y_2(C_2O_4)_3 \cdot 9H_2O})$——草酸钇的原子量；

C_Y——载体钇的浓度

$$C_1 = \partial Y_\gamma / \partial m(\mathrm{Y_2(C_2O_4)_3 \cdot 9H_2O}) = 0.294\,5 \cdot C_\mathrm{Y}^{-1} \cdot V(\mathrm{Y})^{-1}$$

$$C_2 = \partial Y_\gamma / \partial V(\mathrm{Y}) = 0.294\,5 \cdot m(\mathrm{Y_2(C_2O_4)_3 \cdot 9H_2O}) \cdot C_\mathrm{Y}^{-1} \cdot V(\mathrm{Y})^{-2}$$

$$C_3 = \partial Y_\gamma / \partial C_\mathrm{Y} = 0.294\,5 \cdot m\left(\mathrm{Y_2(C_2O_4)_3 \cdot 9H_2O}\right) \cdot C_\mathrm{Y}^{-2} \cdot V(Y)^{-1}$$

从公式上看回收率的不确定度与载体浓度、体积及草酸钇的重量的不确定度多种因素有关，其中有些因素的不确定度并不容易确定。

样品的非均匀性不是原始被测量公式中的一个参数，但是它在分析程序中对分析结果有很大的影响。样品非均匀性引入的不确定度分量应该包括进被测量的计算公式。为了明确地表明非均匀性引起的不确定度的影响，被测量计算公式是可以加上非均匀性因子。

不同人员引入的不确定度往往也不可忽略，而这些未在公式中显示的因素，往往对不确定度的影响很大。对于隐藏的因素，公式中可以引入校正因子，比如人员造成的误差。这些不确定度分量的量化可以利用实验室内部开发和确认研究中的数据。采用精密度和偏差研究，测量用的样品按小批量来管理，每一批量包括一个校准样，控制偏差的回收率检查样品，以及检查精密度的随机平行样。假如这些检查表明显著地偏离确认研究过程中所确定的性能，应采取修正措施。这些基本的质量控制满足在日常测试不确定度评估中使用确认方法研究的数据的主要要求。

5.3.2.12　不确定度评定中需要注意的几个问题

（1）抓住影响测量不确定度主要分量的评估，避免漏项。通常测量重复性分量、标准物质不确定度分量、工作曲线变动性分量等在合成标准不确定度中所占比重较大，须逐一评估。对某些不可能进行多次的测定，无重复性数据，应尽可能采用方法精密度参数或以前在该条件下的测试数据进行评估。

（2）忽略次要不确定度分量的影响。有些分量量值较小（属微小不确定度），对合成不确定度的贡献不大。例如，一个分量为 1.0，另一个分量 0.33，二者的合成不确定度为 1.05，相差 5%，即分量 0.33 在合成标准不确定度中的贡献可忽略。通常试料称量、相对原子量、物质的摩尔质量等分量相对于测量重复性、工作曲线变动性分量要小得多，一般可忽略。

（3）不确定度评估中避免重复评估。如当已评估了测量重复性分量，不必再评估诸如样品称量、体积测量、仪器读数的重复性分量。

（4）不应将一些非输入量的测量条件当做输入量评估。例如，重量法中高温炉灼烧温度的变动性，测定碳、硫时氧气纯度的变动性，光度分析中波长的精度等，它们不是输入量，其对测量结果的影响反映在测量重复性中，不应将其作为分量进行评估。

（5）合成标准不确定度和扩展不确定度通常取一位或两位有效数字。计算过程中为避免修约产生的误差可多保留一位有效数字。修约时可采用末位后面的数都进位而不舍去，也可采用一般修约规则。测量结果和扩展不确定度的数位一致。

（6）合成时，如果数学模型为非线性，需加入高阶项，如果输入量之间存在相关性，则需加入相关项。在实际测量工作中，一般选择适当的测量方法及测量设备，尽可能地避免出现上述这些比较麻烦的情况，所以，合成标准不确定度评定经常面对的是各输入量彼此独立不相关，数学模型是线性（或可变换成线性）函数的情况。

参考文献

［1］吴文斌，刘杨，周丽彬. EJ/T 1035—2011 土壤中锶－90 的分析方法[S]. 北京：中国标准出版社，2011.

［2］ISO 18589－5—2009 Measurement of Radioactivity in the Environment－Soil－Part5：Measurement of Strontium 90[S]. 2009.

［3］ASTM C1507—2012 Standard Test Method for Radiochemical Determination of Strontium－90 in Soil[S]. 2007.

［4］Sr－03－RC（EML HASL－300）Strontium－90 in Environmental Samples[S]. 1997.

［5］BS ISO 18589－5—2009 Measurement of Radioactivity in the Environment－Soil－Part 5：Measurement of Strontium 90[S]. 2009.

［6］NF M60－790－5—2009 Measurement of Radioactivity in the Environment－Soil－Part 5：Measurement of Strontium 90[S]. 2009.

［7］Nóra Vajda，Chang－KyuKim. Determination of radiostrontium isotopes：A review of analytical methodology[J]. Applied Radiation and Isotopes，2010，68：2306－2326.

［8］陈长江，沙连茂，赵敏. GB 6764—1986 水中锶－90 放射化学分析方法发烟硝酸沉淀法[S]. 北京：中国标准出版社，1986.

［9］Bojanowski R.，Knapinska－Skiba D. Determination of low－level ^{90}Sr in environmental materials：a novel approach to the classical method[J]. J. Radioanal. Nucl. Chem. 1990，138（2）：207－218.

［10］Popov，L.，Mihailova，G.，Hristova，I.，et al. Separation of strontium from calcium by the use of sodium hydroxide and its application for the determination of long－term background activity concentrations[J]. J. Radioanal. Nucl. Chem，2009，279（1）：49－64.

［11］Weiss，H. V.，Shipman，W. H.. Separation of strontium from calcium with potassium rhodizonate[J]. Anal. Chem，1997，29（12）：1764－1766.

［12］刘元方，江林根. 放射化学[M]. 北京：科学出版社，2010：35－40.

［13］Baratta，E.J.，Ferri，E.S.. Determination of strontium－90 in human bones by tributyl phosphate[J]. Anal. Chem，1967，39（7）：846－847.

［14］Maier，D.，Scholl，W.. ^{90}Sr－Bestimmung in Bŏden und pflanzlichem Material[J]. Landwirtschaftl. Forschung，1982，35：269－274.

［15］Martin，J.E.. Measurement of ^{90}Sr in reactor wastes by Cerenk ovcounting of ^{90}Y[J]. Appl. Radiat. Isot.，1987，38（11）：953－957.

［16］Jabbar，T.，Khan，K.，Subhani，M. S.，et al. Determination of ^{90}Sr in environment of District Swat，Pakistan[J]. J. Radioanal. Nucl. Chem.，2009，279（2）：377－384.

[17] Lapid，J.，Miinster，M.，Farhi，S.，et al. A rapid method for the determination of radiostrontium in river water[J]. J. Radioanal. Nucl. Chem.，1984，86（5）：321－326.

[18] Kimura，T.，Iwashima，K.，Ishimori，T.，et al. Separation of strontium ion from a large amount of calcium ion by the use of a macrocyclic ether[J]. Chem. Lett.，1977，563－564.

[19] Kimura，T.，Iwashima，K.，Ishimori，T.，et al. Separation of Strontium－89 and－90 from calcium in milk with a macrocyclic ether[J]. Anal. Chem.，1979，51（6）：1113－1116.

[20] Tait，D.，Wiechen，A.. Use of liquid scintillation counting for fast determination of ^{89}Sr and ^{90}Sr in milk[J]. Low level TRLSC line，A Scientific Newsletter Published by Packard Instruments Co. 1990.

[21] Horwitz E P，Dietz M L，Fisher D E.Correlation of the Extraction of Strontium Nitrate by a Crown Ether with the Water Content of the Organic Phase[J]. Solvent Extr Ion Exch，1990，8（1）：199－208.

[22] Horwitz E P，Dietz M L，Fisher D E.Extraction of Strontium From Nitric Acid Solutions Using Dicyclohexano－18－Crown－6 and Its Derivatives[J]. Solvent Extr Ion Exch，1990，8（4&5）：557－572.

[23] 何龙海，翁锡瑁，杨大助，等. 冠醚萃取法从高放废液中去除锶—工艺流程的研究[J]. 核科学与工程，1995，15（3）：259－264.

[24] 何龙海，翁锡瑁，杨大助，等. 冠醚萃取法从高放废液中去除锶III. 二环己基 18 冠 6－辛醇－［2］对锶的萃取[J]. 核化学与放射化学，1994，16（1）：18－22.

[25] 何龙海，翁锡瑁，杨大助，等. 冠醚萃取法从高放废液中去除锶—冠醚萃取锶的化学研究[J]. 核科学与工程，1994，14（4）：350－356.

[26] 何龙海，翁锡瑁，杨大助，等. 冠醚萃取法从高放废液中去除锶[J]. 中国核科技报告，1993（00）：493－503.

[27] 王秋萍，宋崇立. 二环己基－18－冠－6 在硝酸和模拟高放废液中溶解度的测定[J]. 核化学与放射化学，1997，19（3）：56－60.

[28] 王秋萍，王建晨，宋崇立，等. 用冠醚从模拟高放废液中去除锶的串级实验[J]. 核化学与放射化学，1996，18（2）：89－93.

[29] 杨群，韩延德，刘大鸣. 冠醚萃取模拟高放废液中 Sr2＋、Cs＋的研究[J]. 核化学与放射化学，1996，18（1）：61－64.

[30] 杨群，韩延德，刘大鸣. 硝酸介质中冠醚萃取 Sr2＋的研究[J]. 环境科学与技术，1996（1）：7－9.

[31] 环境保护部辐射环境监测技术中心. HJ 815—2016 水和生物样品灰中锶－90 的放射化学分析方法[S]. 北京：中国环境科学出版社，2016.

[32] Dietz，M. L.，Horwitz，E.P.，Nelson，D. M.，et al. Animproved method for determining ^{89}Sr and ^{90}Sr inurine[J]. HealthPhys，1991，61（6）：871－877.

[33] Grahek ž，Košutić K，Romari－Maefat M. Strontium Isolation From Natural Samples With Sr Resin and Subsequent Determination of ^{90}Sr[J]. J Radioanal Nucl Chem，2006，268

（2）：179－190.
［34］Wang J，Chen I，Chiu J. Sequential Isotopic Determination of Plutonium，Thorium，Americium，Strontium and Uranium in Environmental and Bioassay Samples[J]. Appl Radiat Isot，2004，61（2）：299－305.
［35］Grahek，Evi N Z，Luli S. Possibility of Rapid Determination of Low－Level ^{90}Sr Activity by Combination of Extraction Chromatography Separation and Cherenkov Counting [J]. Analytica Chimica Acta，1999，399（3）：237－247.
［36］Sherrod L. Maxwell，Brian K. Culligan，Patrick J. Shaw. Rapid determination of radiostrontium in large soil samples [J]. J.Radioanal Nucl Chem，2013，295：965－971.
［37］国家质量监督检验检疫总局. GB 14884.3—2016 食品安全国家标准食品中放射性物质锶－89 和锶－90 的测定. 北京：中国质检出版社，2016.
［38］Lamb，J. D.，Nordmeyer，F. R.，Drake，P. A.，et al. Ion Chromatographic separation for analysis of radiostrontium in nuclear reprocessing solutions of high ionic strength[J]. J.Radioanal. Nucl. Chem.，1989，134（2）：317－331.
［39］Lazare，L.，Crestey，C.，Bleistein，C.. Measurement of ^{90}Sr in primary coolant of pressurized water reactor[J]. J. Radioanal. Nucl. Chem.，2009，279（2）：633－638.
［40］Fjeld，R. A.，DeVol，T. A.，Leyba，J. D.，et al. Measurement of radionuclides using ion chromatography and on－line radiation detection[J]. J. Radioanal. Nucl. Chem.，2005，263（3）：635－640.
［41］D. M. Beals，W. G. Britt，J. P. Bibler，et al. Radionuclide analysis using solid phase extraction disks [J]. J. Radioanal. Nucl. Chem.，1998，236：187－189.
［42］J. Feuerstein，S. F. Boulyga，P. Galler，et al. Determination of ^{90}Sr in soil samples using inductively coupled plasma mass spectrometry equipped with dynamic reaction cell（ICP－DRC－MS）[J]. Journal of Environmental Radioactivity，2008，99：1764－1769.
［43］刘大鸣，李大明，郭景儒，等. 韧致辐射测量法分析放射性废水中 ^{90}Sr 含量[J]. 原子能科学技术，1995，29（6）：529－533.
［44］M. Tayeb，X. Dai，E.C. Corcoran，et al. Evaluation of interferences on measurements of ^{90}Sr/^{90}Y by TDCR Cherenkov counting technique [J]. J. Radioanal. Nucl. Chem.，2014.
［45］刘虎生，邵宏翔. 电感耦合等离子体质谱技术与应用[M]. 北京：化学工业出版社，2005：1－3.
［46］赵墨田，曹永明，陈刚，等. 无机质谱概论[M]. 北京：化学工业出版社，2006：14－16.
［47］任天山，程建平，朱立，等. 环境与辐射[M]. 北京：原子能出版社，2007：118－129.
［48］DEBERTIN，K.，HELMER，R. G. －Gamma and X ray Spectrometry with Semiconductor Detectors，North－Holland，Elsevier，1988.
［49］GILMORE，G.，Practical Gamma Ray Spectrometry，J. Hemingway Ed.，John Wiley and Sons，New－York，1996.
［50］陈竹舟，李学群，沙连茂. 环境放射性监测与评价[M]. 中国辐射防护研究院，1991.

[51] EURACHEM，“Quantifying Uncertainty in Analytical Measurement”，Editor：Laboratory of the Government Chemist Information Services，Teddington（Middlesex）& London（1995）. ISBN 0－948926－08－2.
[52] INTERNATIONAL ORGANISATION FOR STANDARDISATION，Guide to the Expression of Uncertainty in Measurement，First Edition，Geneva，1993（ISBN 92－67－10188－9）.
[53] CURRIE，L. A.，Nomenclature in evaluation of analytical methods including detection and quantification capabilities，Pure & Appl. Chem. 67（10）（1995）1699－1723.
[54] BAMBYNEK W.，Uncertainty Assignment in Radionuclide Metrology，Proc. of the First International Summer School La Rabida，Huelva，Spain，M. Garcia－Leon，G. Madurga，editors World Scientific，New－Jersey（1987）.
[55] VENTURINI，l. VANIN，V. R.，HPGe Detector Efficiency Calibration for Extended Sources in the 50－1400 keV Energy Range，Appl. Radiat. Isot. 44（1993）999－1002.
[56] SIMA，O.，ARNOLD，D.，DOVLETE C.，GESPECOR software，MATec GmbH，Gelnhausen（1996）.
[57] INTERNATIONAL ATOMIC ENERGY AGENCY，X ray and Gamma－ray Standards for Detector Calibration，IAEA－TECDOC－619，Vienna（1991）.
[58] FIRESTONE，R. B.，SHIRLEY S. V.，Table of isotopes，John Wiley and Sons，New－York（1996）.
[59] 国家质量技术监督局计量司，测量不确定度评定与表示指南[M]. 中国计量出版社，2005.
[60] 化学分析中不确定度的评估指南[R]. 中国合格评定国家认可委员会.

第六章

放射性环境监测质量保证

环境监测质量保证是环境监测计划的一个重要组成部分，是高质量完成环境监测工作的一个重要方面，制定任何一个环境监测计划，都应制定相应的质量保证计划。如何保证环境监测的质量，使获得的环境监测数据有效可信，能真实全面的反映被测环境的质量特性，是从事环境监测的人员应尽的责任。环境监测数据是开展环境质量评价的基础资料、是制定环境保护法规标准和政策的重要依据、是进行环境科学相关研究的基础数据，其重要性显而易见，因此，环境监测质量保证是一项必须的、重要的、严肃的工作[1]。

6.1 质量保证概述

环境监测的质量保证从根本上讲，是指为了使监测结果达到适当的置信度而进行的有计划的系统的管理行动。应包括环境监测的全部过程，包括环境监测方案的设计、采样点位的选取、实施采样、预处理、运输、保存、实验室分析、测量仪器的溯源、分析测量、数据处理、报告编写等。其最终的目的是为了把环境监测的误差降低到可接受的程度。

6.2 采样过程质量控制

采样是实施环境监测计划的第一步，也是非常重要的一步，甚至在多数情况下被认为是对最终监测结果影响最大的一步，因此，采样环节的质量保证愈发重要。

6.2.1 采样环节质量保证

采样的目的是为了获得具有代表性的样品，因此，采样过程的质量保证实质上就是采取各种措施使得采样活动能够尽可能的获得代表性样品的过程，采样过程的质量保证通常不会像测量过程那样，能够有量化的刻度或核查的手段。对采样过程而言，重要的是建立标准采样程序并能够强制要求所有参加采样的人员共同遵守，采样程序不仅应包括采样方法和详细的采样流程，也应包括样品采集完成后的处理、包装、运输、交接、保存等全部环节，简单地讲，也就是要保证样品从采集到分析期间被测量的一致和完整，不会因采样、运输等过程产生损失或沾污。

采集土壤样品时，实际采集的样品仅仅是其所要代表的面积或体积的很小一部分，因此采样时要重点考虑面积、深度等因素，应采用标准的或公认的采样方法，应采用规范的采样表格记录样品采集过程和样品处理过程，便于发现问题时追溯原因。

6.2.2　平行样品采集

平行样品的监测分析是放射性环境监测质量保证的一项重要内容，《辐射环境监测技术规范》《电离辐射监测质量保证一般规定》等放射性监测相关标准中，明确提出了放射性环境监测对平行样品采集的要求，一般平行样品采集的比例为10%～20%[2,3]。平行样品是质量控制样品的一种，是指同时在同一地点采集、制备的具有相同组成和物理、化学特性的一组样品[4]，从采样阶段开始，包括样品处理、分析测量、数据处理等所有过程都完全一致，一般为两个样品，有时也称为平行双样。

环境监测中，平行样品不仅起到质量保证的作用，其结果也要能够反映采样点的辐射环境现状，因此，平行样品的采集主要注意两点：一是采样方法、采样条件（包括采样时间、采样工具等）、采样量等要基本一致；二是采集平行样品时不能有相互影响和干扰，即不能因采集平行样品影响到采样环境而导致采集到的样品代表性变差。

对于环境监测对象来讲，土壤是指连续覆被于地球陆地表面具有肥力的疏松物质，是随着气候、生物、母质、地形和时间因素变化而变化的历史自然体[5]。根据监测目的不同，采样点的布设、采样位置的选择都不相同。核设施运行前本底调查中的土壤采样，其采样点布设应尽量考虑到同运行期间采样点一致；核设施运行期间环境监测中的土壤采样，其采样点应布设在可能受到污染的地区；核事故情况下的应急监测中的土壤采样，其采样点布设取决于事故的性质和可能受到污染的范围。采样深度则主要取决于采样目的、土壤的理化特性、分析核素的种类等[6]。

但对于一组平行样品的采集，每一个样品都要单独采集，即在选定的采样区域，由不同人员分别独立完成，并保证相互不受彼此影响；同时应采用相同的采样工具，并保证采样深度、采样面积和采样量都尽可能一致。如采用梅花五点法采样，在选定好的采样场所，由不同的采样人员独立完成一个样品的采集，不同采样人员应选择不同的梅花五点，而不应在第一个样品采集的梅花五点处采集第二个样品，更不可以只采集一次样品后，将样品分成两份作为一组平行样品，这样得到的一组平行样品实际上是不包含采样过程在内的平行样品，其测量结果的平行性仅能说明采样过程之后所有步骤的质量保证结果。

采样人员在现场采集完成一组平行样品后，除做好必需的采样记录外，还应按照事先的编号约定对样品进行编号，并黏贴标识，样品标识要清晰牢固，且不会在运输传递过程中模糊脱落损坏等。需要特别注意的是，样品上黏贴的样品标识一定不能反映出哪些样品属于一组平行样品，这样做的目的是为了防止将样品交接到分析人员手中后，分析人员从样品标识获得了哪几个样品属于一组平行样品的信息，从而带有一定的主观性使得一组平行样品的分析结果尽量靠近。是否为一组平行样品不应从外观、包装、编号、标识等任何方式被分析人员知悉，从而保证样品分析过程的客观、公正，真正起到质量控制的作用。

平行样品的分析应与一般样品一致，不应有任何特殊之处。分析人员事先不能得知所分析的一批样品中是否有平行样品或哪些样品为一组平行样品，保证了平行样品分析过程的客观公正，从而得到的平行样品结果才具有意义。

6.3 样品处理过程质量保证

样品处理过程包括了从样品进入实验室到开始仪器测量的中间所有环节，通常可简单的区分为采用物理方法进行的样品前处理和采用化学方法处理的放化分析过程。对于土壤样品来讲，样品前处理是指烘干、剔除杂物、粉碎、研磨、过筛、取样等过程，放化分析过程一般是指采用化学方法对被测核素的浓集分离纯化的过程。

样品处理过程的质量保证主要要从样品处理方法、耗材（纯水、试剂、树脂等）、样品处理使用的仪器设备、环境条件等几方面进行管理控制，从而保证样品处理过程规范有效。

应对所有使用的样品处理方法建立标准细致的作业流程图或作业指导书，并保证所有进行样品处理的人员能够严格遵守，文件应存放在实验室内便于取阅的地方，也可悬挂在操作房间的墙上。如使用的处理方法进行了改进或更换了方法，应及时更新作业指导书，并对样品处理人员及时培训，确保实验人员掌握了新的方法；并且需保证实验室的硬件条件和环境条件能够满足新处理方法的需求。

应对使用的纯水、试剂、树脂等各种消耗品建立使用规范，并对可能影响测量结果的项目进行必要的检测。使用规范应包括供应商调查、采购管理、出入库管理、使用管理等全部方面。耗材从进入实验室到使用消耗完都必须始终处于受控状态，这不仅是质量保证的要求，同时也是安全管理的要求，大多数化学试剂属于危险品，必须加强管理。如使用的耗材中可能会有影响分析结果的元素或杂质，则应对每一批采购的耗材进行抽样检测，确保杂质的含量低于要求的限值。

应对样品处理使用的仪器设备（如：通风柜、电热板、红外灯、干燥箱、清洗机等）建立详细的操作规程或使用流程图，同时进行使用前后状态检查登记，避免使用已出现异常状态的仪器而造成样品处理环节大的误差或错误。操作规程应针对具体型号具体用途的仪器设备，如使用的仪器型号或操作方式发生了变化，应对相应的操作规程及时更新，同时及时通知使用人员，必要时应进行培训，确保实验人员能够掌握新仪器的正确使用方法。同样重要的是，操作规程中应包括安全注意事项，使用人员应明确仪器可能存在的安全风险，并掌握相应的应急处理措施。如使用的仪器设备的某一项参数（如温度）可能会对测量结果造成影响，则在使用前应对仪器的该项指标进行确认，必要时，应对仪器的该项参数进行检定或校准。

应在实验前、实验后及实验过程中，对实验所处的环境条件进行监测。对于样品处理方法中明确了环境条件要求的，则必须采取措施确保实验条件能够满足要求（如天平室的环境条件要求），对于在方法中没有明确实验环境条件的，也应在实验过程中注意观察环境条件可能造成的影响，如发现了某种环境条件可能造成影响，则应加强对该环境条件的监控。值得注意的是，不仅应考虑到环境条件对分析结果可能造成的影响，也应考虑到不利的环境条件可能会对人体健康造成危害，也应对可能对人体健康有危害的因素进行监控。

样品处理过程是样品进入实验室后，分析流程复杂、人为因素影响最大的环节，要确保该过程的误差尽可能降到最低，除了实验室质量管理体系的严格执行外，平行样分析、掺标样分析、加标回收率、人员比对、样品比对等都是常用的质量控制措施。为了能够得到样品处理过程量化的不确定度分量，样品比对、人员比对的措施是一个简单易行而又有效的方法。

6.4　仪器测量过程质量控制

测量过程的质量控制实际上是采取措施确保使用的测量仪器性能稳定可靠，从而保证测量结果的准确可信。一般可通过质控图、期间核查、质量监控、卡方检验等方式进行。

6.4.1　质控图

从正态总体 $N(\mu, \sigma^2)$中随机抽取容量为 n 的样本，样本均数 $\bar{x}$ 服从正态分布 $N(\mu, \sigma^2/n)$。因此，$\bar{x}$ 出现在区间（$\mu \pm 2\sigma/\sqrt{n}$）外的概率为 0.045，$\bar{x}$ 出现在区间（$\mu \pm 3\sigma/\sqrt{n}$）外的概率为 0.003[7]，这一概率极小，如果出现，则认为仪器状态发生了变化，在采取必要的措施之前不能进行样品的测量。

实际应用中，使用一固定的标准样品进行测量，还应考虑对每次测量结果进行衰变修正。一般用之前（上一年度）的测量结果均值 $\overline{x_s}$ 作为质控图的中心线，$\overline{x_s} \pm 2\sigma\overline{x_s}$ 作为上下警戒线，$\overline{x_s} \pm 3\sigma\overline{x_s}$ 作为上下控制线编制质控图（如图 6-1 所示），在每次使用仪器测量样品之前，为保证仪器性能正常稳定，使用固定的标准样品进行测量，并将测量结果添加到质控图中以观察仪器是否正常，将每次测量结果依次点在图上，还能直观的发现是否存在某种趋势或周期性，如发现该种现象，虽测量结果未超出控制线，但也说明可能出现了异常情况[7]。对于刚开始使用的仪器，没有前期的数据积累，可采用出厂值或出厂测试报告值作为中心线，采用标准或方法要求的指标作为控制线编织质控图。也可以按正常工作条件下收集实际测量值 20 个以上，但不能使用短期内重复测量得到的结果[8]，由此计算平均值和标准差编制质控图，但不可以将本次测量的结果参与平均值及标准差的计算。质控图是对仪器长期可靠性的检验。

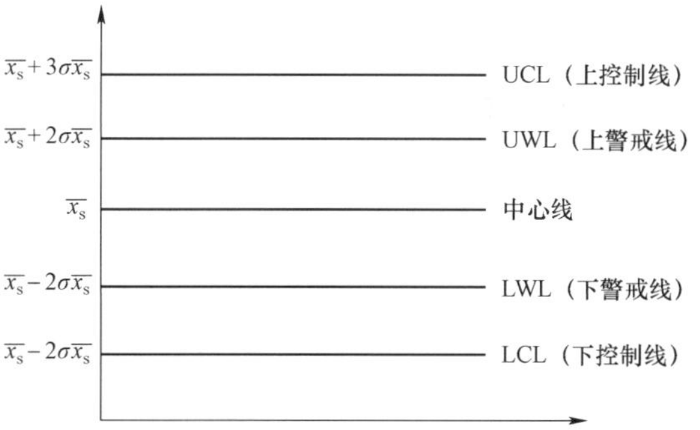

图 6-1　质控图

虽然测量点超出警戒线、控制线的概率很小，但在实际使用中，这种情况不可避免，从概率来看，如每天添加一个控制点，一年的测量中，超出警戒线的点会有十多次，超出控制线的点也很可能出现。一般可根据《实验室质量控制利用统计质量保证和控制图技术评价分析测量系统的性能》中的质控图失控准则来判定质控图是否失控：① 连续 3 点中有 2 点落在中心线同一侧的 2σ（警戒线）之外；② 连续 5 点中落在中心线同一侧σ 以外；③ 连续 7 点递增或递减；④ 连续 9 点或更多点落在中心线同一侧[9]。如质控图发生失控的情况，则直接对仪器进行卡方检验，如卡方检验结果通过，再次测量，测量点位于警戒线内，认为仪器性能正常，否则应对仪器性能进行彻底核查。

6.4.2 期间核查

期间核查是指为保持对设备检定/校准状态的可信度，在两次检定/校准之间进行的核查。期间核查并不等于检定/校准周期内的再次检定/校准，而是核查仪器的稳定性、分辨率、本底、效率等主要性能指标是否持续符合检测工作的技术要求。质控图也是对仪器主要性能指标的一次核查，但期间核查并不等同于在质控图上增加一个点。期间核查是一次对仪器更为全面彻底的检查，也是对该仪器在核查之前所做工作的一个总结，一般在两次检定/校准之间、仪器使用环境发生了变化、仪器经过运输维修后等情况下进行。期间核查应达到这样的效果：如果核查发现仪器正常，则可以认为在本次核查之前该仪器的测量结果可信，如之后的测量发现问题，只需检查期间核查之后一段时间的结果，无需对期间核查之前的结果进行确认。

期间核查的内容除包括对仪器主要性能指标的核查外，还应包含对仪器外观、结构的检查，是否有可能影响到测量的损伤划痕，探头的密封性是否有所下降；对仪器电源的检查，稳压电源是否工作可靠稳定；对仪器附件的检查，如液氮罐的保温性能、连接线接头是否有氧化老化接触不良、计算机的运行是否可靠等。除此之外，还应对标准样品进行核查。

期间核查的方式可以采用标准样品测量、留样复测、比对（仪器比对、方法比对、人员比对）、自校等多种方式，绘制质控图也可以作为期间核查的一种方式。如采用标准样品测量、留样复测、比对等方式进行期间核查，应同时给出测量结果及其不确定度，采用统计学的方法进行判定[10]；如采用自校的方式进行期间核查，则依据检定规程[11]进行结果判定；采用质控图的方式，判定方法同文中第二章。

如期间核查发现仪器存在问题，应停用维修，如可能影响到之前的测量结果，应对受影响的检测项目重新测量。

6.4.3 质量监控

质量监控是指质量监督员对某一检测项目的全部或部分过程进行监视和验证，并对记录进行分析，核查该过程是否满足规定的质量要求。质量监控的对象可以是某个检测员、也可以是某套测量设备、或者是某个检测项目，即可以对人进行监控，也可以对仪器监控，也可以对方法监控。一般在下述情形下实施质量监控：① 新增了检测人员，对该人员进行质量监控，监控内容应包括该人员从事的所有监测项目；② 新增了测量仪器或原有的仪器关键部件进行了维修，针对该仪器进行质量监控；③ 新增或变更了检测方法，对该方法进行质量监控，监控内容应包括方法的全部过程；④ 实验环境条件发生了大的变化，对环境条件发生了变化的场所内的所有测量仪器进行质量监控，监控内容可以只覆盖可能受环境条件影响的过程。质量监控的方式可以采用标准样品测量、留样复测、人员比对、仪器比对、方法比对等多种方式进行。

6.4.4　卡方检验

原子核衰变服从二项式分布，当核衰变数的平均值 $m=N_0P$（N_0 为初始时刻原子核个数，P 为衰变概率）较大时，可以认为原子核衰变服从正态分布[12]。放射性测量仪器计数来自于探测器对原子核衰变产生的粒子的探测，也服从正态分布。实际上对于放射性测量仪器，本底计数满足正态分布是其正常工作的必要条件，一旦偏离正态分布，则仪器必然不处于正常的工作状态[8]，因此，每年应至少进行一次是否偏离正态分布的检验，这种检验一般采取 χ^2 检验。选择一个工作时间单位（完成一个样品测量所需时间）为检验的时间区间，在该时间区间内，测量 10～20 次相同时间间隔的计数，按照文献［1］的方法进行 χ^2 检验[8]。χ^2 检验也可作为检验仪器短期稳定性的一种方法。

实际日常使用中，除应做好仪器的质控措施外，还应重视仪器的日常维护，确保仪器电源供电稳定、环境温湿度适宜、空间洁净等，质控措施是对仪器性能是否稳定可信的核查，而日常维护是对仪器性能保持稳定可信的措施，也同样重要。

6.5　人　员

人员是一切质量保证工作的核心。无论多么详细的标准规范、无论多么先进的仪器设备、无论多么完善的环境条件……，准确可靠的监测结果最终还是取决于人员高度的专注、专业和责任心。因此，实验室应确保所有从事方案设计、样品采集、样品处理、分析测量、数据处理、报告编写等工作的人员的能力。如使用新入职员工或实习期员工，应对其安排质量监督，监督内容应包括其所从事工作的全部内容。对于在职员工，应有制度确保其工作能力的持续保持和提升，接受教育、培训和技能训练是常用的措施，教育培训内容应与人员所从事的专业相适应，对于实验室承担的重要的检测工作，可开展针对性的培训或技能训练，以保证检测结果的准确可靠。对于辐射环境监测来讲，个人经验在很大程度上会影响到监测结果，因此，应使用长期稳定的签约人员，如人员流动性较大，应加强人员培训和人员监督。

对于在环境监测工作中承担重要作用的人员，如采样、处理、测量等过程的技术负责人，应要求其记录所负责工作的详细流程、发现的问题及解决措施、影响因素分析等专业知识和经验，并定期对其组内人员培训和传授。所有这些活动记录在实验室都应归档保存。

简单地讲，应建立制度和措施激励人员积极主动的工作，并有完善的制度记录所有技术人员的相关授权、能力、教育、培训、技能和经验，便于整个团队人员技术能力的不断提升。

6.6 比 对

实验室间比对是常用的外部质量保证方式，是指在预定条件下，对两个或两个以上实验室就同一或相似的检测对象进行检测或测量的组织、实施和评价。其目的主要是：① 评定实验室从事特定检测或测量的能力及监视实验室的持续能力；② 识别实验室存在的问题并启动改进措施，这些问题可能与诸如不适当的检测或测量程序、人员培训和监督的有效性、设备校准等因素有关；③ 建立检测或测量方法的有效性和可比性；④ 增强实验室客户的信心；⑤ 识别实验室间的差异；⑥ 根据比对的结果，帮助参加实验室提高能力；⑦ 确认声称的不确定度；⑧ 评估某种方法的性能特征——通常称为协作试验；⑨ 用于标准物质/标准样品的赋值及评定其在特定检测或测量程序中使用的适用性。

因此，对于实验室来讲，定期参加实验室间比对是一项非常重要的活动，比对内容应涵盖实验室检测活动的全部范围。

人员比对、样品比对、仪器比对等比对活动不仅可以在同一个实验室内部开展，也可以在不同的多个实验室间开展，从而更有针对性的发现问题，持续改进。

参考文献

［1］陈竹舟，李学群，沙连茂. 环境放射性监测与评价，中国辐射防护研究院，1991.6.
［2］HJ/T 61—2001. 辐射环境监测技术规范[S].
［3］GB 8999—1988. 电离辐射监测质量保证一般规定[S].
［4］GB 11216—1989. 核设施流出物和环境放射性监测质量保证计划的一般要求[S].
［5］HJ/T 166—2004. 土壤环境监测技术规范[S].
［6］EJ/T 428—1989. 环境核辐射监测中土壤样品采集与制备的一般规定[S].
［7］高玉堂. 环境监测常用统计方法[M]. 北京：原子能出版社，1981.
［8］国家环境保护总局核安全与辐射环境管理司. HJ/T 61—2001 辐射环境监测技术规范[S]. 北京：中国标准出版社，2001.
［9］王斗文，牛兴荣，陈世山等. GB/T 27407—2010 实验室质量控制利用统计质量保证和控制图技术评价分析测量系统的性能[S]. 北京：中国标准出版社，2011.
［10］王瑞俊，段媛媛，高泽全，等. 放射性平行样品结果处理的探讨[J]. 环境监测管理与技术，2016，28（5）：68－71.
［11］中国计量科学研究院. JJG 752—1991 锗 γ 谱仪活度标准装置[S]. 北京：中国标准出版社，1991.
［12］吴治华，赵国庆，陆福全，等. 原子核物理实验方法[M]. 北京：原子能出版社，1997.